世界一やさしい ブログ×YouTubeの教科書1年生

染谷昌利×木村博史

ソーテック社

ご利用前に必ずお読みください

本書に掲載されている説明を運用して得られた結果について、筆者および株式会社ソーテック社は一切責任を負いません。個人の責任の範囲内にて実行してください。

本書の内容によって生じた損害および本書の内容に基づく運用の結果生じた損害について、筆者および株式会社ソーテック社は一切責任を負いませんので、あらかじめご了承ください。

本書の制作にあたり、正確な記述に努めておりますが、内容に誤りや不正確な記述がある場合も、筆者および株式会社ソーテック社は一切責任を負いません。

本書の内容は執筆時点においての情報であり、予告なく内容が変更されることがあります。また、環境によっては本書どおりに動作および実施できない場合がありますので、ご了承ください。

Cover Design & Illustration…Yutaka Uetake

はじめに

❶ブログだって、ただ記事を書いていればいいわけじゃない

ブログは誰でも簡単にはじめられるのが魅力です。しかしながら参入のハードルが低い分、文章を書き続け、多くのファンを得られる人はひと握りです。

すぐに結果が出ないことに気づくと、文章を書く意欲がなくなってしまうのです。

❷もうYouTubeだけでは稼げない？

> ❶チャンネルの過去12カ月間の総再生時間が４０００時間
> ❷チャンネル登録者が１０００人

YouTubeの収益化条件が２０１８年2月20日に変更され、この2つの条件を満たすことがYouTubeパートナープログラム（https://youtube-creators-jp.googleblog.com/2018/01/youtube-ypp.html）の参加要件となりました。

この条件変更により、YouTubeから収益を得られる人は激減しました。これからYouTuberを目

指す人も、**YouTube**で動画を配信しているだけでは参加要件を満たすのは厳しいでしょう。

❸ それなら、ブログとYouTubeをつなげちゃおう！

だからこそ、本書ではブログとの併用を推奨しています。

たとえば、毎日１０００人の人が読みにくるブログを運営しているとしましょう。読者の半数がブログに埋め込まれている３分の動画を見てくれたとしたら、１日に１５００分（25時間）の再生時間を得ることができます。１６０日あれば、４０００時間の再生時間を満たすことができます。読者の10％があなたの動画を気に入って、リピーターの指標となる**YouTube**チャンネルを登録してくれたとしたら、10日で１０００人の登録者を集めることができるんです。

もちろん、ブログ記事や動画を増やしていけば、読者数も視聴者数も増加していきます。ブログも動画も、数が積み重なれば積み重なるほど、加速度的に結果が大きくなっていくしくみになっています。しかしながら、「**ただ闇雲に更新しているだけでは非効率**」です。本書では「**アクセスを増やすためのブログ運営術や、ファンを増やすための動画作成法など、さまざまな視点で人気ブログ運営者、人気YouTube配信者になるためのヒントを詰め込んでいます**」。

本書があなたのブログライフ、**YouTube**ライフを豊かにするための指針になれば、これほどうれしいことはありません。

染谷　昌利
木村　博史

目次

2時限目 **ブログルーム**

ブログと広告収入の流れを学ぼう

3時限目 YouTubeルーム
YouTubeにチャレンジしよう

5時限目 YouTube実習室 動画をつくってみよう

6時限目 YouTube課外授業
いろいろな配信を活用してみよう

1時限目

オリエンテーション

ブログとYouTubeで頭ひとつ抜き出よう！

情報発信に広告を組みあわせることで、収入を得られる時代だからこそ、ブログとYouTubeを組みあわせて、パワーアップしましょう！

01 情報発信のカタチを再考してみよう

1 文字、写真、動画など、構成にひと味加えよう

ここ数年で**YouTuber**やブロガーという言葉が一般化してきました。

YouTubeは動画での発信、ブログは文章や写真での発信がメインになります。趣味で好きなことを投稿している人もいれば、副業としてお小遣いを稼ぐために情報発信している人もいます。最近では、**YouTube**やブログの収入だけで生活している人も増えています。

「**YouTuberの収益源は、自動的に配信される広告**」です。**YouTube**に動画をアップロードし、配信された広告を視聴者が閲覧したりクリックすることで収益を得ることができます。**Google**の規約変更によって、収益化プログラムを利用するためには一定の視聴時間やファン数（チャンネル登録者数）が必要になり、大半の動画配信者は収益を得られなくなりましたが、それでも、**YouTuber**を目指して動画を投稿する**YouTuber**予備軍は絶えません。

同様に**「ブロガーの収益源も広告収入」**です。**Google AdSense**を中心としたクリック課金型広告（基本的には**YouTube**で配信されている広告も同じ）や、紹介した商品が購入されたり、サービスが申し込まれたりする際に報酬が発生する成果報酬型広告（アフィリエイト）が代表的な収入源になっています。

ブロガーはアクセス数を増やすために、検索されやすい記事や、SNSで拡散されやすい記事を投稿しています。時には動画を交えながら、記事のわかりやすさを追求する人もいます。

しかしながら、動画配信者とブロガーの間には見えない壁があります。動画配信者がブログも更新する、逆にブロガーが動画配信するという、両方のツールを活用している人は多くありません。もちろん動画とブログを並行して更新する時間がないというのも理由でしょう。でも、知識がなくてやっていないという人もいるかもしれません。

情報発信において大切なことは、動画でも文章でも大きな違いはありません。

「読者・視聴者の求める情報を的確に提供して、気づきや興味を持ってもらうこと。その情報を得ることによって、悩みが解決で

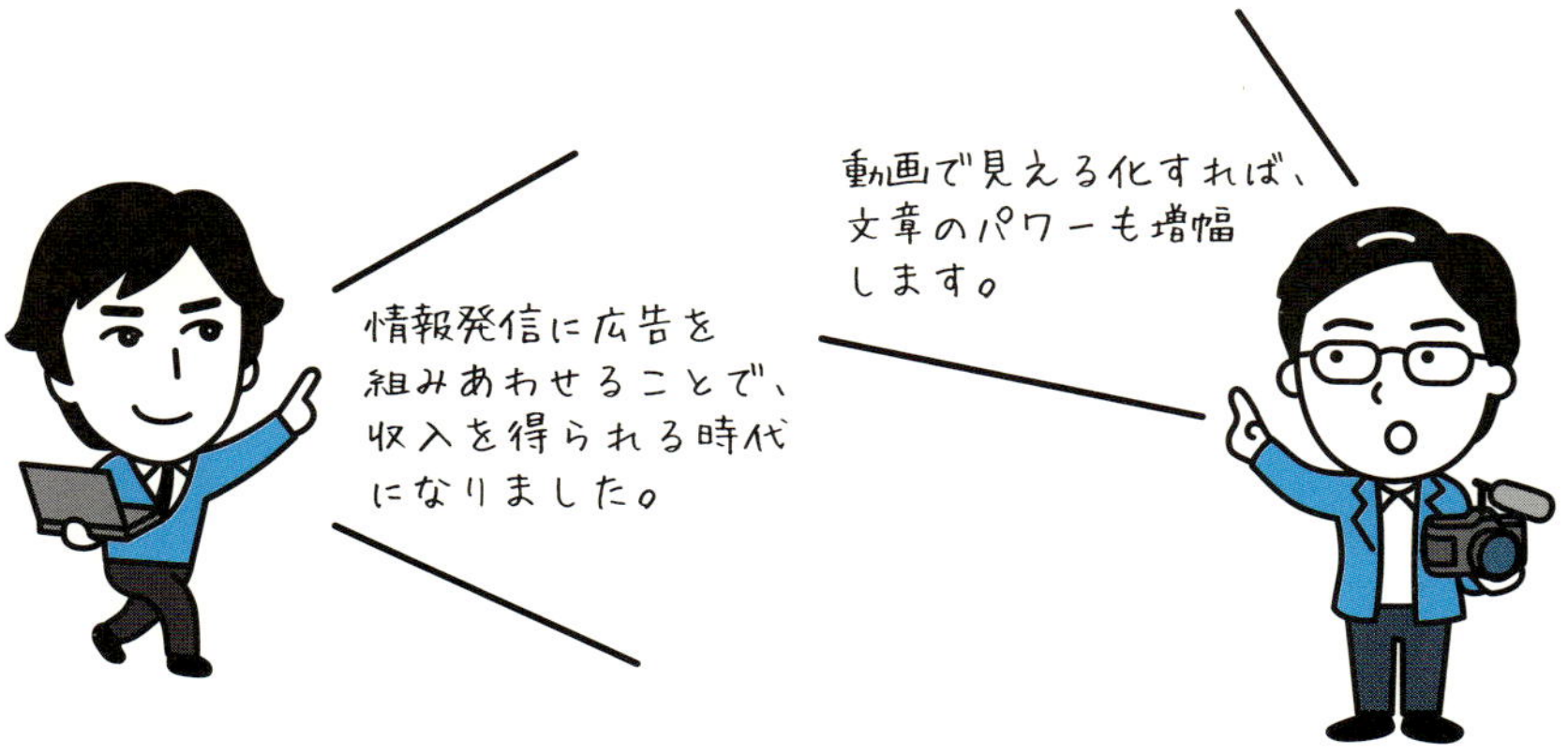
動画で見える化すれば、文章のパワーも増幅します。
情報発信に広告を組みあわせることで、収入を得られる時代になりました。

きること、楽しい気分になってもらうこと。そしてあなたのファンになってもらうこと」です。

これは、インターネット上だけでなく現実社会でも同じです。たとえば、病状について親身に教えてくれるお医者さん、決算時の経費算出や節税対策について丁寧に指導してくれる税理士さん、新鮮な野菜を並べてさらに美味しく食べられる調理方法まで教えてくれる八百屋さんなど、日常生活の中にもファンになってもらえる情報発信は溶け込んでいるのです。

「**説明がわかりやすい、サービスのクオリティが高い、運営者に信頼感があるなど、あたりまえに感じることをしっかりやっていくことが情報発信の基礎**」となります。

では具体的にどのような手順を踏めばいいのでしょうか。それには大きく分けて次の3つのポイントがあります。

❶ 情報を継続的に発信する
❷ 読者・視聴者のメリットになるようなオリジナリティの高い内容を発信する
❸ 効果的に拡散する

❶ 情報を継続的に発信する

ブログやYouTubeなどを活用して、あなたの得意分野の情報を提供し続けることが必要です。単発で文章や動画を投稿してもほとんど見てもらえません。

「継続的に投稿することで検索エンジン（YouTubeの検索アルゴリズム）にも認識されやすくなり、閲覧数が伸びる」傾向があります。

❷ 読み手のメリットになるような内容を発信

情報発信は独りよがりではいけません。読者・視聴者のことを考えて発信する必要があります。

専門的×読み手の求めている情報＝役に立つ情報

いくら発信を続けていても、読者・視聴者に価値を感じてもらわなければ意味がありません。あなたの持っている知識や経験が読者・視聴者の求めている内容と合致して、はじめて役に立ったと感じてもらえるのです。

よく「価値のある情報」を発信することが重要といわれます。「価値のある情報」というとなんとなくわかったような気になりますが、具体的に行動の段階まで落としてみるには内容が漠然としています。まずは、**「〝価値のある情報〟の〝価値〟を定義づけ」**していかなければなりません。

本書では、次の式で価値を定義づけしていきます。

価値＝人の役に立つ情報×希少性

人の役に立たない事象に価値を見出すことはできません。

たとえば、書籍には知識を得られるメリットがあります。アクセサリーには装着している人をきらびやかに見せる効果があります。また、バラエティ番組には心を明るくする効果があります。このように**「使用者にとって、何かしらの便益を提供できるものが"価値"」**と感じてもらうひとつの要素になります。

そしてもうひとつの「希少性」については、世の中にありふれたものに対して人間は価値を感じないということです。ダイヤモンドは貴重な宝石だからこそ、みんながほしがる「価値」があるのです。道端にゴロゴロと大量に転がっていたら、誰も見向きもしません。情報も同じです。どこかで見たような陳腐な文章や映像に価値を感じる人はいません。

「独特な切り口であったり、類を見ないほどの裏づけデータ量であったり、チャレンジングな動画であるなど、独自の情報が多ければ多いほど、希少性は高まります」。

さらに忘れてはならないポイントとして、**「人によって、価値として認識する要素が異なる」**という点があります。ブログ運営や動画制作を学びたい人にとって本書は役に立ちます（役に立つと思います）が、晩ご飯のメニューを考えている人にとってはまったく役に立ちません。**「誰にとって意味のある情報なのかを常に考え、情報を発信する」**必要があります。

❸ 効果的に拡散する

マーケティングでは「ペルソナ」という用語が使わ

自分の情報がどんな
人にとって役立って
いるのか意識しま
しょう。

れますが、簡単に説明すると、**「あなたが提供する情報（製品やサービスも含む）にとって、最も重要な読者（購入者）のモデル」**という意味で使われることが多いです。

「想定の読者層を設定しておくことで、記事の内容から使用する言葉（表現方法）、そもそも文章がいいのか動画がいいのか、ブログがいいのかFacebookやTwitterといったＳＮＳがいいのか、ツールの選択も変わってくる」のです。

「自社のブログのアクセス数を伸ばして収益を増やしたい」と考えている層と、「成長期の子どもの栄養バランスを考えた晩ご飯のメニュー」を知りたがっている層とでは、求めている情報がまったく違います。

収益を増やしたいと考えているにしても、「クリック課金型広告」の報酬額を増やしたいのと「アフィリエイト」の報酬額を増やしたいのとでは、これも求める内容は変わってきます。

読者・視聴者の年齢層によっても、使用する言葉を変えなくてはいけません。

「読んでもらいたい、見てもらいたい層に意識を向けて発信することで、〝価値〟を認識してもらいやすくなる」のです。

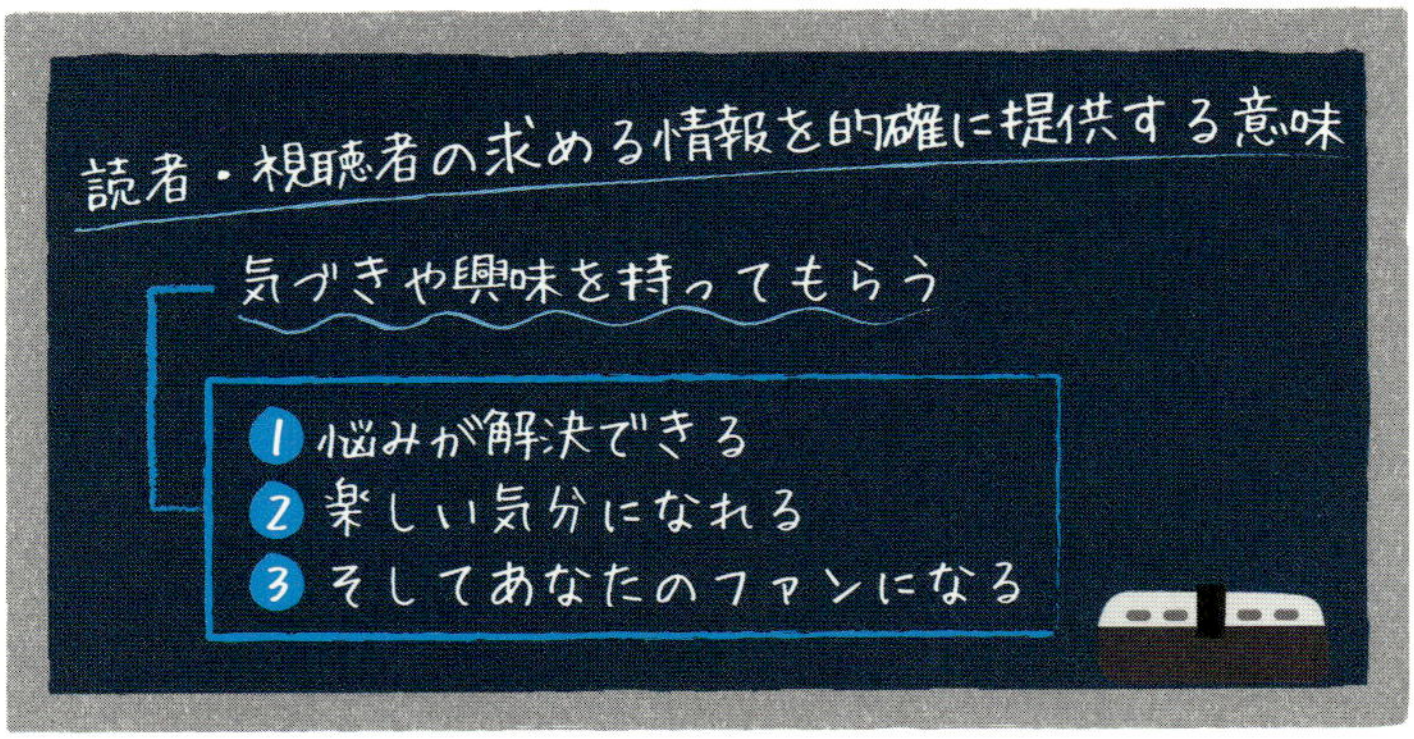
読者・視聴者の求める情報を的確に提供する意味
気づきや興味を持ってもらう
1 悩みが解決できる
2 楽しい気分になれる
3 そしてあなたのファンになる

02 伝えるパワーを増幅させよう

1 検索エンジンは良質なコンテンツが大好物

せっかく書いた文章でも、一生懸命編集した動画でも、読者・視聴者に届かなければ存在していないことと同じです。継続して、役に立つコンテンツを提供していると、次第に検索エンジンからの訪問者が増えてくるはずです。**Google**などの検索エンジンは、良質なコンテンツが大好物です。**「質の高い情報が掲載されているブログや動画は、検索結果の上位に表示される」**ようになります。検索結果の上位に表示されることで、多くの読者・視聴者に閲覧され、紹介リンクを張られたり、SNSでシェアされたりすることによって、安定的なアクセスや視聴数を見込むことが可能になります。

「検索エンジンとSNSを使い分け、両輪をバランスよく回していくことで、効果的にあなたの発信する情報を拡散することが可能に」なります。すでに数多くのフォロワーを抱えている人であれば、SNSを優先的に利用してもいいでしょう。コツコツと記事を積みあげることが得意な人は、最初は検索エンジンからの流入をねらってもいいでしょう。

「**伸ばしやすい要素からはじめて、ブログの運営が軌道に乗ってきたら弱い要素を補強していくことで、ブログの地力をひとつ上のステージに持ち上げる**」ことができます。

特に現在は、有益な情報は**Facebook**や**Twitter**といったSNSで拡散されやすい環境になっています。多くの人に役立つ情報は拡散され、そうでない情報はまったく広まらないという二極化も見られます。

最近では質がいいのはあたりまえで、素晴らしいと感じてもらえるコンテンツにならないと爆発的な拡散は起きない時代になっています。最初から「素晴らしい」を求めるのは大変ですが、「**まずは〝良質なコンテンツ〟を提供できるように心がけましょう**」。

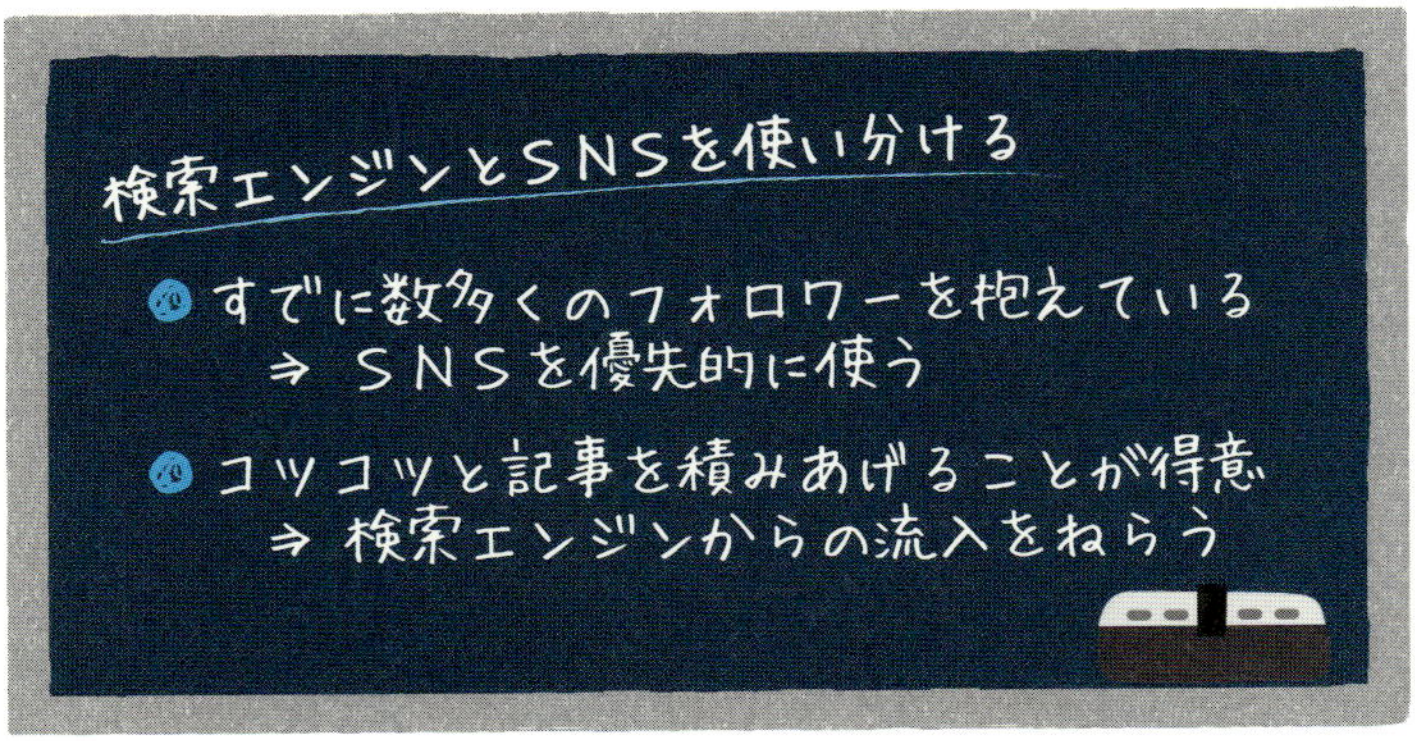
検索エンジンとSNSを使い分ける
すでに数多くのフォロワーを抱えている
⇒ SNSを優先的に使う
コツコツと記事を積みあげることが得意
⇒ 検索エンジンからの流入をねらう

2 ブログ・SNS・YouTubeで一定の数のファンがいるなら早い

もしブログやSNS、そしてYouTubeで一定数のファンを抱えているのであれば、それぞれのメディアを連動させましょう。ブログで安定したアクセスを集めているのであれば、YouTubeをはじめたこと、Twitterをはじめたことを紹介することで、効率的にチャンネル登録やフォローを促すことができます。YouTubeで多くのファンを抱えているのであれば、ブログを開始したことを動画内で発表すれば、最初からアクセスを呼び込むことも可能です。「ひとつのメディアで成果を出しているのであれば、そのパワーを有効活用」しましょう。

コツコツとコンテンツを制作することは、たしかに重要です。しかしながら、商品やサービスと同様に、良質なコンテンツをつくりあげても、世の中に届けなければ価値として認識されません。せっかくつくったのであれば、読んでもらう努力をしましょう。

2時限目

ブログルーム

ブログと広告収入の流れを学ぼう

レンタルサーバーと独自ドメインを取得し、WordPressをインストールするところからはじめて、ブログのデザイン、テーマを決めて、広告収益の流れをつかみましょう！

01 ブログをはじめるならWordPressで

1 ブログでお金を稼ぎたいならWordPress！

ブログをはじめようと思っても、世の中には数多くのブログサービスが存在していて、初心者はどのサービスを利用すればいいのか迷ってしまいます。現在では大きく分けて、無料で利用できるブログサービスを利用する方法と、月に1000円程度のコストをかけて自分でドメイン（URL）を取得し、レンタルサーバーを借りて**WordPress**というシステムを導入する方法の2つのブログ運営法があります。

さて、いざ「ブログをはじめよう！」として最初に思い浮かぶのは、「アメーバブログ」や「はてなブログ」といったブログサービスかと思います。何より無料ですし、デザインテンプレートもサービス会社が提供しているものを選択するだけなので、楽というメリットもあります。

たしかに、無料ブログサービスを使えばいいこともたくさんあります。しかし、「**これからブロ**

グをはじめて、そして動画との連動を考えているのなら最初からWordPressを利用することをお勧め」します。

さらに「ブログでお金を稼いでみたい！」という想いが少しでもあるのなら、多少の手間はかかりますが、WordPressで自由度の高いブログをつくってください。

2 ブログサービスを選択するときに考えたい3つのポイント

世の中にはさまざまなブログサービスがありますが、どのサービスにも特徴があって迷ってしまいます。「仲間をつくりたいのか」「お金を稼ぎたいのか」「集客したいのか」、目的によっても選択の基準は変わります。基本的にWordPressは下の黒板の3つの条件にあてはまっています。だからこそ本書でも推奨しています。

❶ ブログのレイアウト（デザイン）が自由に変更可能・変更が簡単

「ブログのデザインが豊富で、記事が読みやすいレイアウトを自

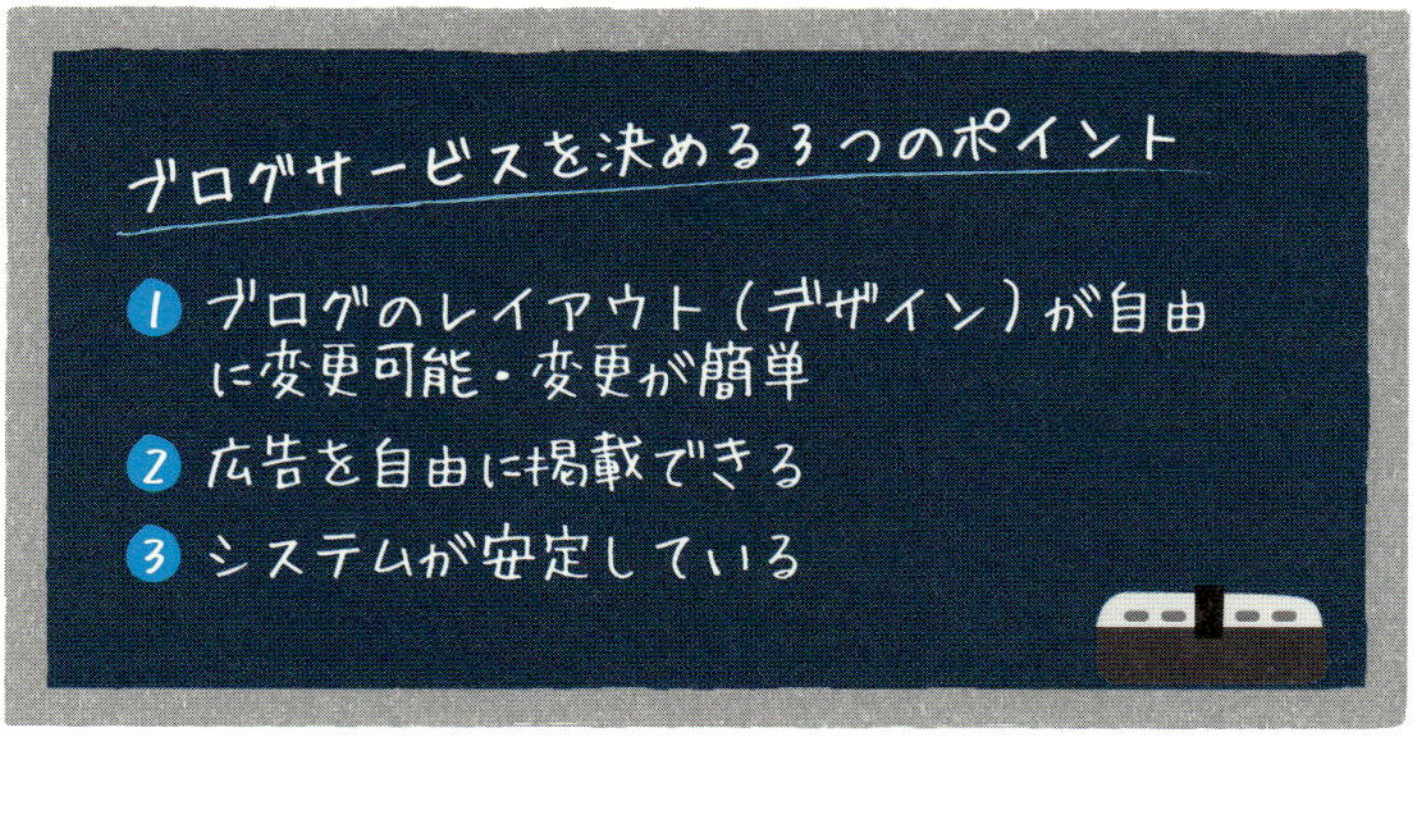
ブログサービスを決める3つのポイント
1 ブログのレイアウト（デザイン）が自由に変更可能・変更が簡単
2 広告を自由に掲載できる
3 システムが安定している

分で調整できるようなサービスを選びましょう」。文字の大きさや段落、行間などの微調整をすることで、文章の読みやすさは格段に向上します。特に文章を読ませたいと思っているのであれば、読みやすさという点は非常に重要なので、必ずチェックしておきましょう。

❷ 広告を自由に掲載できる

「**ブログを通じてお金を稼ぎたい、収益をあげたいのであればGoogle AdSenseやアフィリエイトプログラムが利用できるブログサービスを選びましょう**」。せっかくアクセスが集まっても、収益化の手段がないのであればお金を稼ぐことはできません。

残念ながらアメーバブログでは一部のアフィリエイトを利用することはできるものの、広告収入を軸に考えると選択肢からは外れてしまいます。各ブログサービスの得意分野を認識したうえで、利用するサービスを決めましょう。

❸ システムやサーバーが安定している

ブログの表示速度が遅かったり、メンテナンスが多くてブログを閲覧することができなかったりしたら、読者が訪れても記事を読むことなく去ってしまいます。ブログの投稿画面が不安定で、思うように投稿できなかったら時間的損失だしストレスも溜まってしまいます。ですから、「**ブログの投稿や閲覧が安定してできるブログサービス**」を利用しましょう。

3 無料ブログサービスを利用したときのメリット・デメリット

「**最大のメリットは、運用リスクが低い**」ということです。ブログ運営にかかる金銭的負担は基本的にゼロ円で、あなたが記事を書く時間コスト（手間賃）しか発生しません。デザインテンプレートも数多く用意されているので、細かな設定よりも記事を書くことだけに集中してブログ運営が可能です。もし、紹介している商品がテレビに取りあげられるなどして急にアクセスが増えたとしても、「**ブログサービスの運営会社はブログの安定表示のための対策をしているので、サーバーが落ちてブログを閲覧できなくなる危険性も低い**」です。

しかしながら、管理を運営会社に依存しているデメリットもたしかに存在します。「**最も大きなデメリットは、運営会社の方針や規約を守っていないと警告を受ける、最悪の場合はブログが削除されてしまう**」という点です。ほかにも「**運営会社が収益をあげるために配信している広告が、あなたの意志とは関係なく表示される**」点もデメリットになります。

4 レンタルサーバーを利用したときのメリット・デメリット

自分でサーバーを借りてブログを運用する「**最大のメリットは、自由度の高さ**」です。自分の好きな方法で商品やサービスを紹介できますし、ブログのデザインや広告の配置位置などもあなた好みに変更することができます。

「**デメリットは、ブログ運営に関するすべての要素が自己管理**」ということです。急激にアクセスが増加した場合、「**安価なサーバーだとアクセスの負荷に耐えられずブログが閲覧できなくなってしまう**」場合があります。デザインや検索エンジン対策なども自分自身で勉強していく必要があり、ただ記事を書くだけでなく総合的にブログを管理するための能力が必要になります。

そうはいっても、昨今のレンタルサーバーは機能も充実しているので、よほどのアクセス数が集まらないかぎりブログが見られなくなるということはありませんし、**WordPress**のインストールもワンクリックで可能になるなど、利便性も向上しています。

5 WordPress導入にかかる「コスト」と「手間」について

実際に**WordPress**でブログを運用するにあたって発生する「お金」と「手間」についてお話しします。

WordPressでブログをつくるためには「独自ドメインの取得手続き」や「レンタルサーバーの申し込み」、「**WordPress**のインストール」といった作業が発生します。そして、「独自ドメイン」と「レンタルサーバー」の手続きには費用が発生します。

独自ドメインに必要なお金は、年間５００〜３０００円程度で（**.com**や**.jp**といった種類によって金額が変わります）、レンタルサーバー代も月間５００〜１０００円程度の金額が一般的です。下記の表で、有名どころのサービス提供会社を紹介しています。

「**ドメインとは、〝https://（http://）〟からはじまる文字列のことで、インターネット上の表札（住所）**」になります。現実社会でも同じ住所が存在しないのと一緒で、ドメインも世界にひとつだけのあなた専用の文字列です。「**ドメインは、あなたのブログのアドレス（URL）**」になります。あまり長いURLは掲載するスペースを取ってしまうので、「**できるだけ短い文字列で、なおかつブログテーマに関連した意味のある文字列に**」しておきましょう。

「**レンタルサーバーは、現実社会でいう〝土地＝敷地〟をイメージ**」してください。土地を借りることで、自由にそのスペースを使うことができます。「**独自ドメイン（表札・住所）を紐づけさせることで郵便物（ブログの訪問者）が届く**」ようになります。

本書では2時限目2項以降、ムームードメインとエックスサーバーの組みあわせで、独自ドメインの取得方法やレンタルサーバーの契約方法、そして**WordPress**の利用法を詳しくお話ししていきます。

● お勧めのドメイン取得サービスとレンタルサーバー

ドメイン取得サービス	ムームードメイン	https://muumuu-domain.com/
	お名前ドットコム	https://www.onamae.com/
レンタルサーバー	エックスサーバー	https://www.xserver.ne.jp/
	ロリポップ！レンタルサーバー	https://lolipop.jp/
	mixhost	https://mixhost.jp/

02 独自ドメインとレンタルサーバーで運営しよう

それでは実際に自分のドメイン（URL）を取得してみましょう。まずはムームードメインのサイトにアクセスします。ムームードメインは、GMOペパボ社が運営する初心者でも簡単に利用できるドメイン取得サービスです。ほかにもドメイン取得サービス会社はありますが、本書では操作方法が簡単で、取得できるドメインの種類も豊富なムームードメインを使ってお話ししていきます。

「URLは比較的短めに、ブログの内容や運営者がわかるような文字列を取得する」ことをお勧めします。あまりにも長いURLは伝えるのも、アドレスバーに手入力してもらうのも大変です。ブログの内容にマッチしたURL、たとえば犬の写真をメインに掲載するブログであれば「**dog_photo.com**」といった、ブログテーマがひと目でわかるURLにすることで、検索エンジンも認識しやすくなります。

STEP 1 ムームードメインのサイト（https://muumuu-domain.com）にアクセスする

STEP 2 取りたいドメインが取れるか確認する

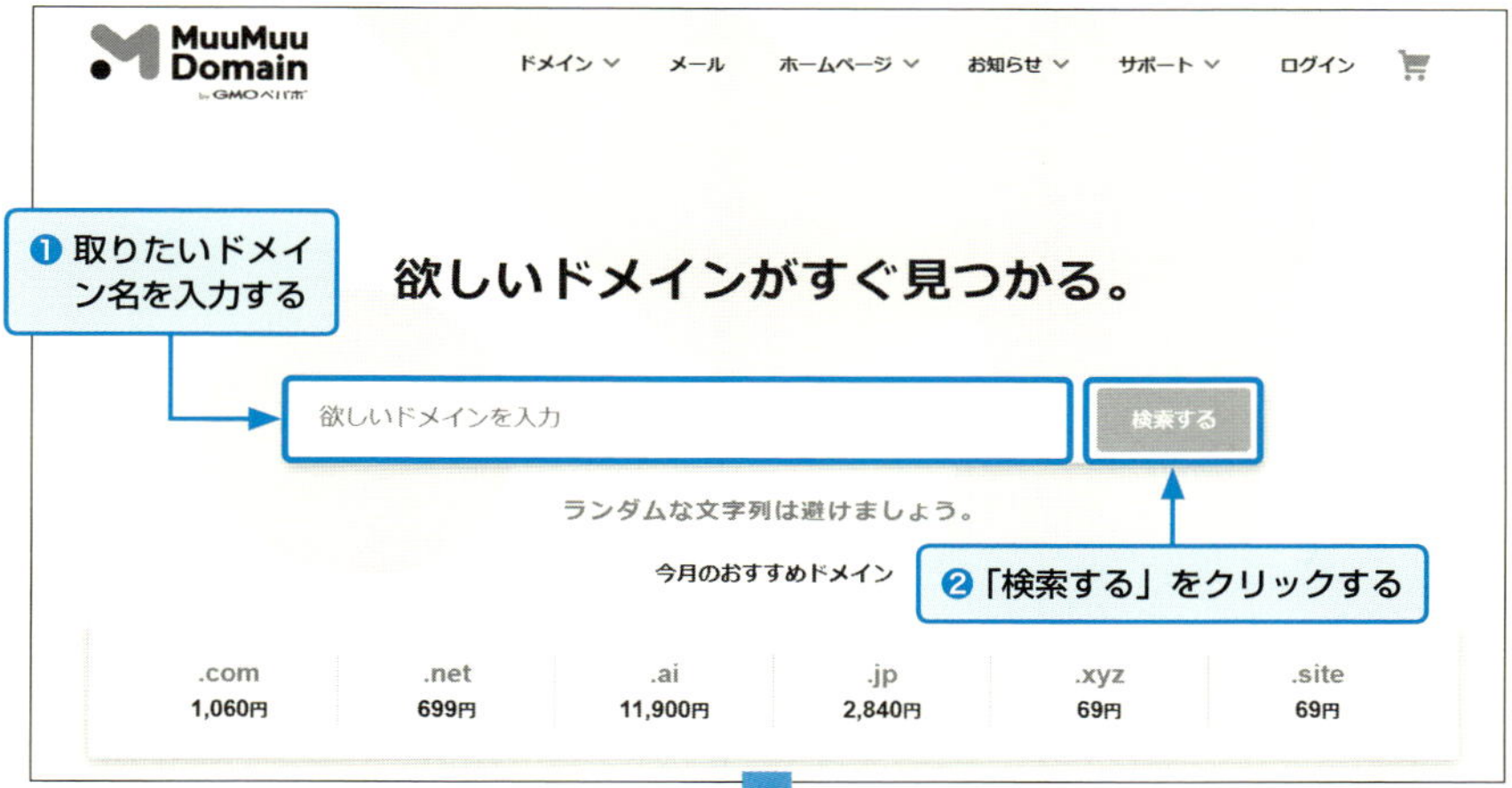

● ドメインの契約手順

手順❶ 決定したドメインを契約する

使いたいドメインを決め、「カートに追加」ボタンを押すと契約画面に移動する

手順❷ ムームーIDを作成する

ドメインを契約するためには、ムームードメインのIDをつくる必要がある。Amazonのアカウントでログインすることもできるし、メールアドレスを利用して新規登録することも可能

手順❸ 必要事項を入力する

ムームードメインにログインするために、希望のIDとパスワードを入力し、「内容確認へ」をクリックする。確認画面の終わりのほうに「お支払い」項目があるので、契約年数と支払い方法を選択する。支払い方法はクレジットカード払い以外にも、銀行振込やコンビニ決済などが選択できる

手順❹ ユーザー情報を入力する

続いて利用者のユーザー情報を登録する。入力し終わったら「次のステップへ」をクリックする。確認画面が表示されるので、誤りがなければ「取得する」ボタンをクリックすると契約が締結される。これで登録したドメインはあなただけが利用できるようになる

1 エックスサーバーを借りる手続きをしよう

エックスサーバーは初心者から中級者まで、幅広い層が利用しているレンタルサーバーです。使用料は月額1000円程度、安定した動作が期待できて、なおかつサポートも充実しています。検索エンジン大手の**Google**が推奨している、独自SSL（**https**）も月額金額内で利用することができます。

　エックスサーバーは無料お試し期間が10日間あるので、使いこなせないと思ったらキャンセルすることも可能です。

STEP 1 エックスサーバーのサイト（https://www.xserver.ne.jp/）にアクセスする

STEP 2 エックスサーバーを契約する

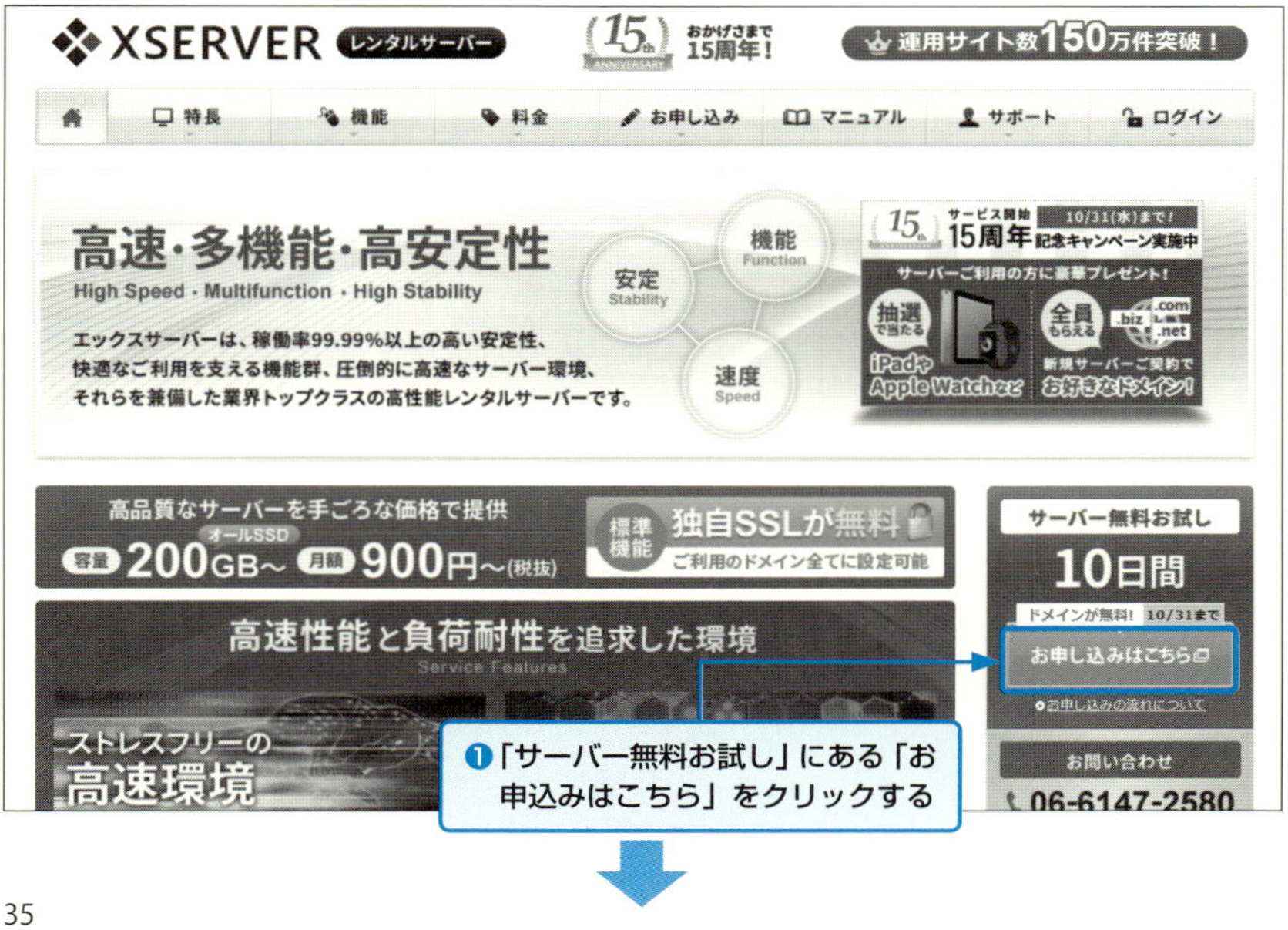

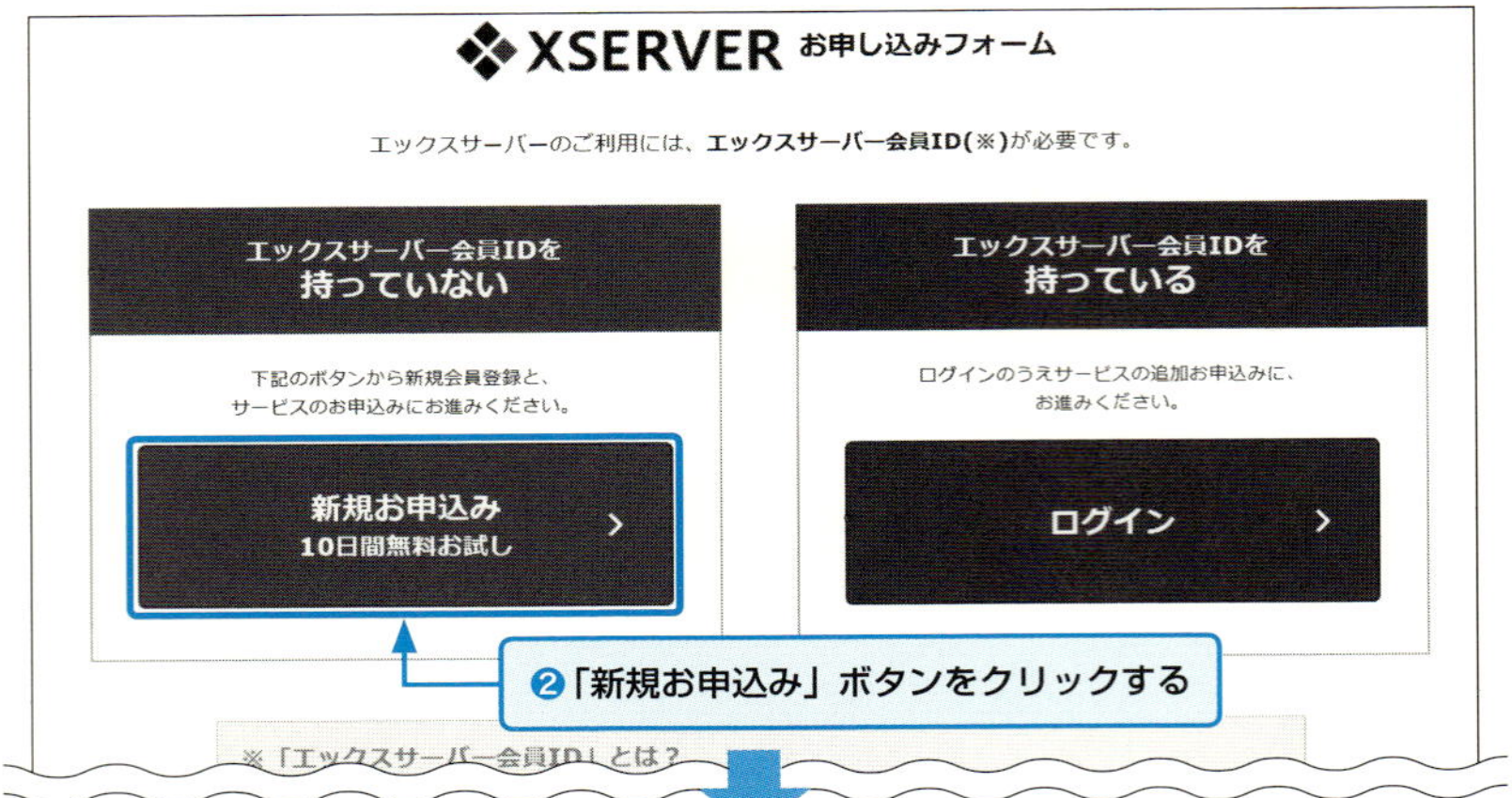
XSERVER お申し込みフォーム
エックスサーバーのご利用には、エックスサーバー会員ID(※)が必要です。
エックスサーバー会員IDを 持っていない
下記のボタンから新規会員登録と、サービスのお申込みにお進みください。
新規お申込み 10日間無料お試し
エックスサーバー会員IDを 持っている
ログインのうえサービスの追加お申込みに、お進みください。
ログイン
❷「新規お申込み」ボタンをクリックする
※「エックスサーバー会員ID」とは？

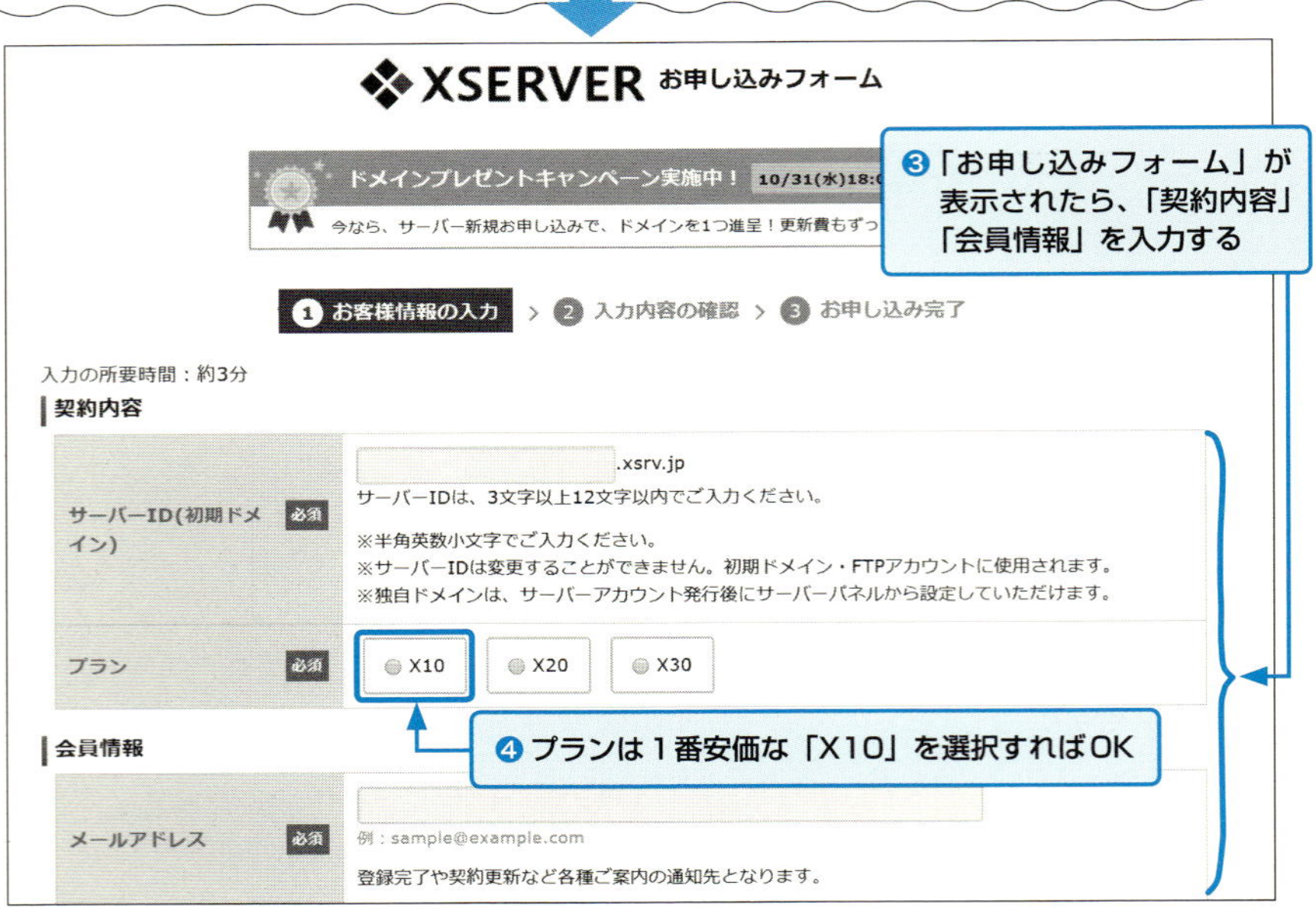
XSERVER お申し込みフォーム
ドメインプレゼントキャンペーン実施中！
今なら、サーバー新規お申し込みで、ドメインを1つ進呈！更新費もずっ
❸「お申し込みフォーム」が表示されたら、「契約内容」「会員情報」を入力する
1 お客様情報の入力
2 入力内容の確認
3 お申し込み完了
入力の所要時間：約3分
契約内容
サーバーID(初期ドメイン) 必須
.xsrv.jp
サーバーIDは、3文字以上12文字以内でご入力ください。
※半角英数小文字でご入力ください。
※サーバーIDは変更することができません。初期ドメイン・FTPアカウントに使用されます。
※独自ドメインは、サーバーアカウント発行後にサーバーパネルから設定していただけます。
プラン 必須
X10
X20
X30
❹プランは１番安価な「X10」を選択すればOK
会員情報
メールアドレス 必須
例：sample@example.com
登録完了や契約更新など各種ご案内の通知先となります。

STEP 3 必要事項の入力が終わったら規約を確認する

問題なければ『「利用規約」「個人情報の取扱いについて」に同意する』にチェックを入れて、「お申込内容の確認」をクリックする。

STEP 4 申し込みを完了する

最後に確認画面が表示されるので、誤りがなければ「お申込みをする」をクリックする。

エックスサーバーの「**申込みが完了したら、登録したメールアドレスにログイン情報が記載されたメールが届くので、大切に保管**」しておきましょう。

なおこの時点では無料お試し契約なので、改めて正式な手続きを行う必要があります。正式契約については次の項目でお話しします。

2 ドメインとレンタルサーバーを接続しよう

続いて、取得した独自ドメインと、レンタルサーバーの関連づけをします。

STEP 1 サーバーパネル（https://www.xserver.ne.jp/login_server.php）にログインする

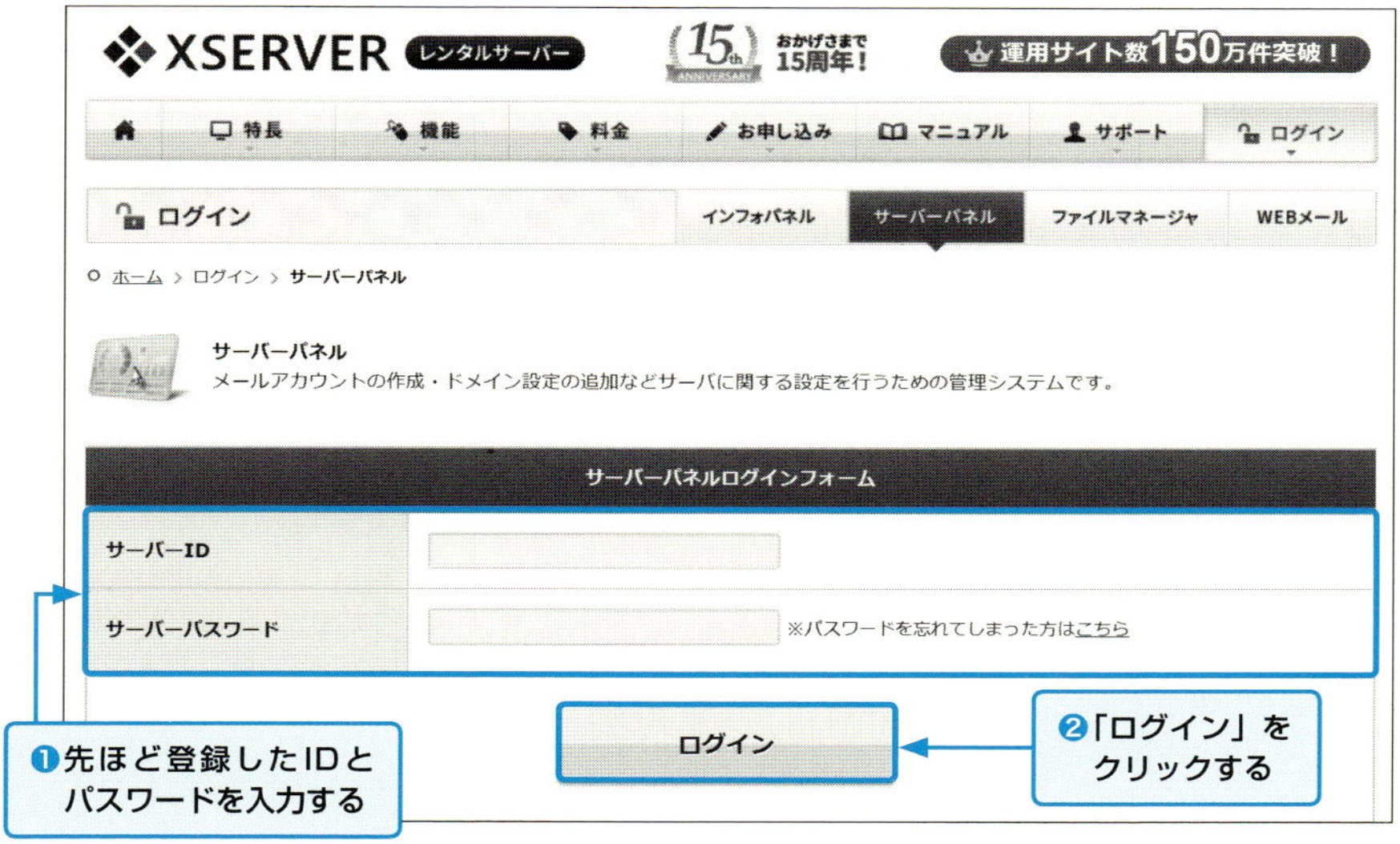

STEP 2 ログインするとサーバーパネルの管理画面が表示される

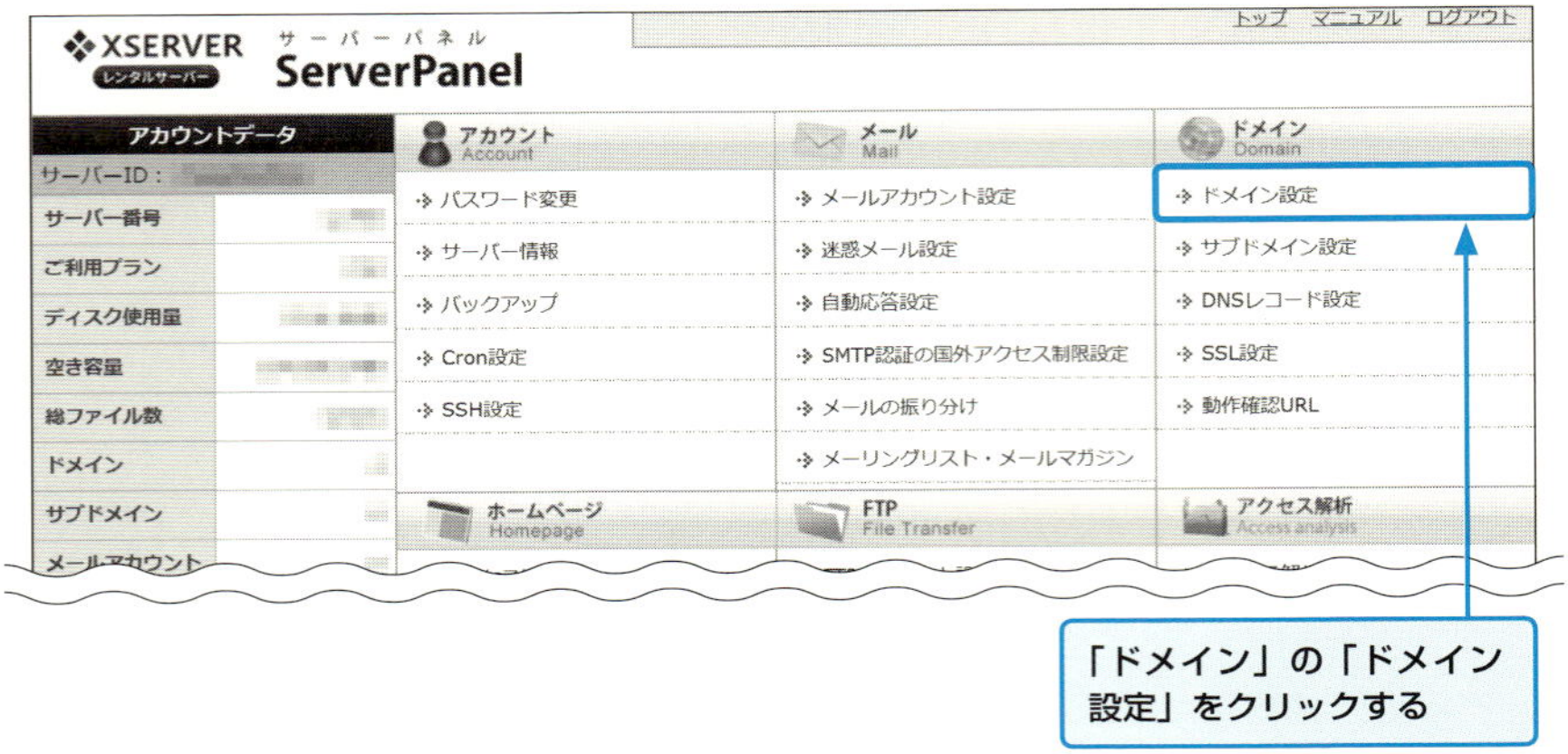

STEP 3 独自ドメインの設定を追加する

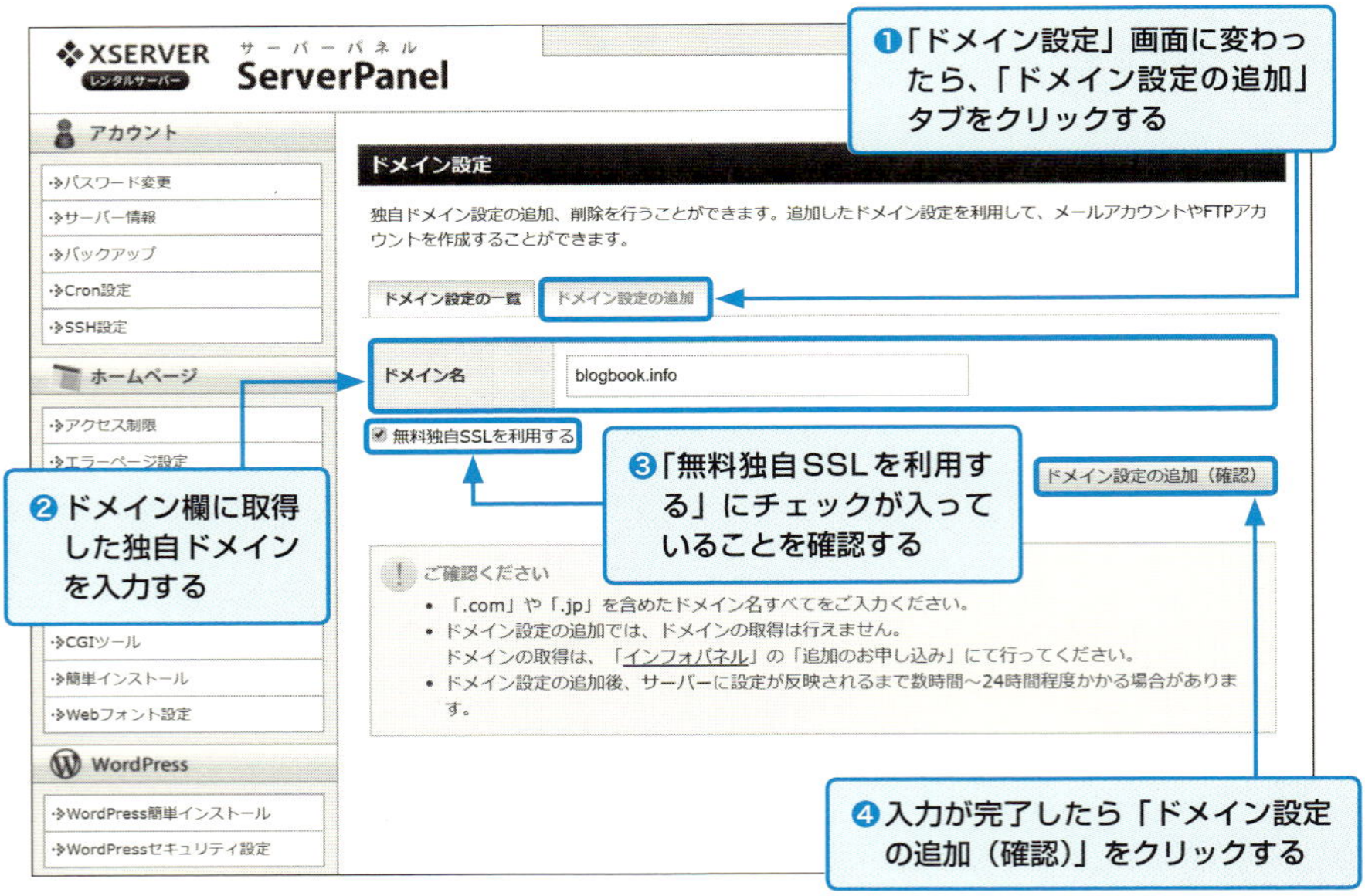

STEP 4 確認画面が表示されるので、間違いなければ「ドメインの追加（確定）」をクリックする

STEP 5 「無料独自 SSL の設定に失敗しました」を無視する

XSERVER
レンタルサーバー
サーバーパネル
ServerPanel
トップ　マニュアル　ログアウト
現在の設定対象ドメイン　blogbook.info　クリア
アカウント
パスワード変更
サーバー情報
バックアップ
Cron設定
SSH設定
ホームページ
アクセス制限
エラーページ設定
MIME設定
.htaccess編集
サイト転送設定
アクセス拒否設定
CGIツール
簡単インストール
Webフォント設定
WordPress
WordPress簡単インストール
WordPressセキュリティ設定
メール
メールアカウント設定
迷惑メール設定
ドメイン設定
独自ドメイン設定の追加、削除を行うことができます。追加したドメイン設定を利用して、メールアカウントやFTPアカウントを作成することができます。
ドメイン設定の一覧　ドメイン設定の追加
ドメイン設定の追加を完了しました。設定内容は以下の通りです。
項目　設定
ドメイン名　blogbook.info
URL
http://blogbook.info/
http://www.blogbook.info/
※「www」有り・無し両方のURLでアクセスが可能です。
※ドメイン設定は追加後、サーバーに設定が反映されるまで数時間〜24時間程度かかる場合があります。
設定が反映される前にドメインにアクセスした場合、「設定が反映されていないドメイン」といった表示がされることがありますが、一定時間が経過しドメイン設定が反映されると、通常のWebページが表示されるようになります。
無料独自SSL設定
無料独自SSLの設定に失敗しました
以下の状態をご確認の上、再度、「SSL設定」から無料独自SSLを設定してください。
・「blogbook.info」ドメインのネームサーバーがエックスサーバー指定のものになっている。
・ブラウザから「blogbook.info」で当社サーバーへアクセスできる。
ドキュメント　/home/masatoshiso/blogbook.info/public_html/
登録が完了すると、ほとんどの場合、「無料独自SSLの設定に失敗しました」と表示されるが、後ほど再設定するのでこのままにしておく

STEP 6 ムームードメインの管理画面にログインして、ムームードメイン側の設定をする

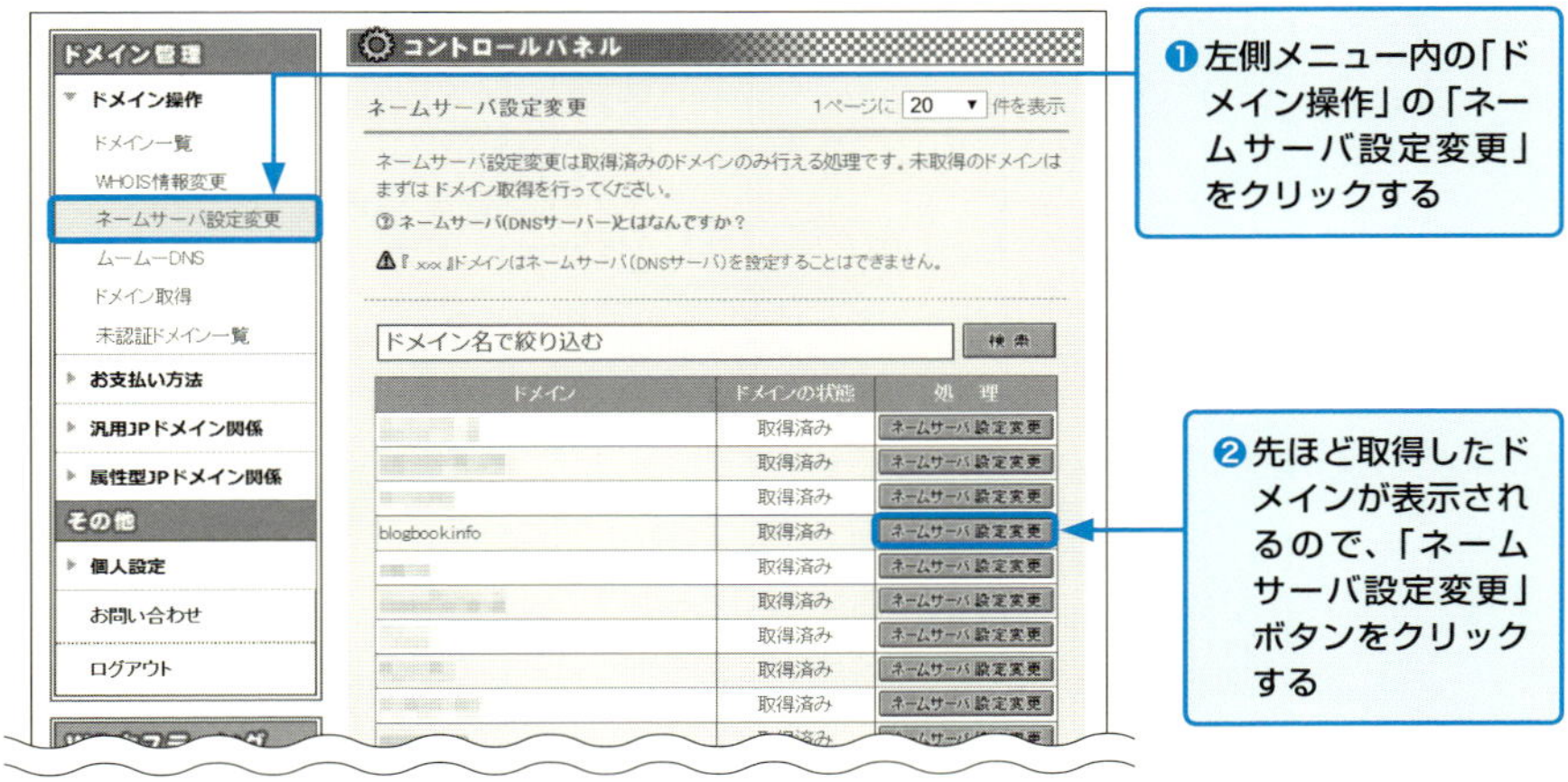
ドメイン管理
ドメイン操作
ドメイン一覧
WHOIS情報変更
ネームサーバ設定変更
ムームーDNS
ドメイン取得
未認証ドメイン一覧
お支払い方法
汎用JPドメイン関係
属性型JPドメイン関係
その他
個人設定
お問い合わせ
ログアウト
コントロールパネル
ネームサーバ設定変更　1ページに 20 件を表示
ネームサーバ設定変更は取得済みのドメインのみ行える処理です。未取得のドメインはまずはドメイン取得を行ってください。
ネームサーバ(DNSサーバー)とはなんですか？
『.xxx』ドメインはネームサーバ(DNSサーバ)を設定することはできません。
ドメイン名で絞り込む　検索
ドメイン　ドメインの状態　処理
blogbook.info　取得済み　ネームサーバ設定変更
❶左側メニュー内の「ドメイン操作」の「ネームサーバ設定変更」をクリックする
❷先ほど取得したドメインが表示されるので、「ネームサーバ設定変更」ボタンをクリックする

STEP 7 ネームサーバの設定を変更する

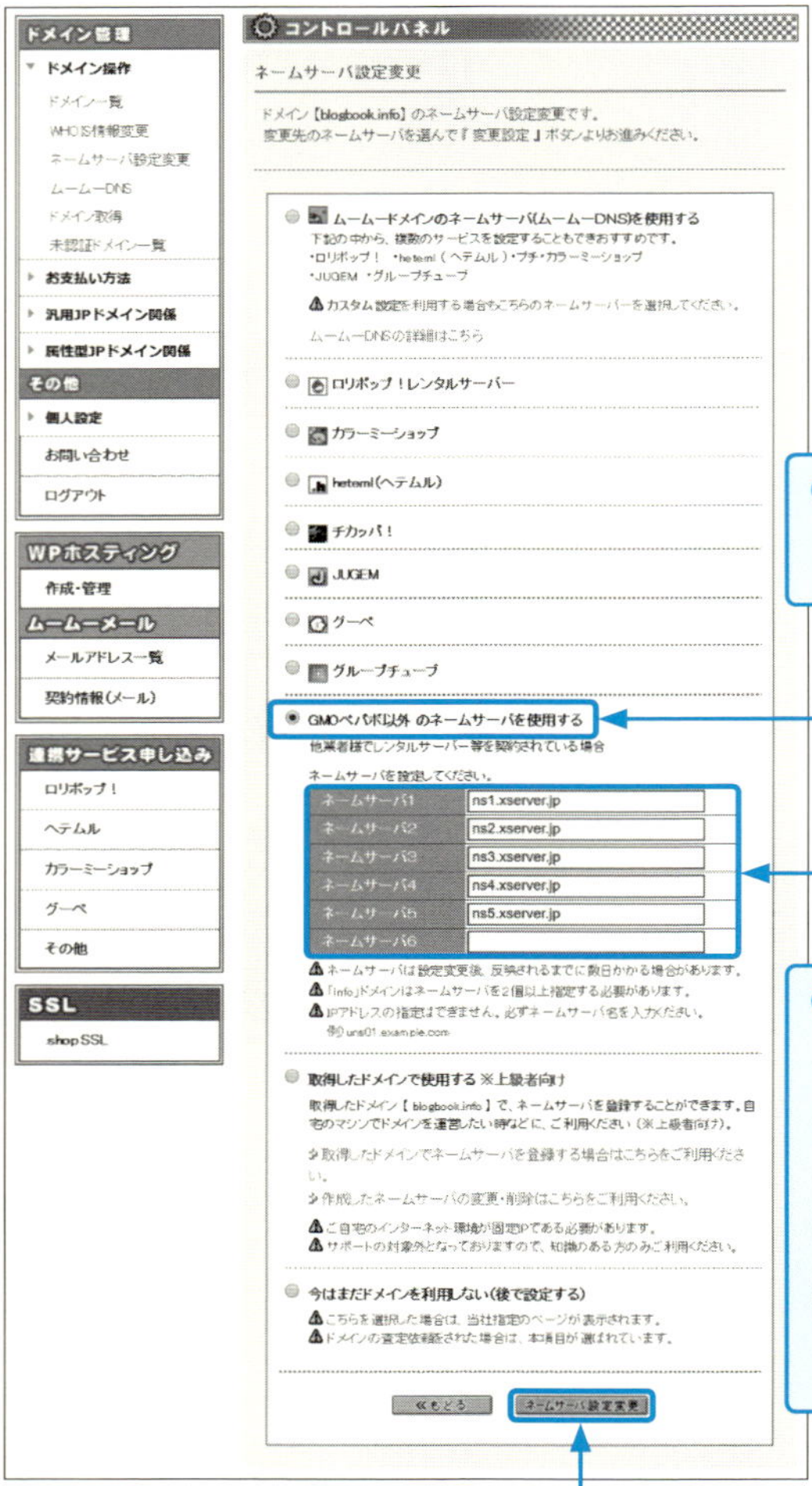

❶画面下部にある「GMOペパボ以外のネームサーバを使用する」を選択する

❷ネームサーバ1～5にネームサーバの内容を入力する
ネームサーバ1：ns1.xserver.jp
ネームサーバ2：ns2.xserver.jp
ネームサーバ3：ns3.xserver.jp
ネームサーバ4：ns4.xserver.jp
ネームサーバ5：ns5.xserver.jp
※この入力内容は、エックスサーバーを契約した際に送られてくるメールに記載されている

❸「ネームサーバ設定変更」をクリックする。「ネームサーバの設定変更を行ってもよろしいですか。」といった内容の確認メッセージが表示されたら、「OK」を選択する。早ければ30分、遅くても24時間ほど待つとドメインとサーバーが接続される

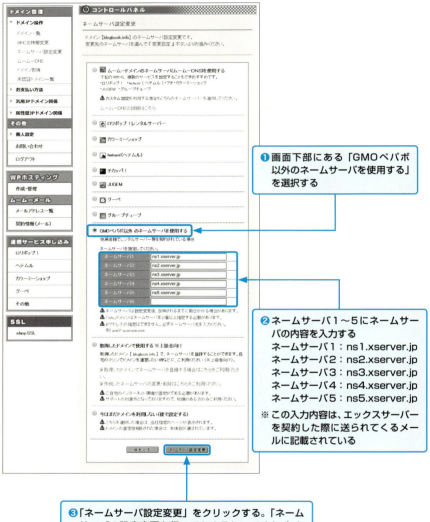

3 レンタルサーバーを正式契約する

ひとまずドメインとサーバーの接続作業は終わりましたが、エックスサーバーの契約は10日間の試用期間のままになっています。このままでは10日後に使えなくなってしまうので、忘れずに正式契約をしておきましょう。

ひとまずこれで、ブログを運営するのに必要な「独自ドメイン」と「レンタルサーバー」契約、そして連携が終了しました。なお、初回については初期費用の3000円が計上されます。

STEP 1 レンタルサーバーの料金を支払う

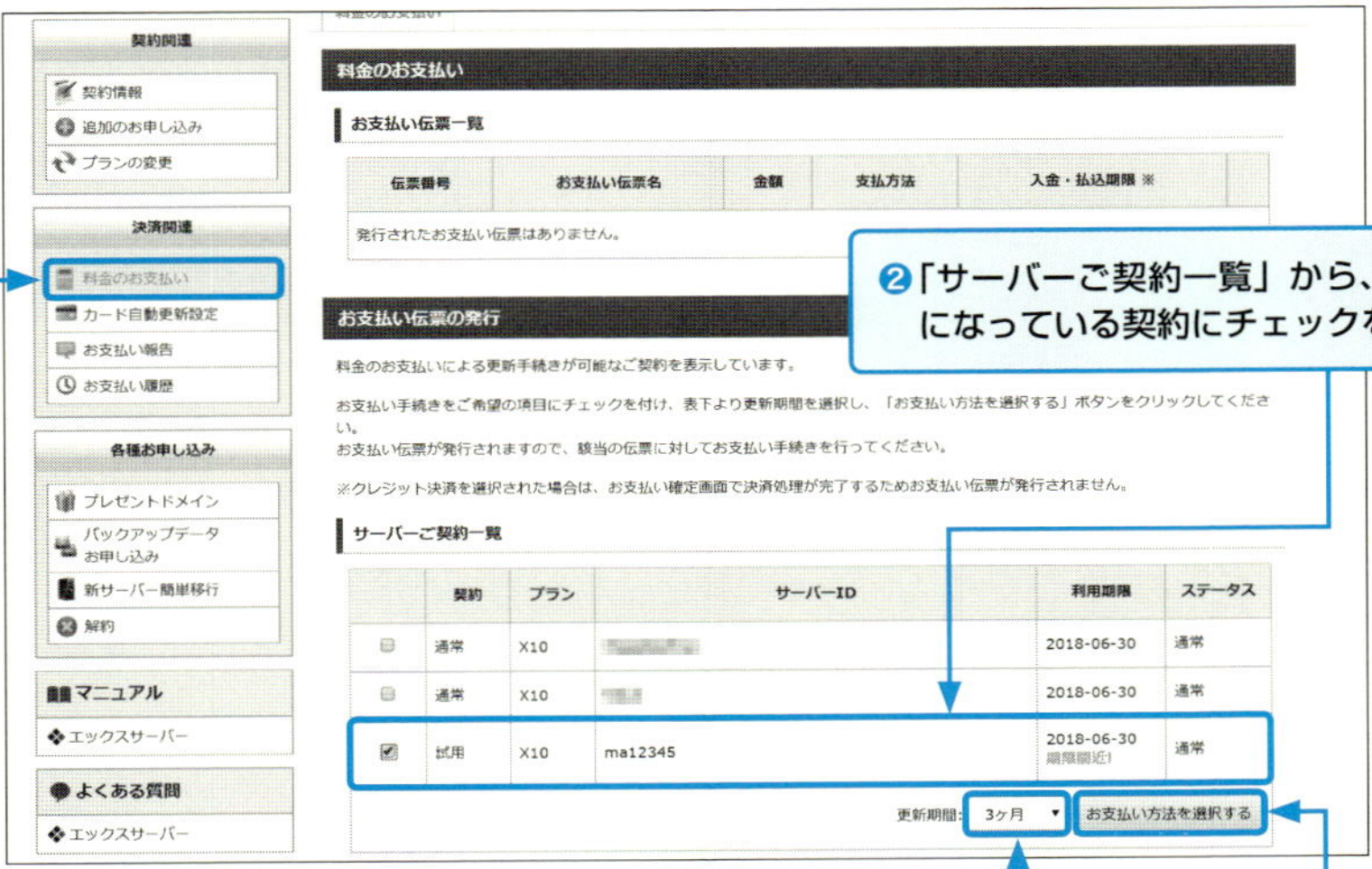

❶インフォパネルにログインし、左メニューにある「料金のお支払い」をクリックする

❷「サーバーご契約一覧」から、「試用」になっている契約にチェックを入れる

❸更新期間を3ヶ月、6ヶ月、12ヶ月、24ヶ月、36ヶ月の中から選択する
※長期契約になればなるほど、1カ月間の単価は安くなる

❹更新期間を決めたら「お支払い方法を選択する」をクリックし、手続きを進める

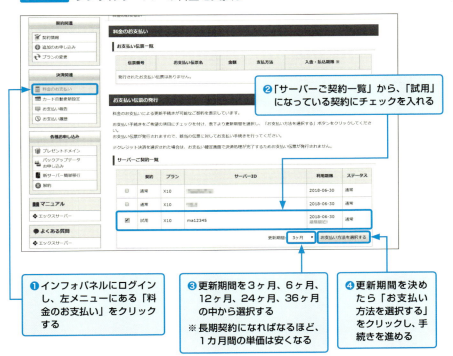

4 最初にＳＳＬ設定を忘れずに行う

ドメインとサーバーの設定が完了したら、最初にＳＳＬ設定をしておきましょう。この設定は検索エンジン最大手の**Google**が推奨するセキュリティ向上のためのしくみで、今後、インターネットの主流になります。

見た目にはＵＲＬの表記が「**http**」から「**https**」に変更されます。２０１８年7月より**Google**が提供する**Chrome**ブラウザでは、ＵＲＬが**https**になっていない（常時ＳＳＬ化されていない）ウェブサイトには「保護されていない通信」という警告が掲載されるようになりました。

自分のブログが「保護されていない通信」と表示されたら嫌ですよね。簡単な設定で回避できるので、最初にやっておきましょう。

● Google のウェブマスター向け公式ブログで発表された「HTTPS 化」へのアナウンス

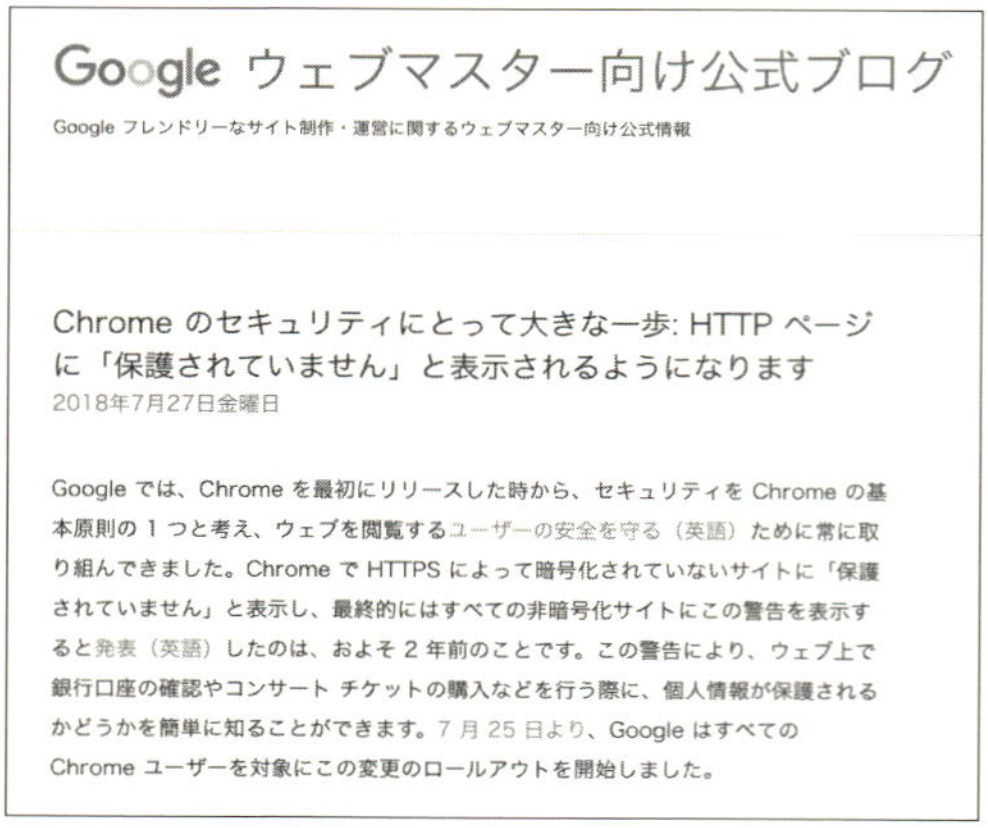
Google ウェブマスター向け公式ブログ

Google フレンドリーなサイト制作・運営に関するウェブマスター向け公式情報

Chrome のセキュリティにとって大きな一歩: HTTP ページに「保護されていません」と表示されるようになります

2018年7月27日金曜日

Google では、Chrome を最初にリリースした時から、セキュリティを Chrome の基本原則の 1 つと考え、ウェブを閲覧するユーザーの安全を守る（英語）ために常に取り組んできました。Chrome で HTTPS によって暗号化されていないサイトに「保護されていません」と表示し、最終的にはすべての非暗号化サイトにこの警告を表示すると発表（英語）したのは、およそ 2 年前のことです。この警告により、ウェブ上で銀行口座の確認やコンサート チケットの購入などを行う際に、個人情報が保護されるかどうかを簡単に知ることができます。7 月 25 日より、Google はすべての Chrome ユーザーを対象にこの変更のロールアウトを開始しました。

Google のウェブマスター向け公式ブログ［Chrome のセキュリティにとって大きな一歩：https://webmaster-ja.googleblog.com/2018/07/marking-HTTP-as-not-secure.html］

STEP 1 独自 SSL 設定を追加する

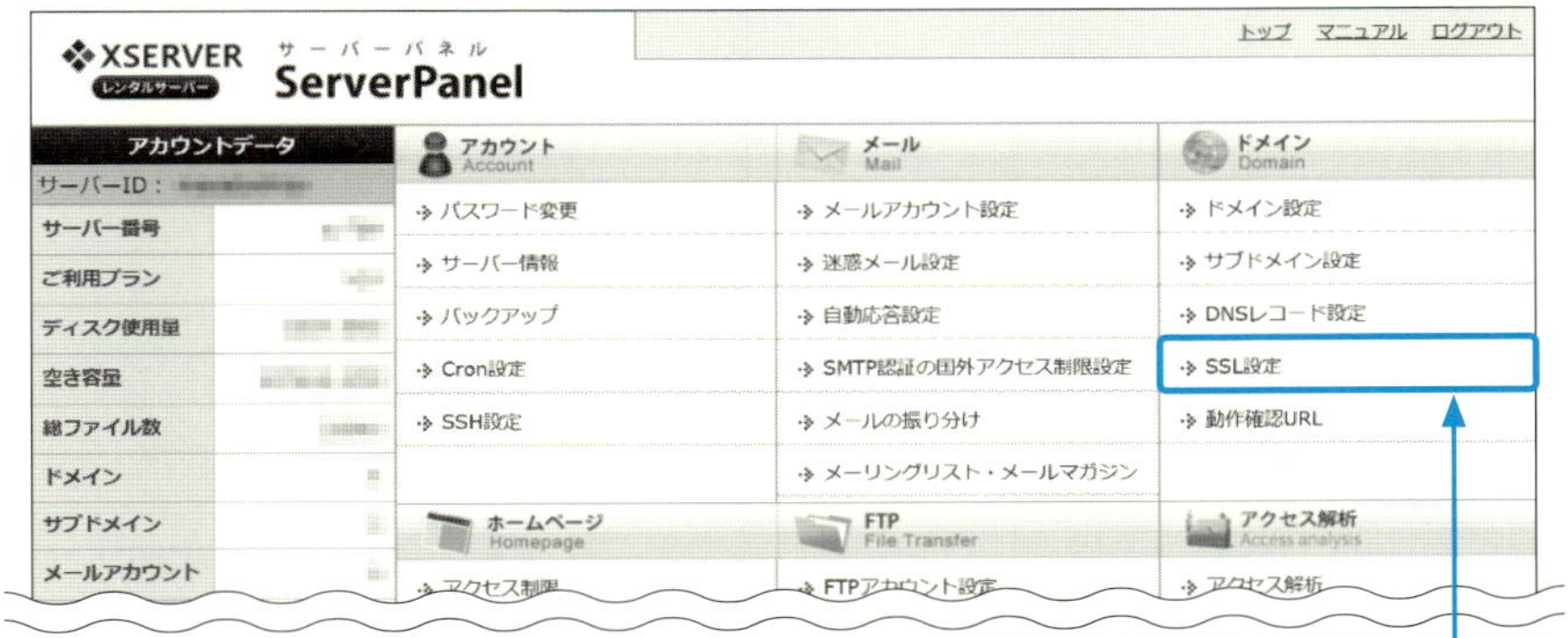

❶「ドメイン」にある「SSL設定」をクリックする

❷下部の「独自SSL設定を追加する（確定）」をクリックすれば設定完了

※最大１時間程度で、httpsのURLでアクセスできるようになる

5 WordPressをインストールしよう

エックスサーバーには**WordPress**を簡単に利用するためのインストールツールがついています。エックスサーバーにかぎらず、有名どころのレンタルサーバーには**WordPress**のインストール機能がついているので、別のサーバーを利用している人もほぼ同様の方法でインストールできるはずです。

WordPressの管理画面にログインできれば、ブログを書くための最低限の環境ができあがります。

STEP 1 WordPressをインストールする

「WordPress」にある「WordPress簡単インストール」をクリックする

STEP 2 WordPress のインストールに必要な設定をする

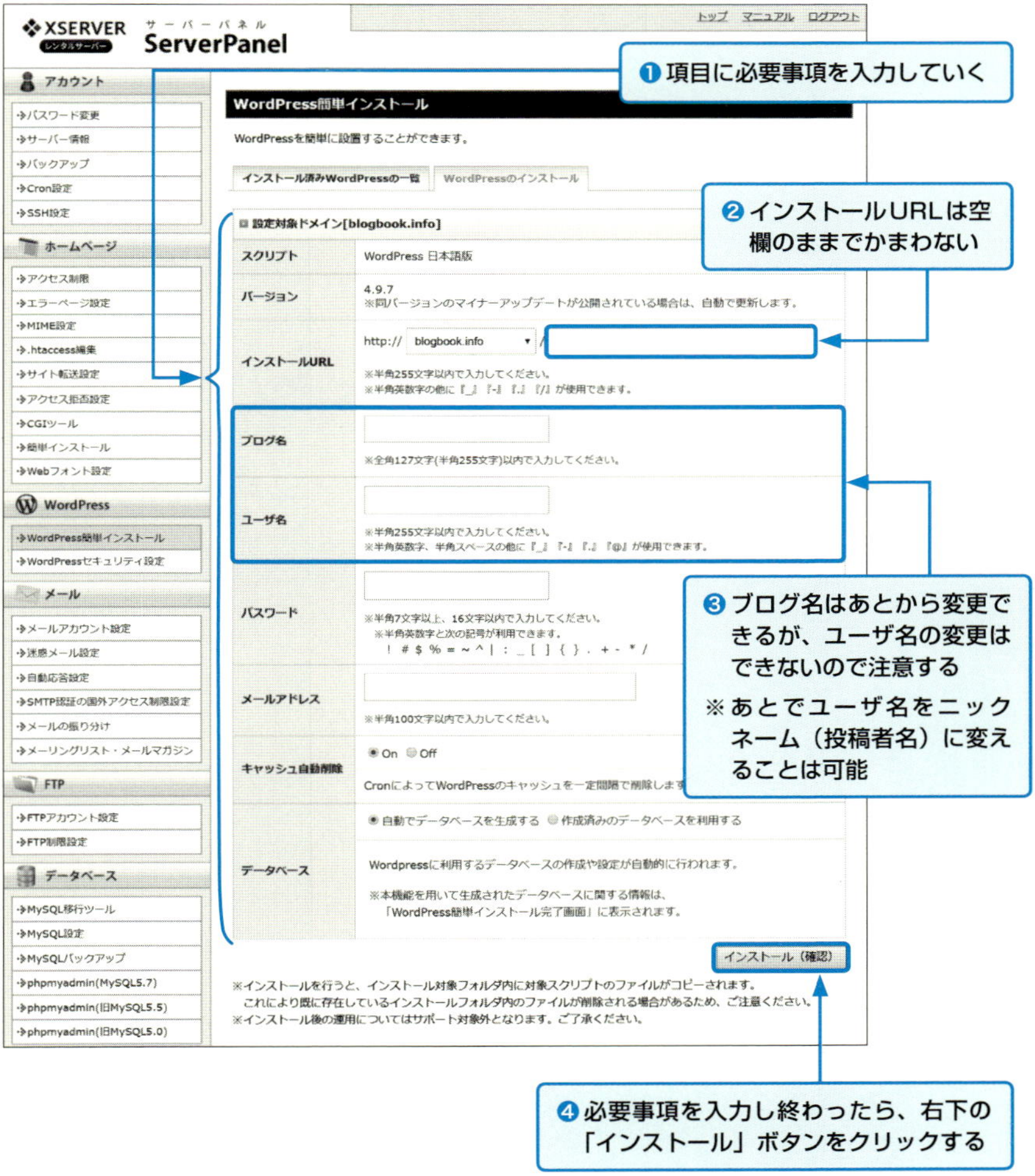
XSERVER
レンタルサーバー
サーバーパネル
ServerPanel
トップ マニュアル ログアウト
アカウント
パスワード変更
サーバー情報
バックアップ
Cron設定
SSH設定
ホームページ
アクセス制限
エラーページ設定
MIME設定
.htaccess編集
サイト転送設定
アクセス拒否設定
CGIツール
簡単インストール
Webフォント設定
WordPress
WordPress簡単インストール
WordPressセキュリティ設定
メール
メールアカウント設定
迷惑メール設定
自動応答設定
SMTP認証の国外アクセス制限設定
メールの振り分け
メーリングリスト・メールマガジン
FTP
FTPアカウント設定
FTP制限設定
データベース
MySQL移行ツール
MySQL設定
MySQLバックアップ
phpmyadmin(MySQL5.7)
phpmyadmin(旧MySQL5.5)
phpmyadmin(旧MySQL5.0)
WordPress簡単インストール
WordPressを簡単に設置することができます。
インストール済みWordPressの一覧
WordPressのインストール
設定対象ドメイン[blogbook.info]
スクリプト
WordPress 日本語版
バージョン
4.9.7
※同バージョンのマイナーアップデートが公開されている場合は、自動で更新します。
インストールURL
http:// blogbook.info /
※半角255文字以内で入力してください。
※半角英数字の他に『_』『-』『.』『/』が使用できます。
ブログ名
※全角127文字(半角255文字)以内で入力してください。
ユーザ名
※半角255文字以内で入力してください。
※半角英数字、半角スペースの他に『_』『-』『.』『@』が使用できます。
パスワード
※半角7文字以上、16文字以内で入力してください。
※半角英数字と次の記号が利用できます。
! # $ % = ~ ^ | : _ [ ] { } . + - * /
メールアドレス
※半角100文字以内で入力してください。
キャッシュ自動削除
On Off
Cronによって WordPressのキャッシュを一定期間で削除しま
データベース
自動でデータベースを生成する 作成済みのデータベースを利用する
Wordpressに利用するデータベースの作成や設定が自動的に行われます。
※本機能を用いて生成されたデータベースに関する情報は、
「WordPress簡単インストール完了画面」に表示されます。
インストール（確認）
※インストールを行うと、インストール対象フォルダ内に対象スクリプトのファイルがコピーされます。
これにより既に存在しているインストールフォルダ内のファイルが削除される場合があるため、ご注意ください。
※インストール後の運用についてはサポート対象外となります。ご了承ください。
❶項目に必要事項を入力していく
❷インストールURLは空欄のままでかまわない
❸ブログ名はあとから変更できるが、ユーザ名の変更はできないので注意する
※あとでユーザ名をニックネーム（投稿者名）に変えることは可能
❹必要事項を入力し終わったら、右下の「インストール」ボタンをクリックする

STEP 3 確認画面が表示され、問題なければインストールを進める

STEP 4 WordPressの管理画面にログインする

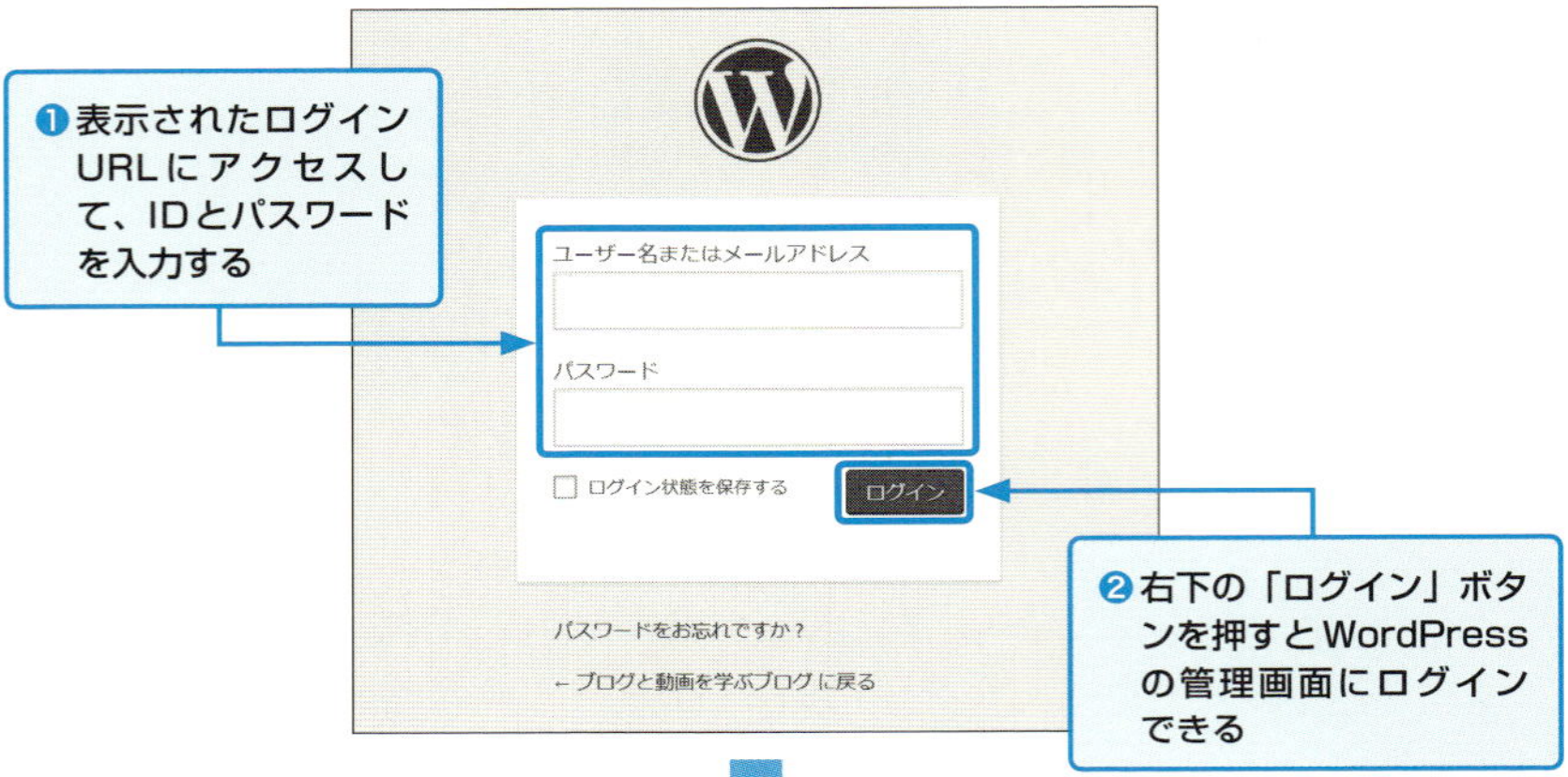
❶表示されたログインURLにアクセスして、IDとパスワードを入力する
ユーザー名またはメールアドレス
パスワード
ログイン状態を保存する
ログイン
❷右下の「ログイン」ボタンを押すとWordPressの管理画面にログインできる
パスワードをお忘れですか？
← ブログと動画を学ぶブログ に戻る

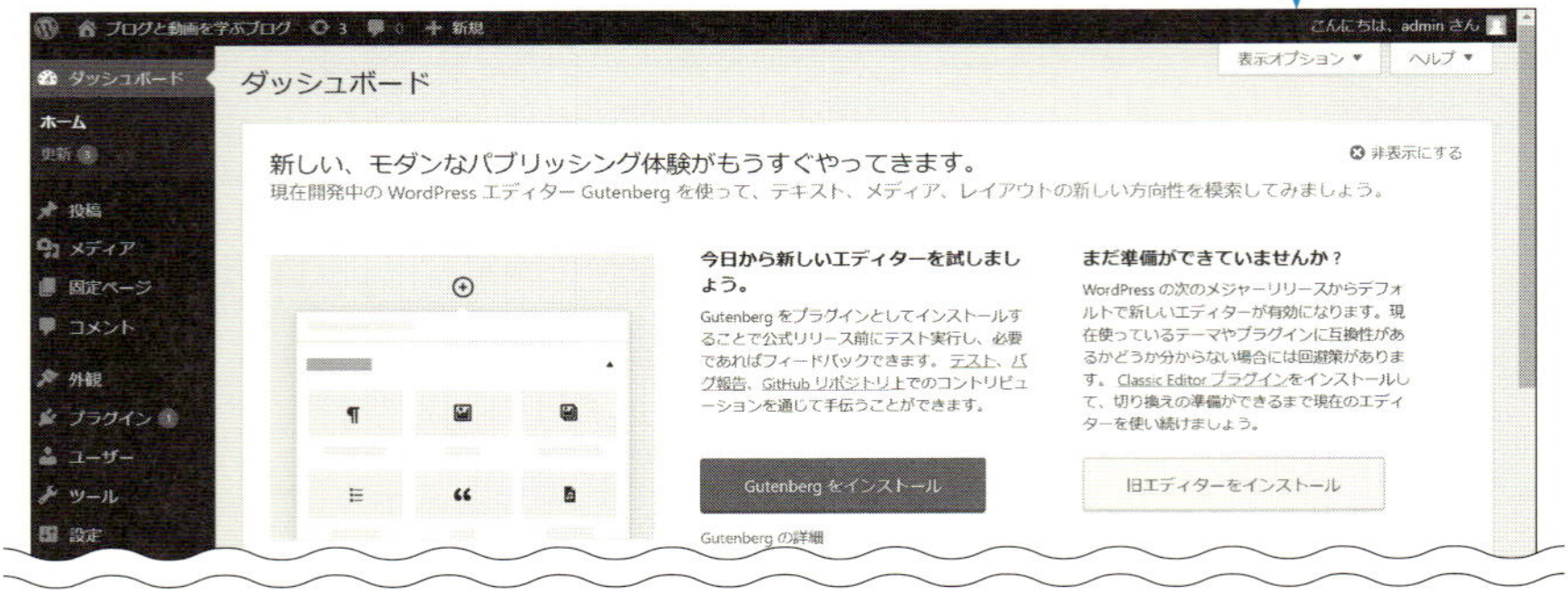
ブログと動画を学ぶブログ
新規
こんにちは、admin さん
表示オプション
ヘルプ
ダッシュボード
ホーム
更新
投稿
メディア
固定ページ
コメント
外観
プラグイン
ユーザー
ツール
設定
非表示にする
新しい、モダンなパブリッシング体験がもうすぐやってきます。
現在開発中の WordPress エディター Gutenberg を使って、テキスト、メディア、レイアウトの新しい方向性を模索してみましょう。
今日から新しいエディターを試しましょう。
Gutenberg をプラグインとしてインストールすることで公式リリース前にテスト実行し、必要であればフィードバックできます。テスト、バグ報告、GitHub リポジトリ上でのコントリビューションを通じて手伝うことができます。
Gutenberg をインストール
Gutenberg の詳細
まだ準備ができていませんか？
WordPress の次のメジャーリリースからデフォルトで新しいエディターが有効になります。現在使っているテーマやプラグインに互換性があるかどうか分からない場合には回避策があります。Classic Editor プラグインをインストールして、切り換えの準備ができるまで現在のエディターを使い続けましょう。
旧エディターをインストール

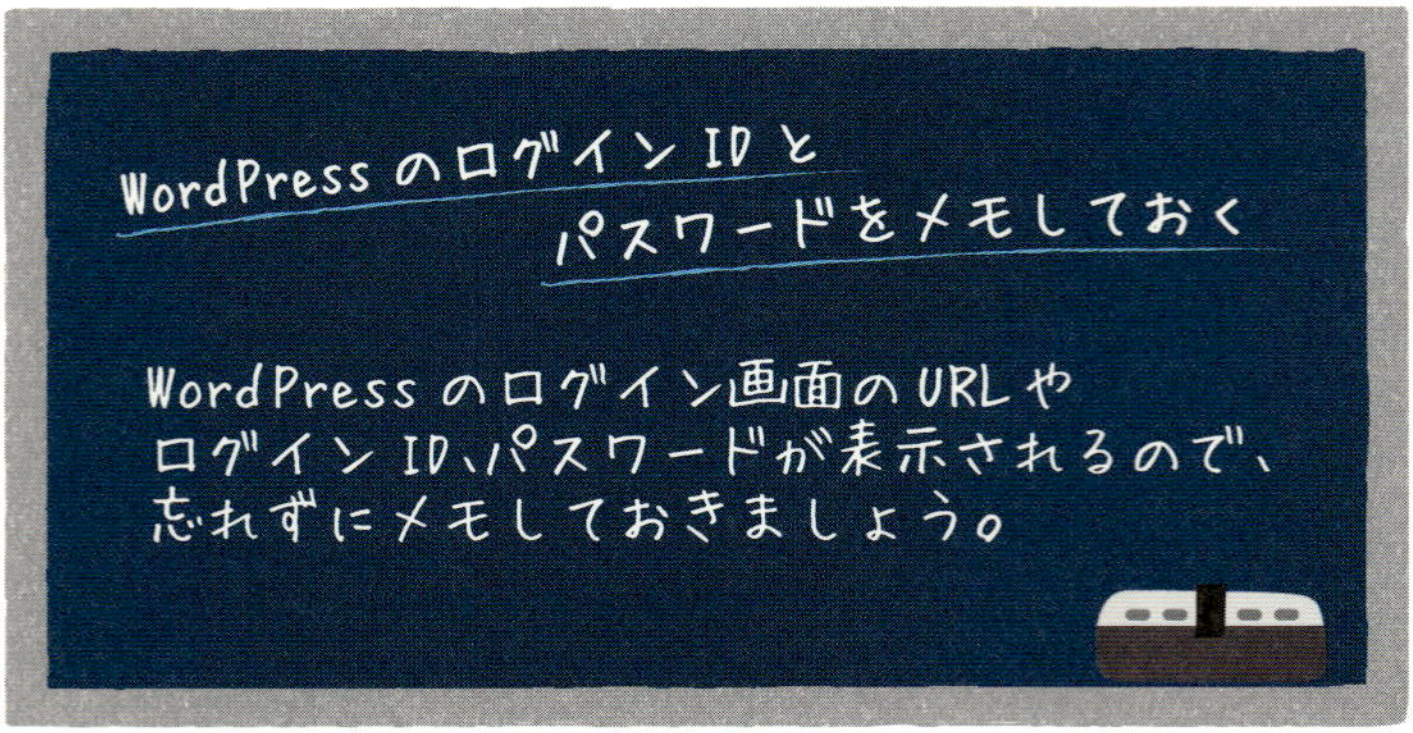
WordPressのログインIDとパスワードをメモしておく
WordPressのログイン画面のURLやログインID、パスワードが表示されるので、忘れずにメモしておきましょう。

6 WordPressを「https」表示できるようにしよう

前項で設定したSSLを、**WordPress**側に反映させる必要があります。

SSL設定（**http⇒https**へ移行する作業）は、あとからでも設定可能ですが、データが多くなるとエラーが出る可能性が高くなるので、最初に設定しておくことをお勧めします。

STEP 1 SSL設定をする

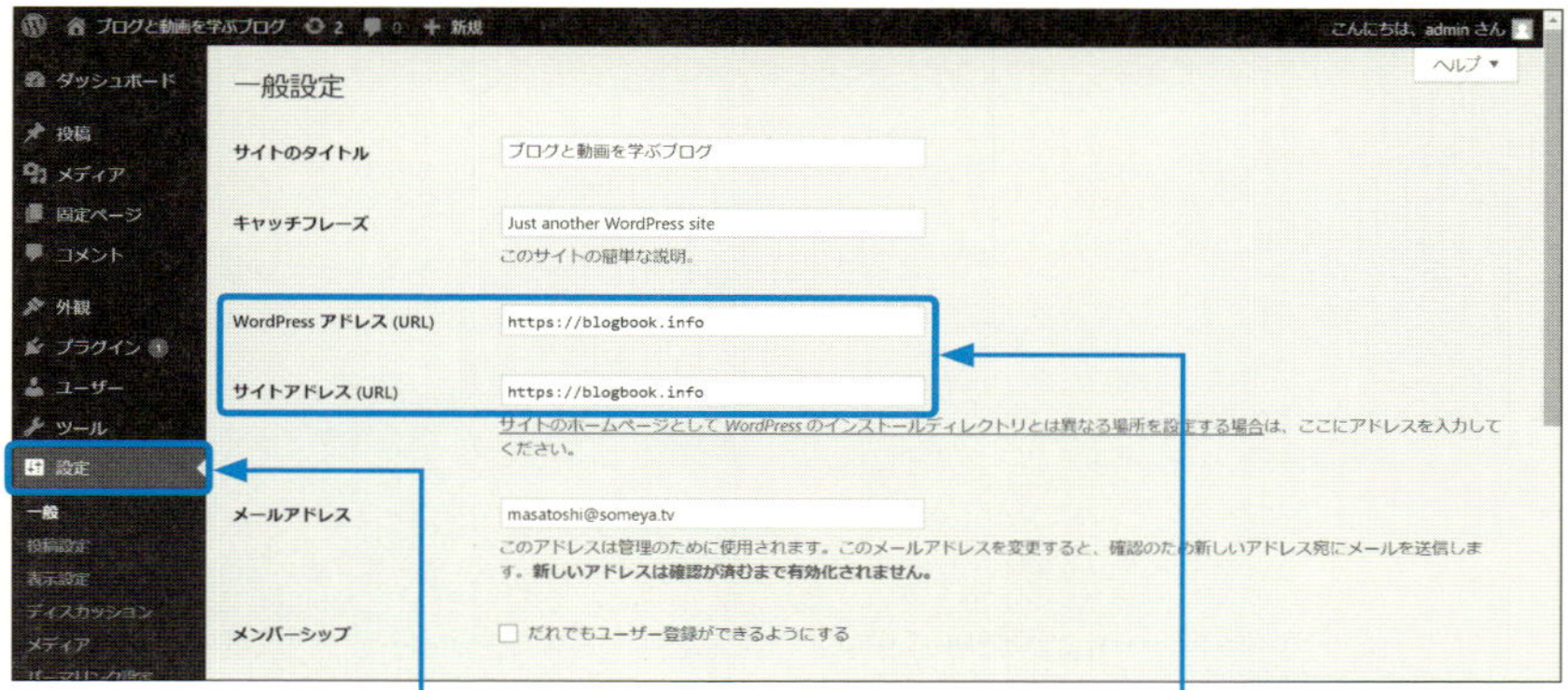

❶クリックする

❷「WordPressアドレス」と「サイトアドレス」を「http」から「https」に変更して保存する

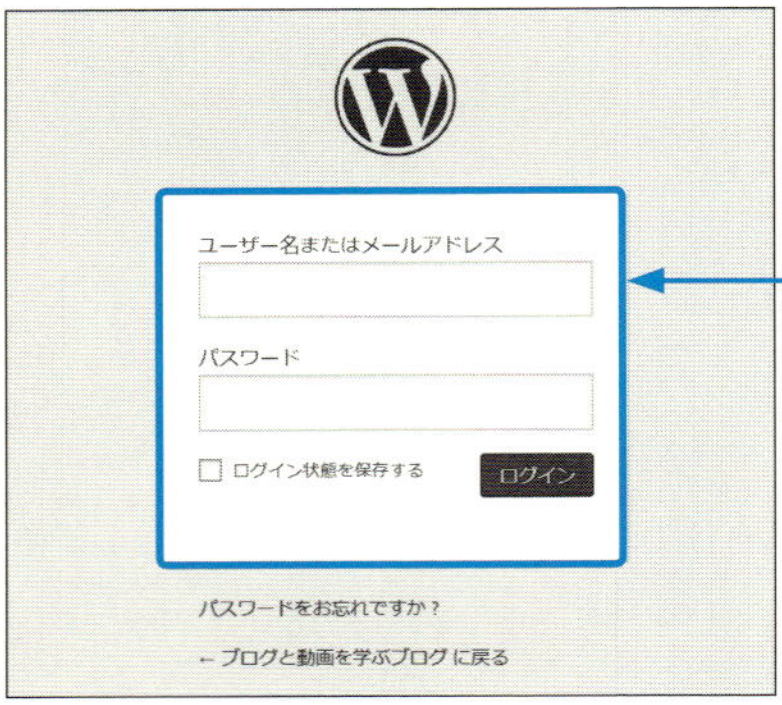

❸一度、WordPressの管理画面からログアウトされるので、再度、同じIDとパスワードでログインする

STEP 2 「Really Simple SSL」をインストールして有効にする

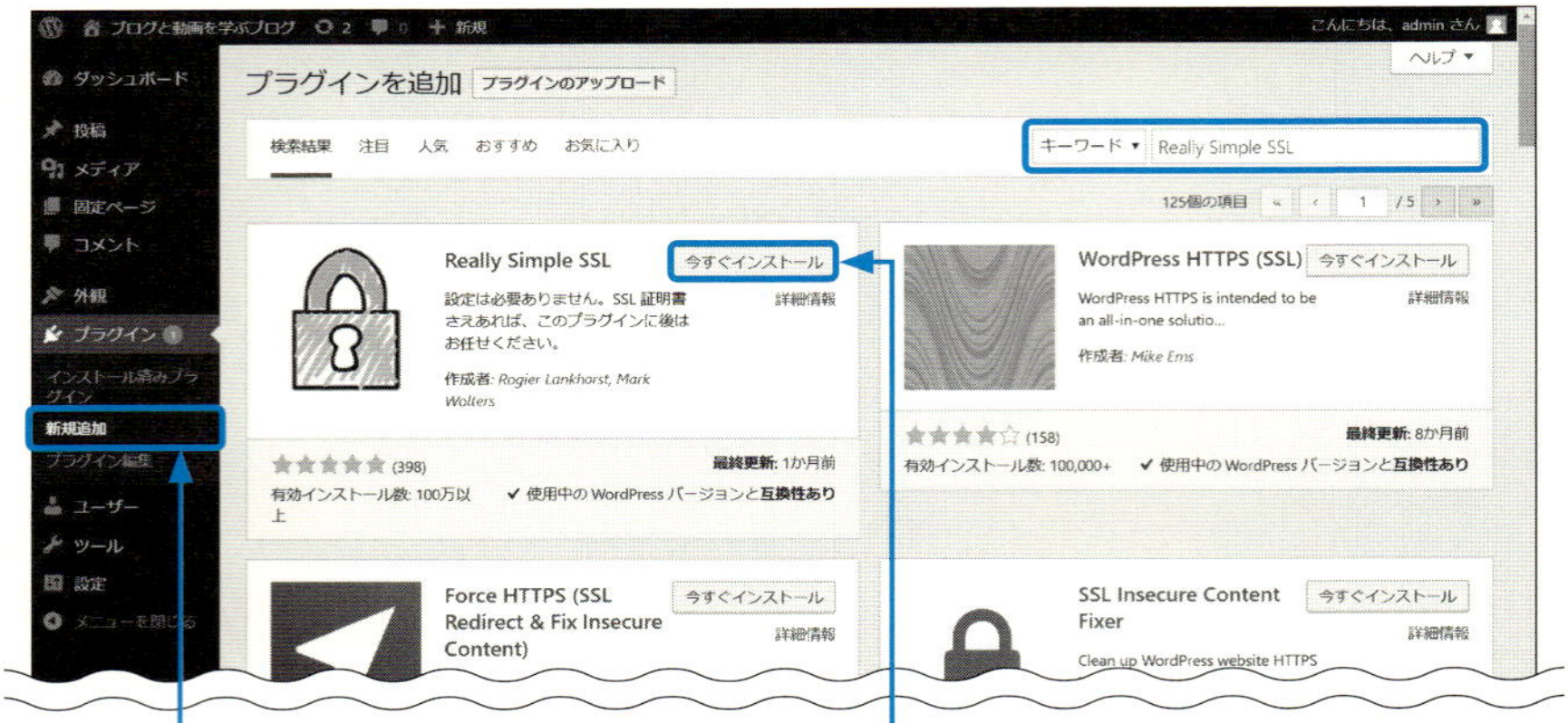

❶「プラグイン」の「新規追加」をクリックする

❷「プラグイン」の「新規追加」メニューから、「Really Simple SSL」というプラグインをインストールして、有効にする。

※「Really Simple SSL」は、右上のキーワードと書かれた検索バーに「SSL」と入力すると自動的に表示される

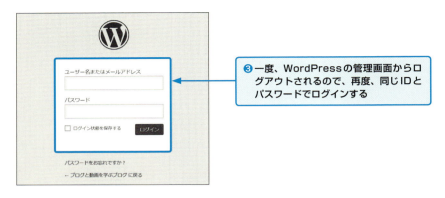

STEP 3 SSL（http ⇒ https）に移行する

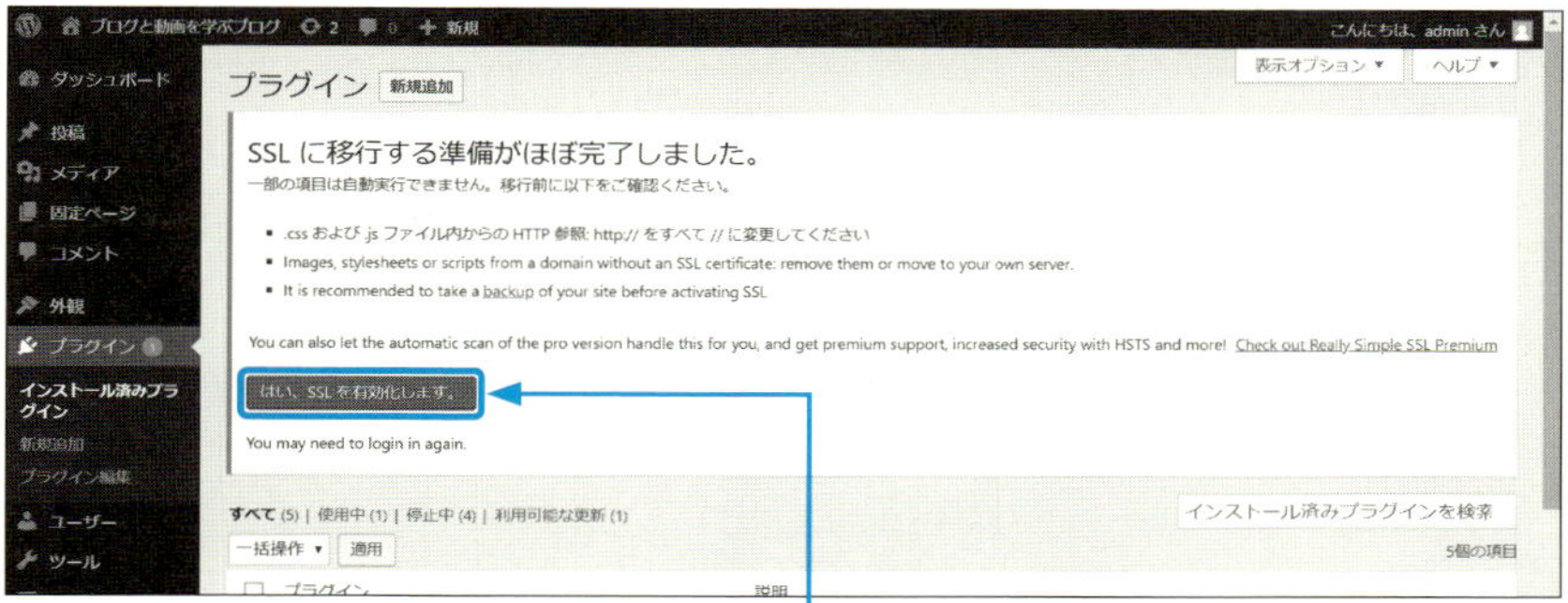
ブログと動画を学ぶブログ
新規
こんにちは、admin さん
ダッシュボード
投稿
メディア
固定ページ
コメント
外観
プラグイン
インストール済みプラグイン
新規追加
プラグイン編集
ユーザー
ツール
プラグイン 新規追加
表示オプション ▼
ヘルプ ▼
SSL に移行する準備がほぼ完了しました。
一部の項目は自動実行できません。移行前に以下をご確認ください。
.css および .js ファイル内からの HTTP 参照: http:// をすべて // に変更してください
Images, stylesheets or scripts from a domain without an SSL certificate: remove them or move to your own server.
It is recommended to take a backup of your site before activating SSL
You can also let the automatic scan of the pro version handle this for you, and get premium support, increased security with HSTS and more! Check out Really Simple SSL Premium
はい、SSL を有効化します。
You may need to login in again.
すべて (5) | 使用中 (1) | 停止中 (4) | 利用可能な更新 (1)
一括操作 ▼
適用
インストール済みプラグインを検索
5個の項目

プラグインを有効化すると、SSL移行準備が整ったという表示が出るので、「はい、SSLを有効化します。」ボタンをクリックする

※もしこの画面が表示されずにエラーが出るようであれば、まだサーバー側のSSL設定が反映されていない可能性があるので、時間を置いて再チャレンジする

STEP 4 「https」に変わっていることを確認する

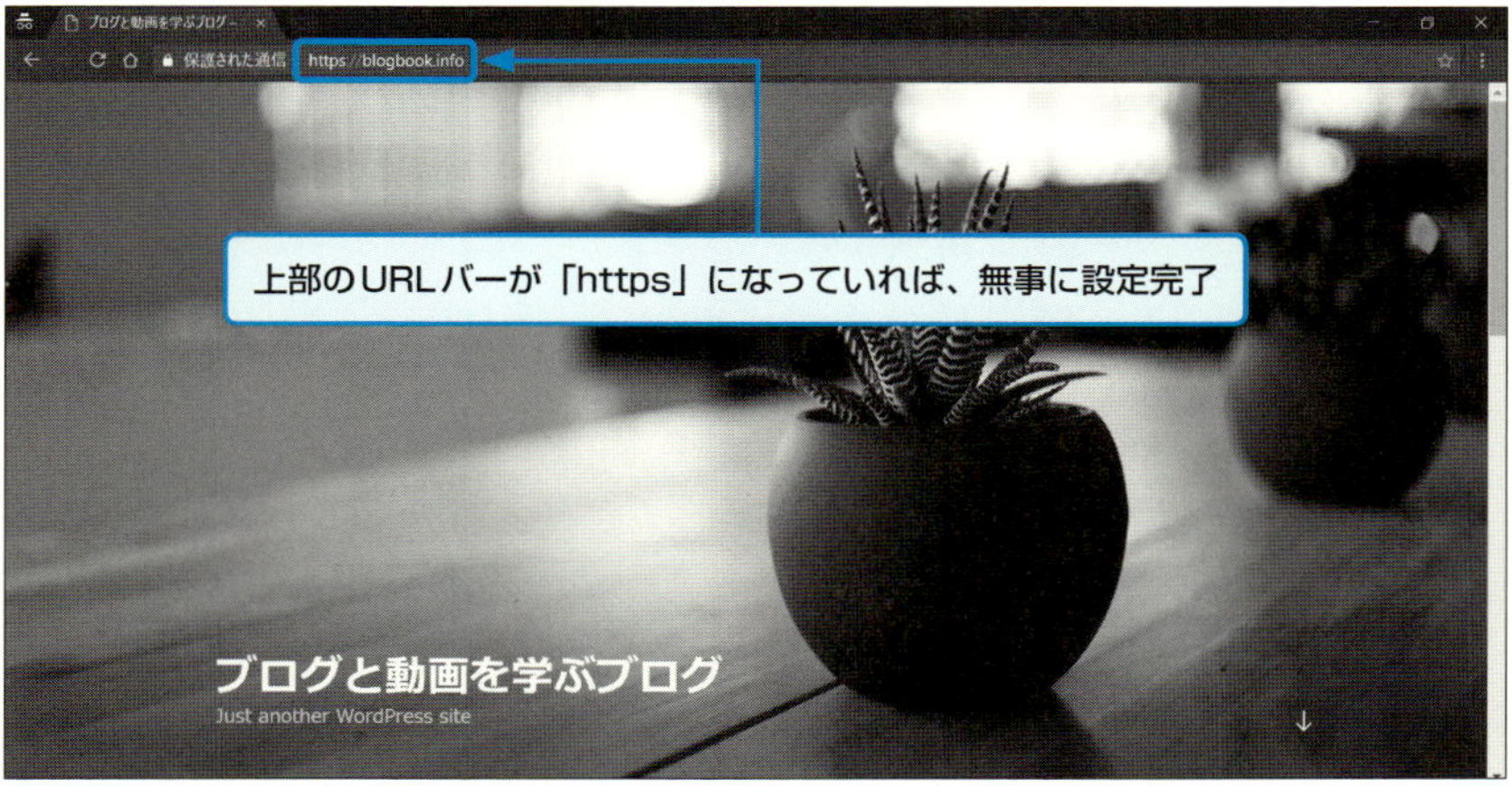
ブログと動画を学ぶブログ -
保護された通信
https://blogbook.info
上部のURLバーが「https」になっていれば、無事に設定完了
ブログと動画を学ぶブログ
Just another WordPress site

03 ブログデザインを整えよう

インストール直後の状態からブログははじめられますが、初期状態のWordPressからデザイン面や機能面を少しメンテナンスしておくことで、今後の更新がスムーズになります。ここでは最低限やっておきたい設定についてお話しします。

1 ブログのキャッチフレーズとユーザー名を設定しよう

ブログのキャッチフレーズが初期状態のままになっているので、変更します。WordPressの投稿者名は初期状態だとログインＩＤが表示されます。それだとセキュリティ的に好ましくないので、変更しておきましょう。ニックネームはTwitterやYouTubeなどで使用している名称にそろえると、誰が運営しているのか一目瞭然なのでお勧めです。

STEP 1 ブログのキャッチフレーズを設定する

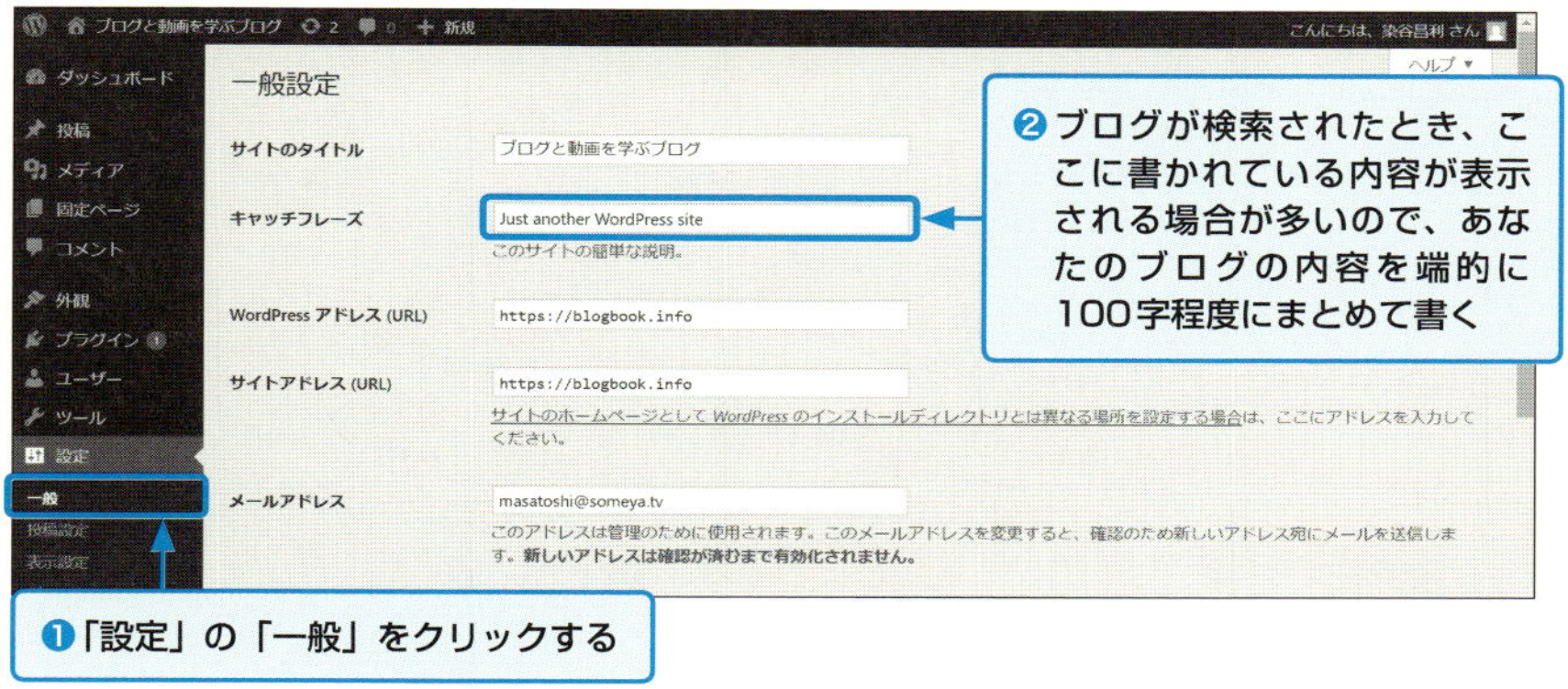

STEP 2 ユーザー名を変更する

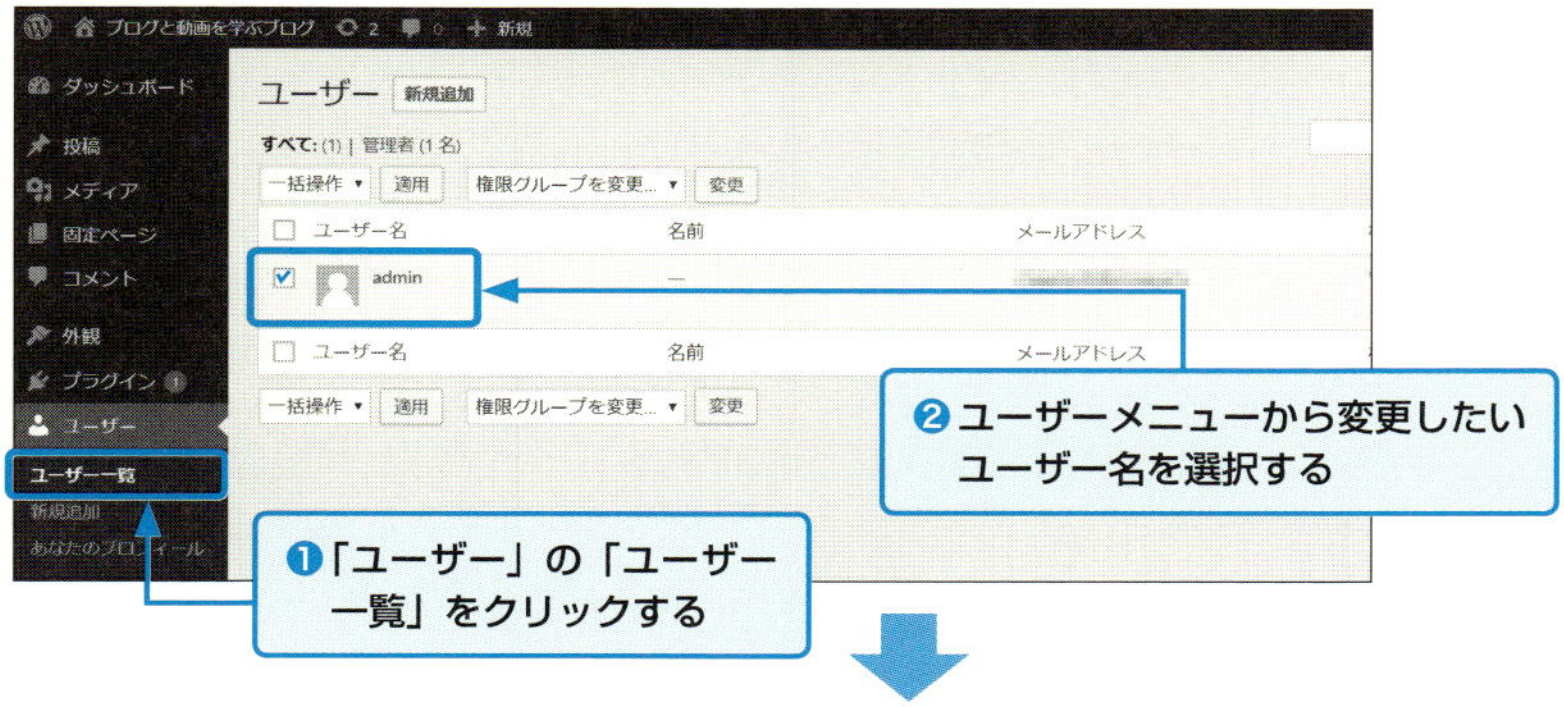

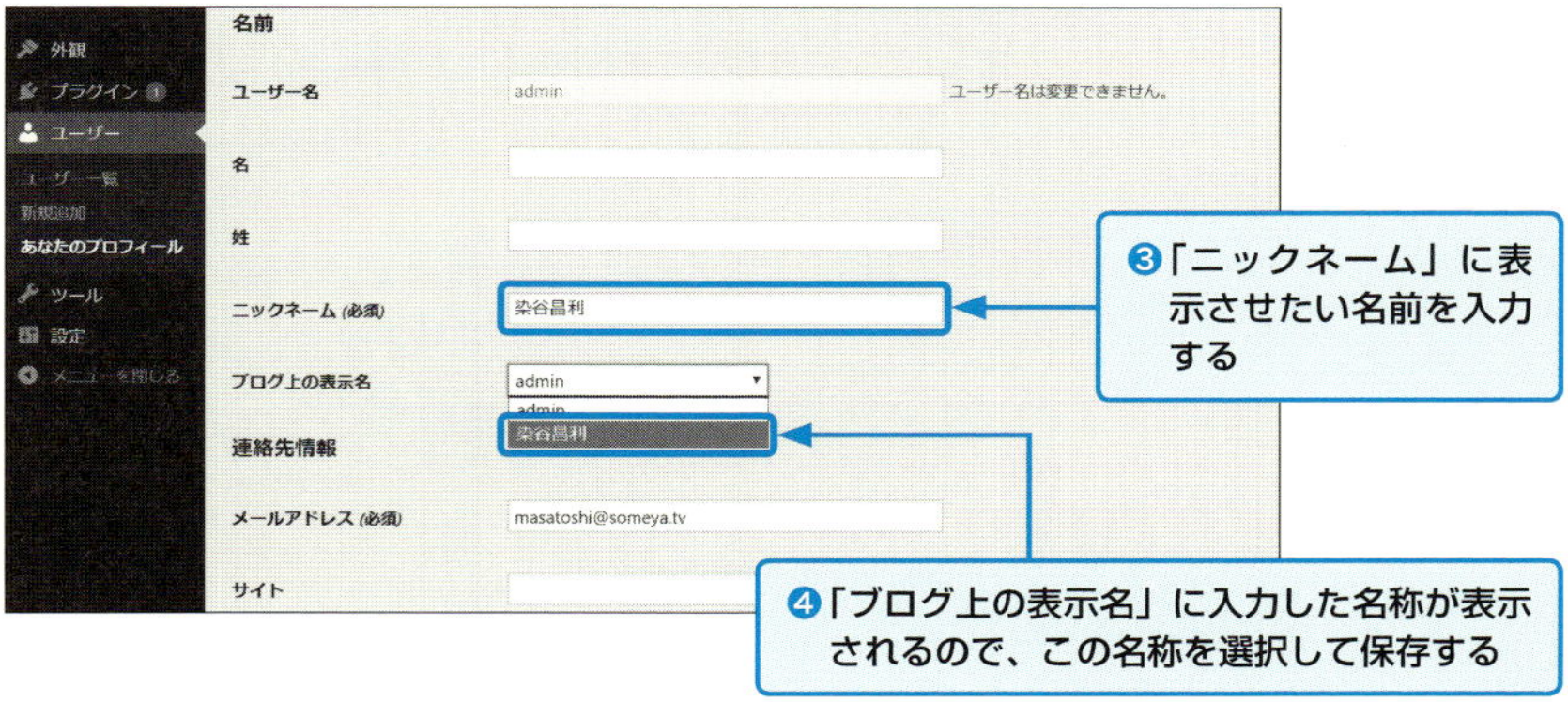

2 パーマリンクを整えよう

「パーマリンクとは、それぞれの記事のURLのこと」です。数字が自動的に付番されるパターンや、自分で好きな文字列を設定できるパターンがあるので、好みに応じて変更しましょう。

パーマリンク設定はあとから変更するとリンク切れになるおそれがあるので、最初に決めておきましょう。

記事ごとにURLを設定するのが面倒だと感じる人は数字ベースに、記事の内容に関係したURLを設定したいと考えている人はカスタム設定を選択することをお勧めします。

STEP 1 パーマリンク（それぞれの記事のURL）を設定する

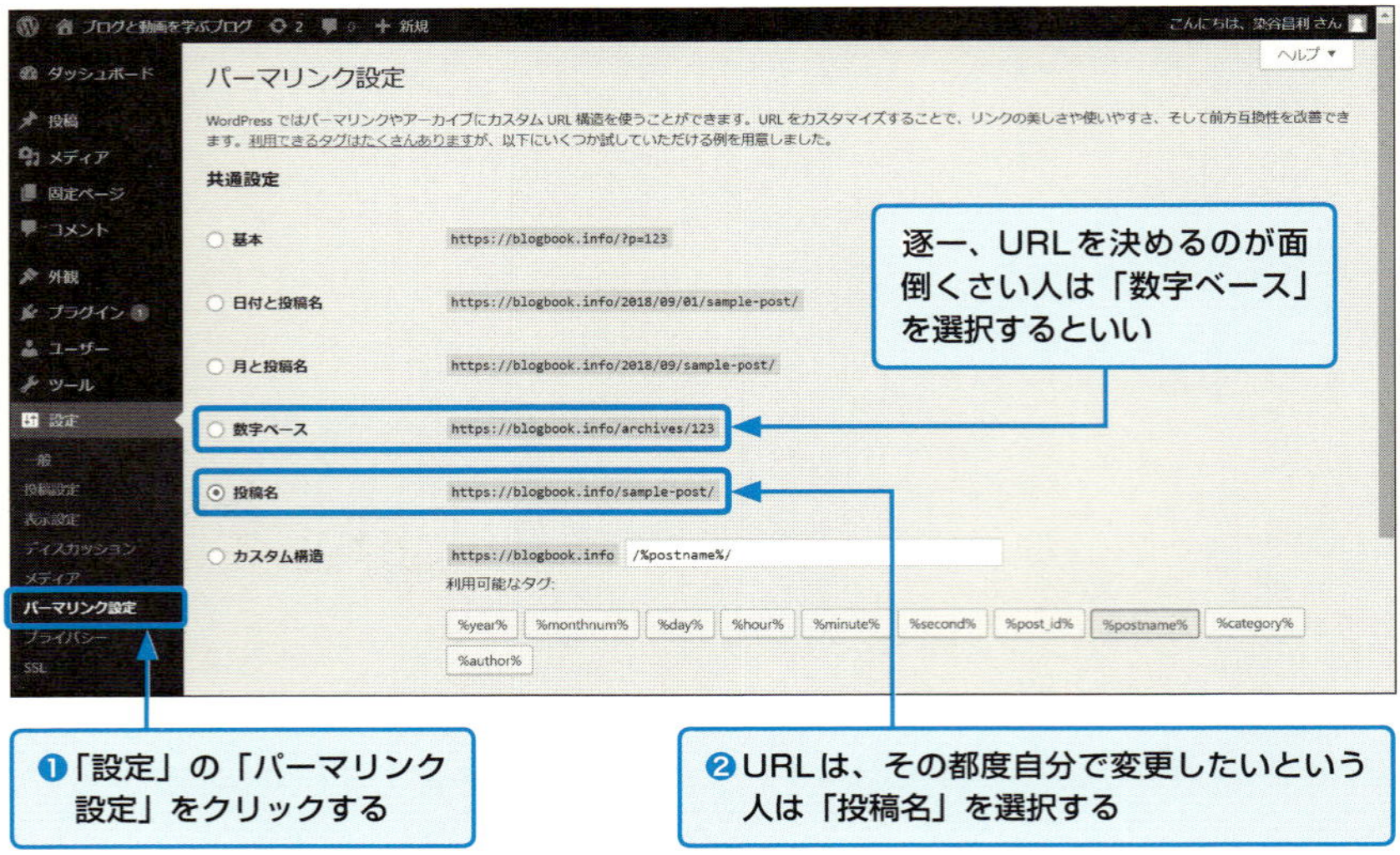

STEP 2 新規投稿をしてパーマリンクを設定する

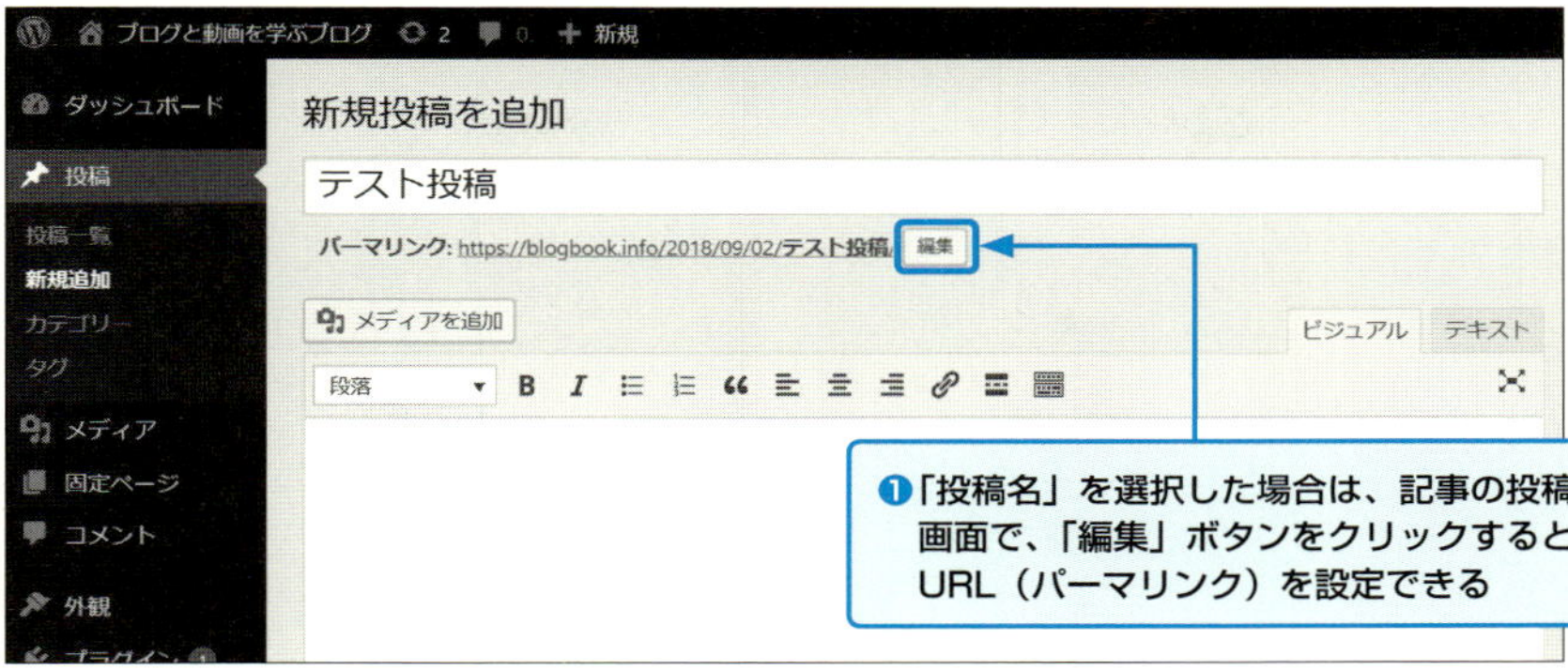

❶「投稿名」を選択した場合は、記事の投稿画面で、「編集」ボタンをクリックするとURL（パーマリンク）を設定できる

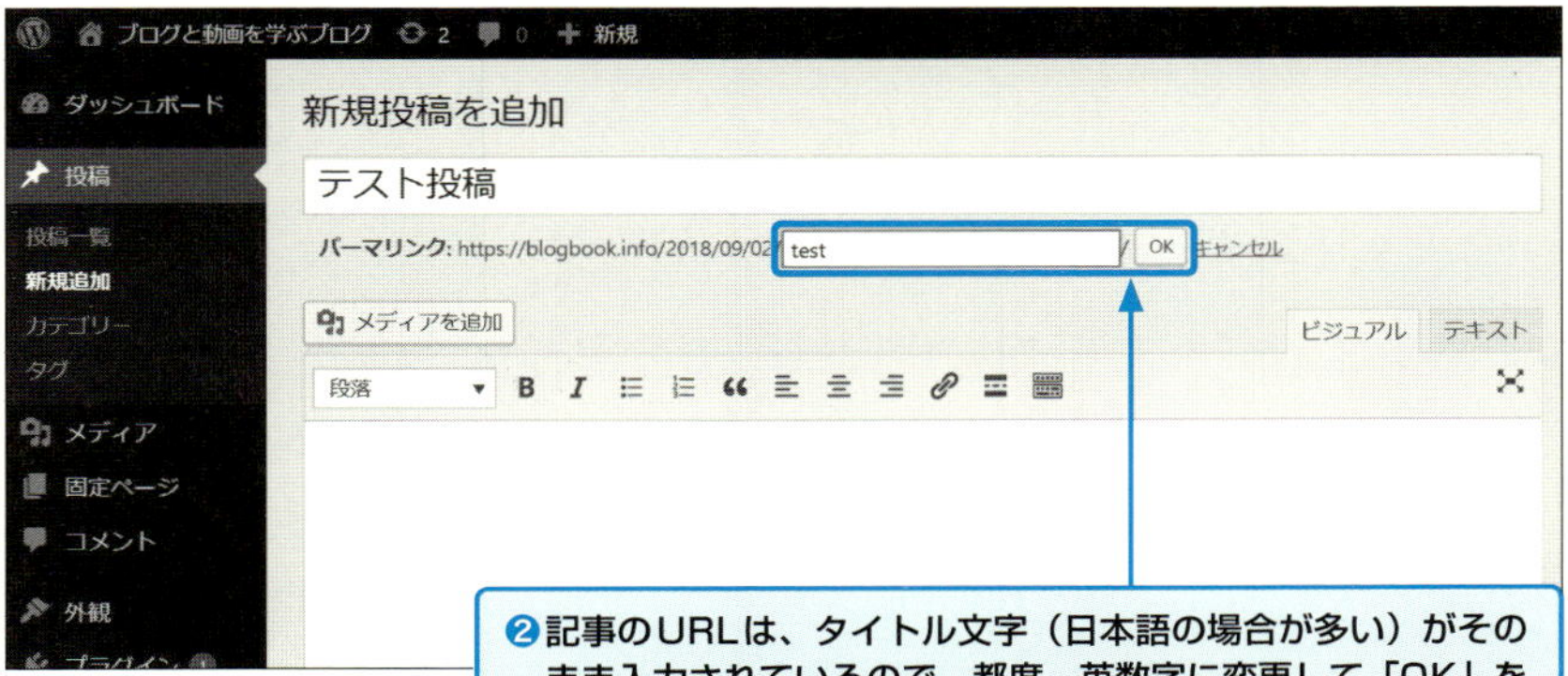

❷記事のURLは、タイトル文字（日本語の場合が多い）がそのまま入力されているので、都度、英数字に変更して「OK」をクリックする。日本語URLのままだと、シェアをする際に英数字に置き換えられて、非常に長いURLになってしまう

ドメインと同様に、
記事の内容がわかるような
文字列にすることを
お勧めします。

3 カテゴリーを追加したり、編集したりしよう

投稿メニュー内の「カテゴリー」からカテゴリーの整理ができます。初期状態だと「未分類」となっていて、どんな内容の記事が含まれているのか読者は判別できません。自分のブログのテーマや投稿したい内容を踏まえて、わかりやすいカテゴリー名に修正しましょう。

　カテゴリーもパーマリンク同様、あとから変更するとリンク切れになるおそれがあるので、最初に決めておきましょう。記事が増えてきたら、細分化するのもありです。

STEP 1 カテゴリーを追加する

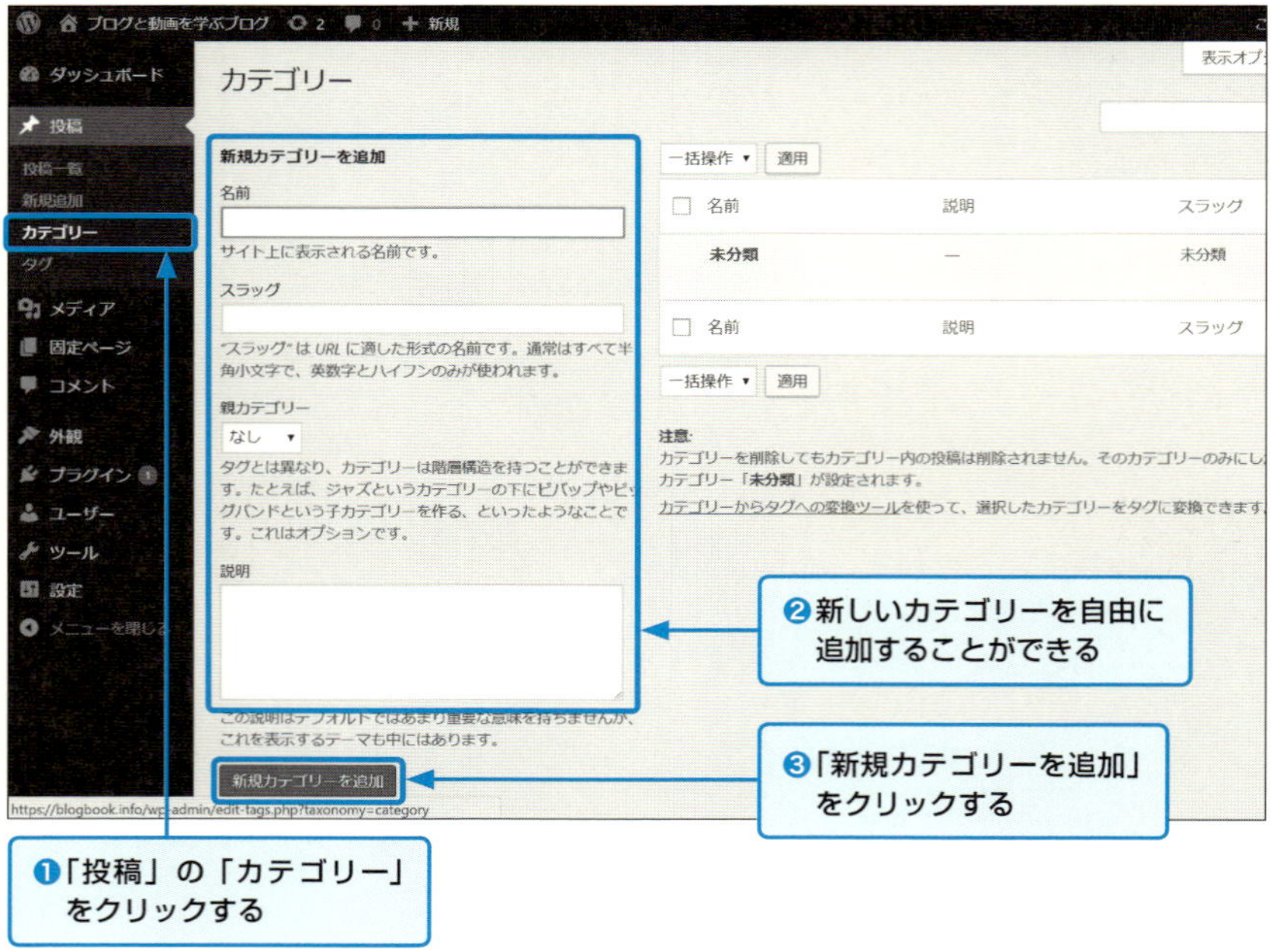

STEP 2 カテゴリーを編集する

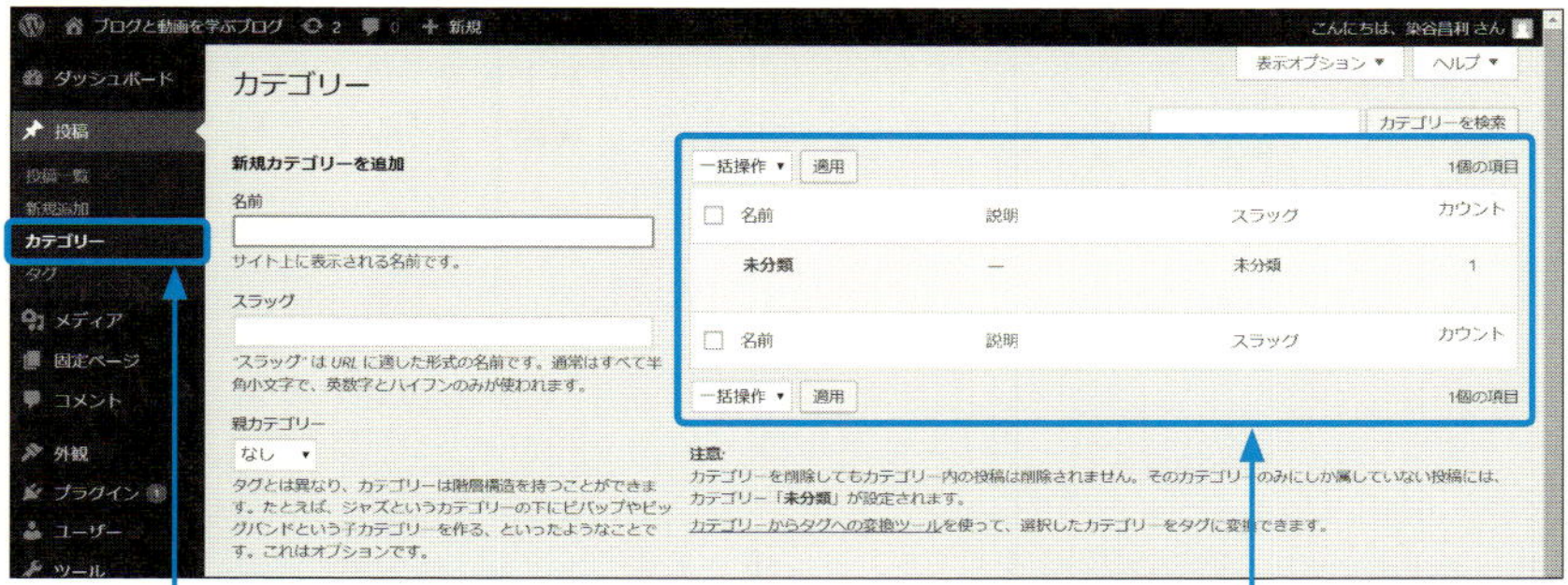

❶「投稿」の「カテゴリー」をクリックする

❷カテゴリー一覧から編集したい項目を選ぶ

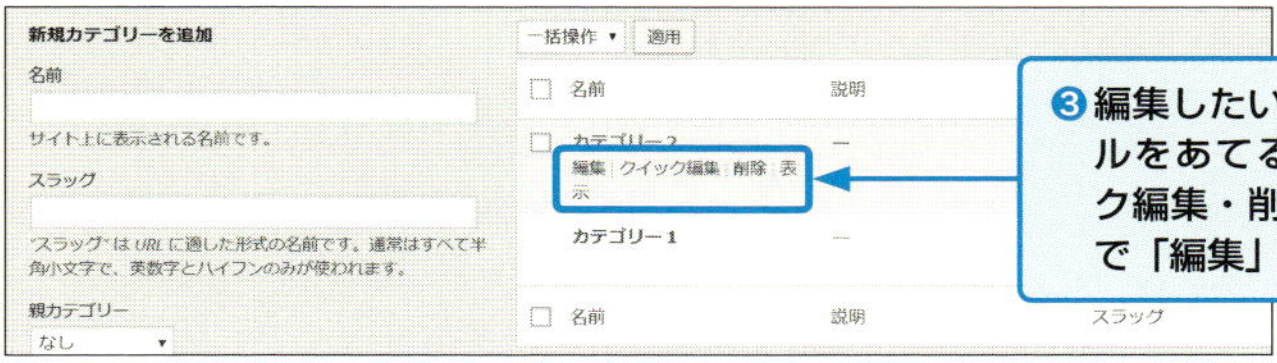

❸編集したいカテゴリーにカーソルをあてると、「編集・クイック編集・削除」と表示されるので「編集」をクリックする

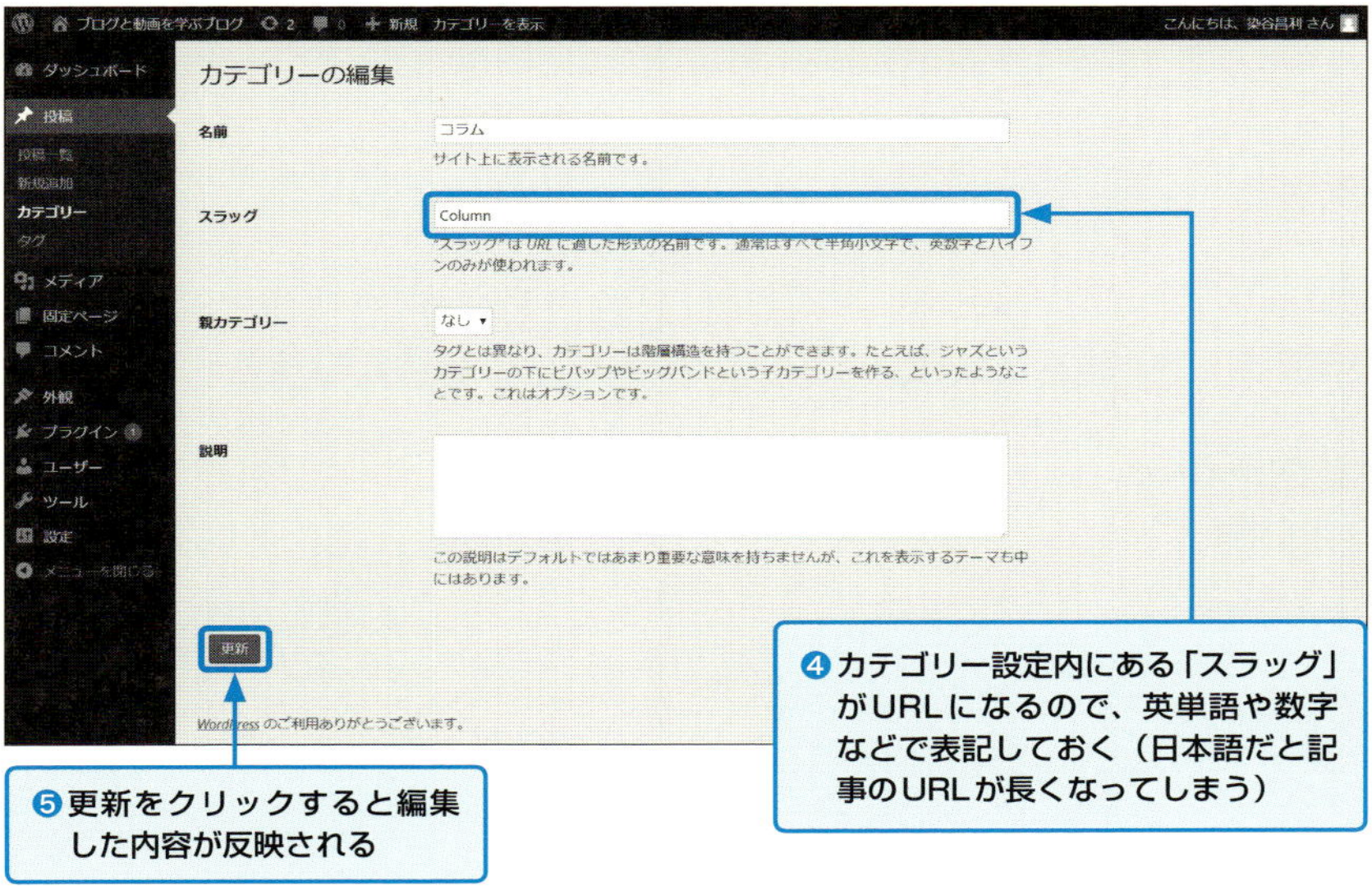

❹カテゴリー設定内にある「スラッグ」がURLになるので、英単語や数字などで表記しておく（日本語だと記事のURLが長くなってしまう）

❺更新をクリックすると編集した内容が反映される

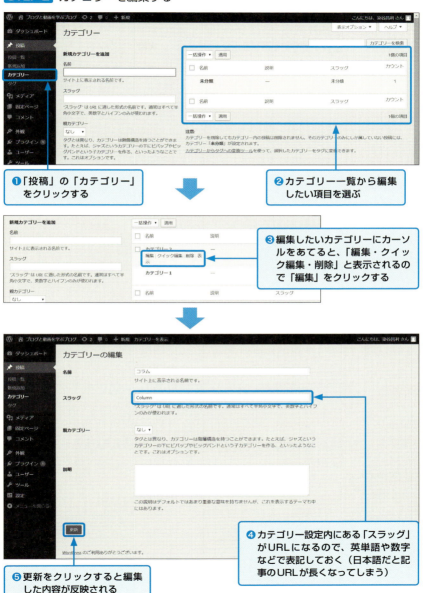

4 不必要な記事を削除しよう

投稿一覧と固定ページ一覧内にサンプル記事がいくつか入っています。この記事を修正して記事を投稿してもいいですし、削除してしまってもかまいません。

　サンプル記事が公開状態になっていると格好も悪いですし、読者にとっても不要なコンテンツが載っている状態になっているので、消し忘れていないか忘れずにチェックしましょう。

STEP 1 投稿（記事）を削除・編集する

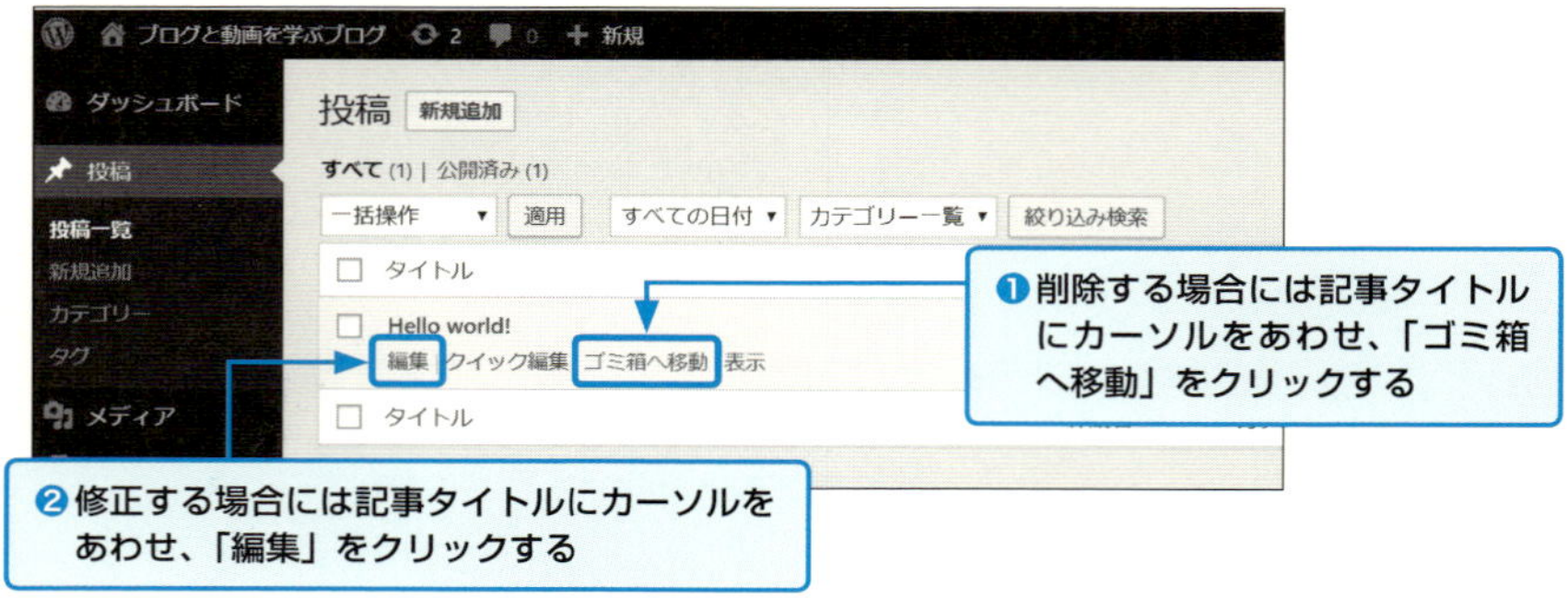

STEP 2 固定ページを削除・編集する

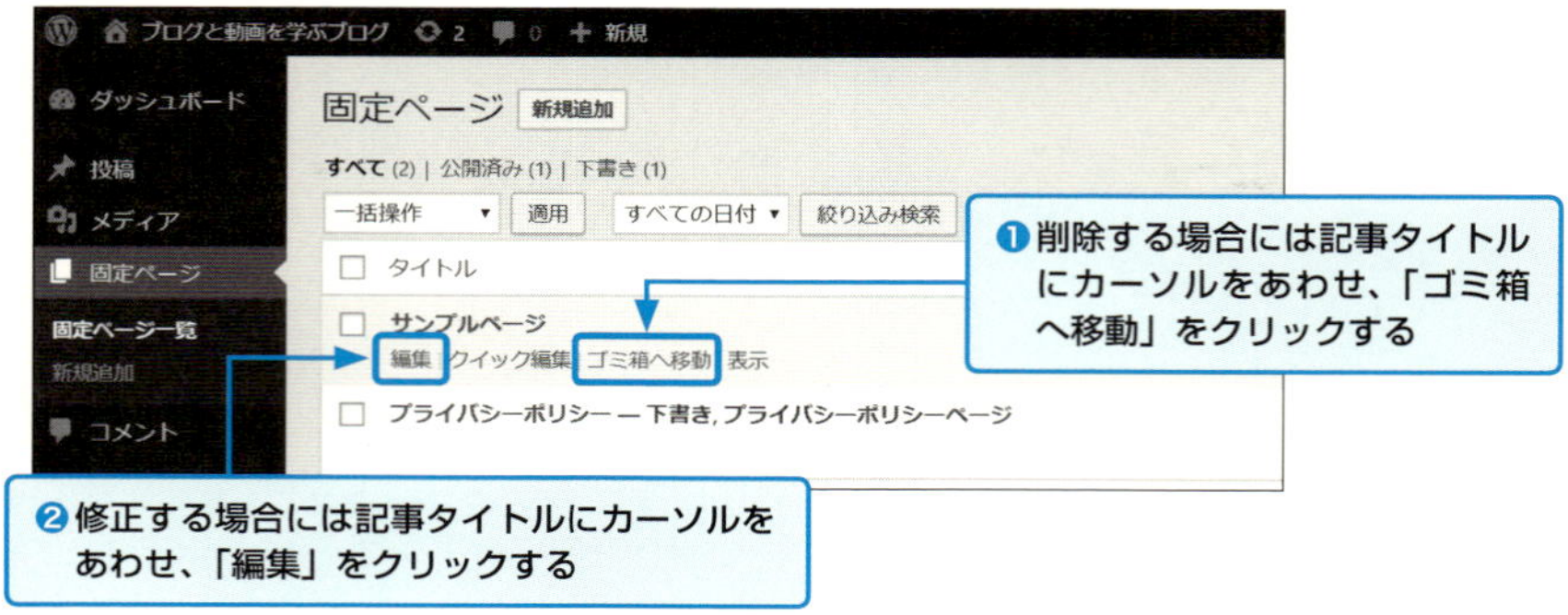

5 高機能の無料デザインテーマでブログをつくろう

WordPressには、数多くの開発者やデザイナーが作成したデザインテーマがあります。このデザインテーマを追加することで、自分好みのデザインに変更することができます。

WordPressのデザインテーマは、星の数ほど存在します。その中で、筆者がいいと思うデザインテーマを紹介します。まずは無料で配布しているデザインテーマです。シンプルなものから多機能なものまであるので、実際にダウンロードして使ってみることをお勧めします。

デザインを変更するだけで、ガラッとブログの印象は変わるので、いろいろと試してみましょう。

次のページと次々ページでお勧めのデザインテーマを3種類ずつ紹介します。

STEP 1 テーマを新規追加する

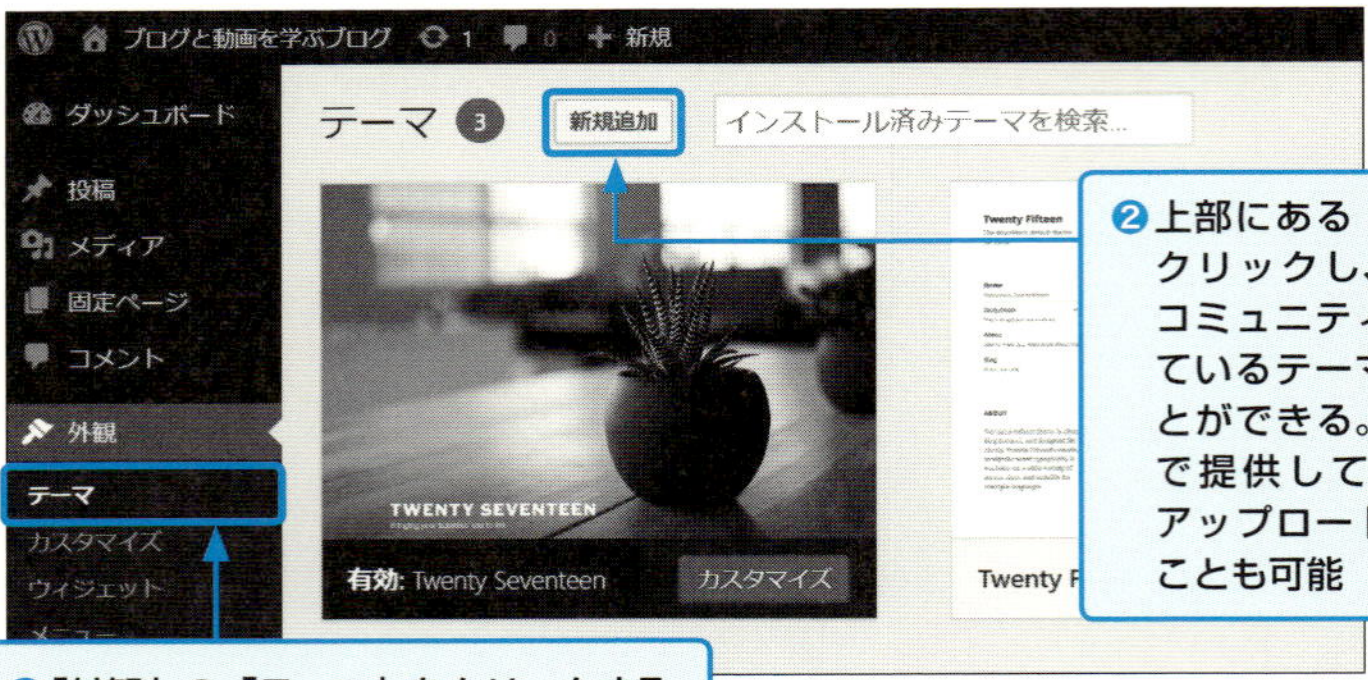

❷上部にある「新規追加」をクリックし、WordPressコミュニティ内に登録されているテーマを検索することができる。外部のサイトで提供しているテーマをアップロードして利用することも可能

❶「外観」の「テーマ」をクリックする

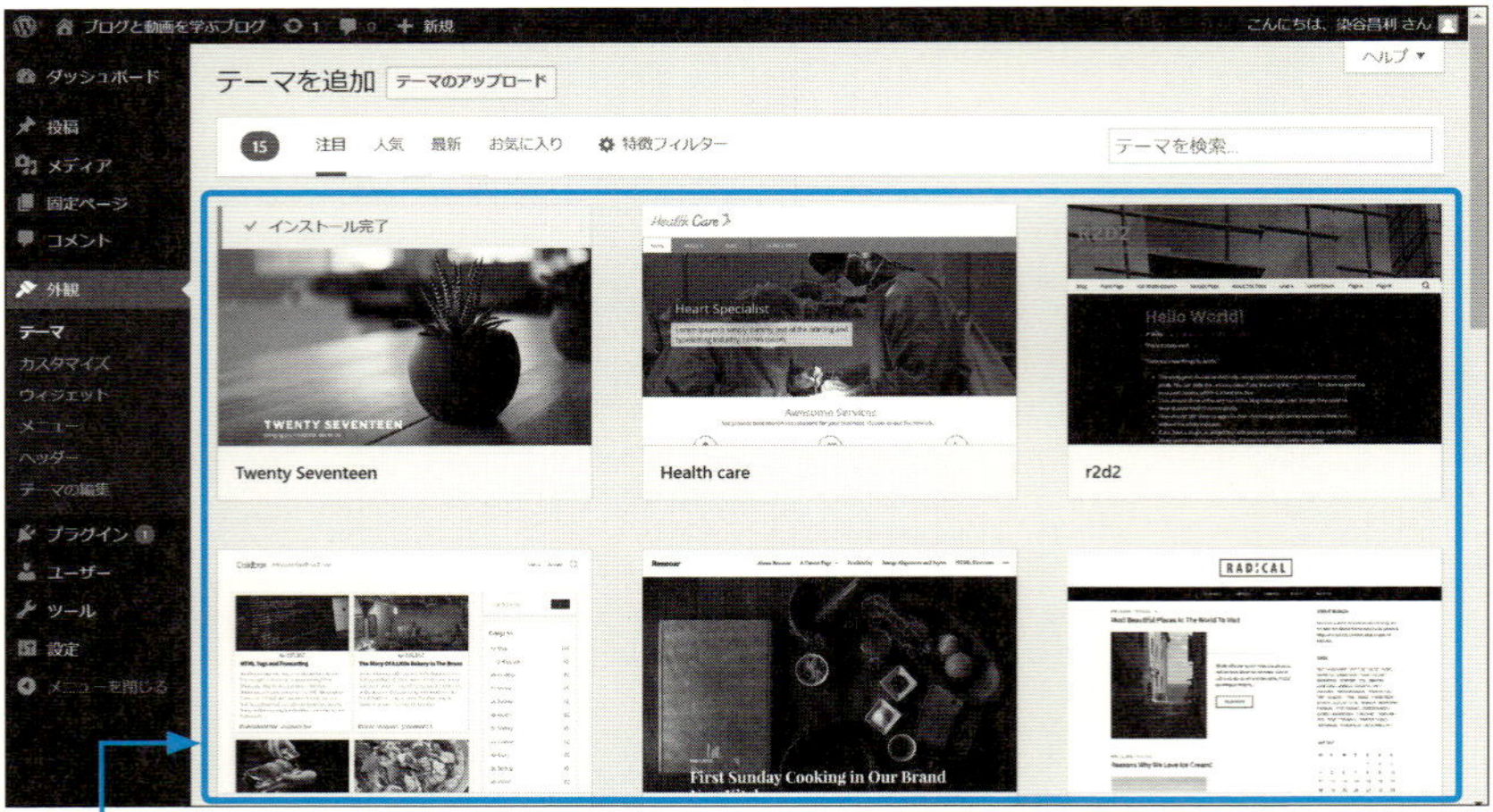

❸お好みのテーマを選択して、デザインを変更することができる

● お勧めの無料テーマ３選

Luxeritas	http://thk.kanzae.net/wp/
Cocoon	https://wp-cocoon.com/
yStandard	https://wp-ystandard.com/

6 人気の高い有料デザインテーマで差別化しよう

有料デザインテーマの特徴として、機能面の充実ももちろんですが、サポート体制がしっかりしていることが挙げられます。無料テーマを使ってみて、満足できなかったり、もっと使い方を詳しく学びたかったりする場合は、有料デザインテーマを選択することもひとつの方法です。

デザインテーマによって値段も違うので、予算にあわせて選択しましょう。

● お勧めの有料テーマ３選

Snow Monkey	https://snow-monkey.2inc.org/
JIN	https://jin-theme.com/
SANGO	https://saruwakakun.design/

04 ブログテーマを決めよう

1 ブログを書く目的は決まっていますか？

本項でやっておきたいことは、**「ブログで取り扱うテーマ（ジャンル）を考えること」**です。**WordPress**の場合、「デザインテンプレート」のことも「テーマ」と表記されるので混乱しがちですが、**「ブログテーマと書いてある場合はジャンル」「デザインテーマと書いてある場合は見栄え」**のことだと思ってください。

ノンジャンルで自分の考えや日々の出来事を日記的に綴ることも悪くはありませんが、「同じ趣味の友人を増やしたい人」「有名人になりたい人」「広告収入を得たい人」「出版したい人」などなど、**「目指すゴールが定まっているのであれば、そのゴールに適したテーマを選ぶ」**必要があります。目的地が決まっているのであれば、強いモチベーションで文章を投稿し続けられるはずです。

そこまで**「強い目的意識を持っていないのであれば、ひとまずあなたの得意な分野、あるいは**

これから力を入れて学びたい分野を選択する」ことをお勧めします。なぜならば、ブログを運営しはじめてすぐにアクセス数が伸びたり、収益が発生したりするのは非常に稀です。一定期間（最低でも1カ月）は記事を投稿し続けないと変化は生まれません。でも「**好きな分野であれば、すぐに成果につながらなくても記事を書き続けることができる**」でしょう。まずは「**書き続けることが1番大切**」です。

なお、テーマによってはアクセスが集まりやすいジャンル、収益が大きくなりやすいジャンルも存在します。もし自分の得意分野、チャレンジしたい分野と共通する要素があれば、上手に組みあわせることで効率的にアクセス数の向上や成果の発生を見込むことが可能なので、ぜひ試してみてください。

2 得意分野を活かそう

何より「**ブログで結果を出すために大切な要素は〝継続〟**」です。誰もが今まで違った人生を送ってきているわけですから、スタートダッシュのスピードが異なるのは当然です。しかしながら

ブログテーマによって、
結果の現れ方は
大きく変わってきます。

継続は違います。１カ月しかブログの更新が続かなかった人と、３カ月続いている人の結果はまったく違います。半年、１年、２年と続いている人との差はもっと大きくなります。ブログは過去の記事が蓄積されることによって、小さなアクセスを集めるしくみになっています。**「記事本数が多いのはそれだけで大きな武器になる」**わけです。

ブログを書きはじめる前に、まず、下の黒板の３つの項目をチェックしてみましょう。ブログの運営をはじめている人でも、今後、長くブログを運営していきたいのであれば、いったん立ち止まってチェックしてみてください。

すべてにおいて「書き出す」という言葉が入っていますが、**「頭の中に浮かんだ単語やフレーズを脳の外部に出すということが重要」**です。出力するためのツールは、ノートや単語帳といったアナログ的なものでも、パソコン上のテキストファイルやスマートフォンのメモアプリといったデジタル的なものでもかまいません。ボイスレコーダーにワンフレーズずつ吹き込んでいっても大丈夫です。とにかく思いついた事項をアウトプットしましょう。

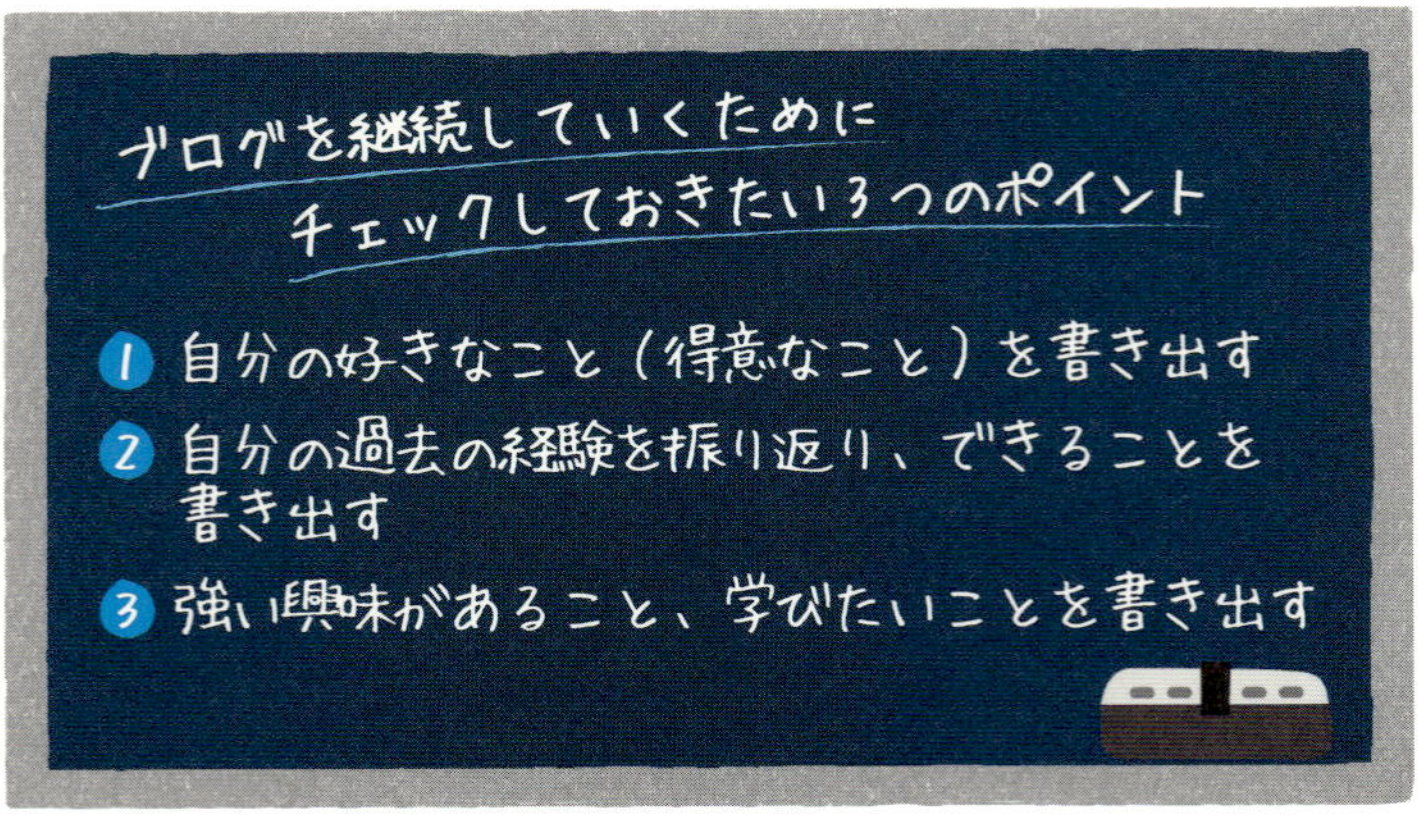
ブログを継続していくために
チェックしておきたい３つのポイント
1 自分の好きなこと（得意なこと）を書き出す
2 自分の過去の経験を振り返り、できることを書き出す
3 強い興味があること、学びたいことを書き出す

❶ 自分の好きなこと（得意なこと）を書き出す

Ⓐ スポーツが好きなら

まずはスポーツを軸にした内容をアウトプットしましょう。スポーツにもさまざまな種類があります。サッカーや野球、ラグビー、陸上、水泳など、少しジャンルを絞ってみましょう。日本代表の紹介や海外サッカーの情報、学生時代に部活で汗を流していた経験があるのであれば、テクニックを取得するためのトレーニング方法などでもいいでしょう。幸いにも2019年にラグビーワールドカップ、そして2020年には東京オリンピックが控えています。初心者に向けてルール紹介などの情報も織り交ぜると、読者の関心を引けるかもしれません。

Ⓑ 旅行が好きなら

旅先の観光地やグルメ、アクセス方法、マニアックな撮影ポイントなどを紹介してもいいでしょう。アメリカ横断旅行記や、赤ちゃん連れの海外旅行など、情報を求めている人はたくさんいます。

Ⓒ 読書が趣味なら

自分のお勧めの小説やビジネス書、エッセイなどを、第三者が読みたくなるように紹介しましょう。夏休みの読書感想文の課題図書になりそうな書籍の感想を書くことで、毎年8月後半に多くのアクセスを集めることができます。

「好きなことというのは、それだけでひとつの強みになる」のです。

❷ 自分の過去の経験を振り返り、できることを書き出す

私は会社員時代に採用担当の経験を7年積んでいたので、履歴書や職務経歴書の書き方、人事担当に評価されやすい面接作法、役員に好まれそうな返答などを説明できます。また勤務地が池袋や新橋だったので、近辺の美味しいランチスポットの情報をたくさん持っています。

このように、体験・経験というものは自分自身で得た情報で、ほかの誰にもないオリジナリティの高い情報です。**「仕事上の経験や知識、生活の中で体験したことをもれなく活かすことで、魅力的なコンテンツに仕上げることができます」**。

❸ 強い興味があること、学びたいことを書き出す

現在の自分自身の知識や経験にどうしても自信が持てないのであれば、「これから読者と一緒に学んでいく」というブログの運営スタイルも考えられます。私は一時期、英語を学ぶために英語教材の使用感、そして上達の段階をまとめたブログを運営していましたが、多くの人が訪れ、そして紹介する教材を買ってくれました。今の自分ではわからないことでも、読者と一緒に試行錯

誤し成長していくさまを記事として提供することで、十分に価値のある内容となります。

どうでしょうか？　実際に書き出してみると、自分の得意分野や方向性が形となって見えてくるはずです。まずは書き出した単語やフレーズを軸にして記事を書いてみましょう。

3 儲かるジャンルを攻めよう

収益を効率的に伸ばすためには、下の黒板の2つの方法があります。これはブログでもYouTubeでも大きく変わることはありません。

まず、「**Ⓐアクセスを集めやすいジャンル**」として4つの事例を挙げてお話しします。

❶ トレンドキーワード

「**新製品の発売や注目の集まるイベントなどを積極的に記事にする**」ことで、その情報を求めている読者層の流入を見込むことができます。たとえば**iPhone**の新機種発表のタイミングにあわせて

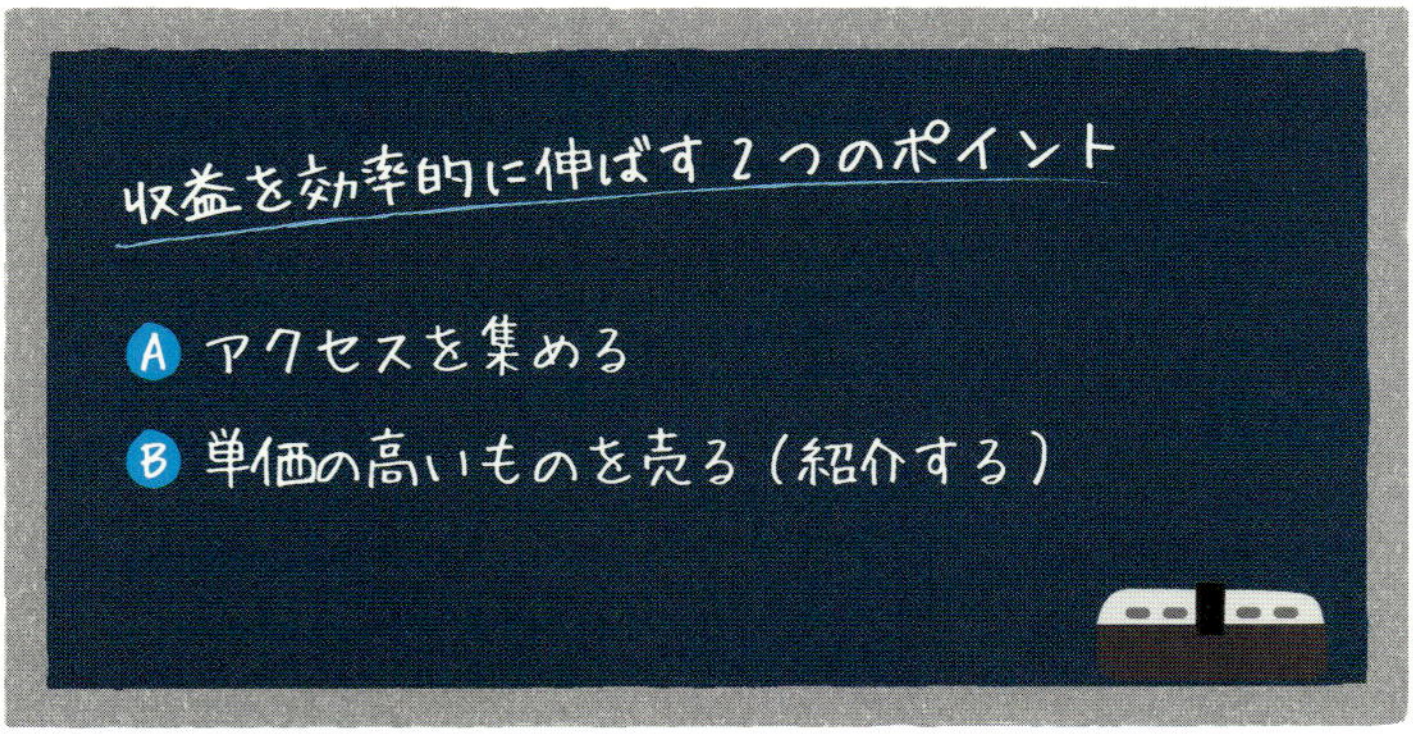
収益を効率的に伸ばす2つのポイント
A アクセスを集める
B 単価の高いものを売る（紹介する）

解説記事を大量に投稿するとか、ラグビーワールドカップや東京オリンピックに向けて関連情報を準備しておくことで、シーズン直前から大きなアクセスを呼び込むことができるでしょう。

日本語だけでなく、海外からの旅行者向けに会場案内や**Wi-Fi**スポットの紹介、電車の乗り方などを多言語で展開してもいいでしょう。

❷ シーズンキーワード

四季折々、季節に応じたキーワードが存在します。夏休みや冬休みの家族旅行先、春休みの卒業旅行情報、海水浴場、スキー場、花火大会会場、七五三にお勧めの神社、小学生の夏休みの自由研究のテーマ、入学や卒業、季節の野菜の育て方、資格試験の勉強法などなど。ざっと挙げただけでもこれだけ季節のキーワードがあるわけです。

これらの情報を効果的に発信することで、毎年、そのシーズンが訪れると自動的にアクセスが集まるブログになるわけです。また、ラグビーワールドカップや東京オリンピックも広い視野で考えるとシーズンキーワードに該当します。

❸ エリアキーワード

旅行記や飲食店の食べ歩きなど、エリアを絞ることでその地域の情報を求めている読者を集めることが可能です。最近では地域メディアの運営が流行っていますが、「**地域特化型サイトとして、そのエリアの情報を求めている人に向けて発信することで価値を提供する**」ことができます。

たとえばラグビーワールドカップにちなんで、決勝戦の会場となる横浜周辺の飲食店や観光スポットを紹介することで集客につなげることができるでしょう。東京オリンピックも同様で、各競技の開催場所近辺の情報を詳しく載せることでアクセスを集めることができます。

❹ 鉄板キーワード

時期を問わず、アクセス数が期待できる鉄板キーワードも存在します。特に体験記やノウハウ系の普遍的な情報を多数掲載することで、安定したアクセスをねらうことが可能です。たとえば「エクセルの使い方」や「**iPhone**の使い方」などは、この先も求められる情報でしょう。

しかしながら、これらの鉄板キーワードはすでに競合も多いので、より濃い内容・丁寧な内容の情報を心がけるか、自分の体を使って実体験を載せるようなオリジナリティが重要となります。

続いて「**Ⓑ高い単価の取れるジャンル**」として、収益が大きくなる傾向の強い次頁の黒板の3つを見ていきます。

まずは自分の得意分野のキーワードを選び、集中して投稿してみましょう。

「これらのジャンルに共通していえることは、ライフタイムバリュー（1人の顧客が取引期間を通じて企業にもたらす利益）の大きい業界だという点」です。一度、顧客になってもらえれば、生涯を通じて大きな利益を会社にもたらしてくれるお客との接点を持つために、企業は広告を出すわけです。その生涯利益が大きければ大きいほど、顧客獲得のための初期投資の金額も大きくできるので、結果として収益が伸びます。

もし自分の得意分野が、ライフタイムバリューの高い業界とマッチしていたら大きなチャンスです。宅地建物取引主任者の資格を持っていたり、不動産業界に勤めていた経験があるなら、「リーズナブルにマンションを買う方法」を解説したブログを書いてもいいでしょう。「英語が得意なら、英語の勉強法の解説ブログ」をつくってもいいでしょう。今は得意分野でなくても「英語を話せるようになりたい！」という強い意志があるのであれば、「勉強記や英語教材の体験記」を書いてもいいでしょう。読者と一緒に努力している姿勢が感じられれば、大きな共感を生んで応援してもらえるブログになります。先生である必要はありません、先輩の立場で情報を共有しましょう。

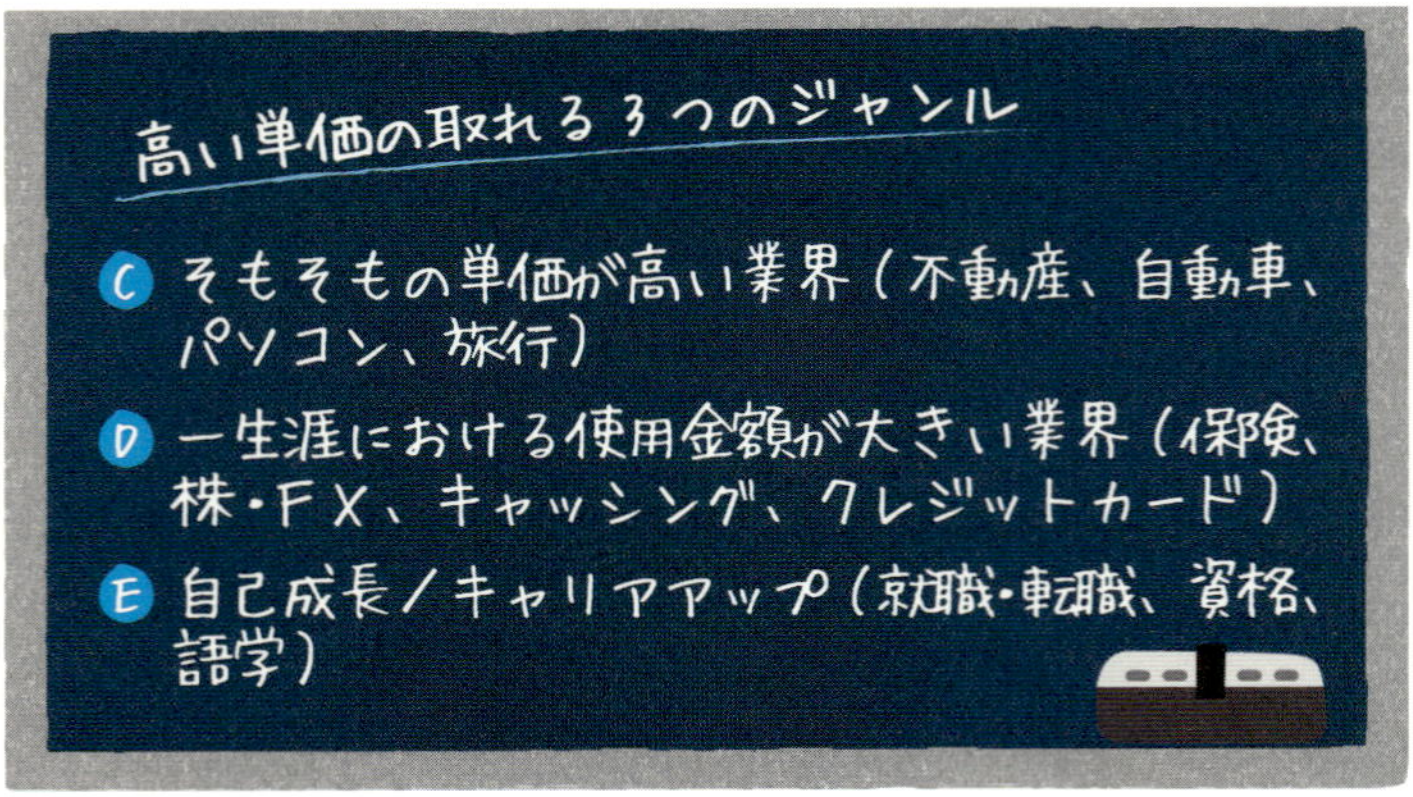
高い単価の取れる3つのジャンル
C そもそもの単価が高い業界（不動産、自動車、パソコン、旅行）
D 一生涯における使用金額が大きい業界（保険、株・FX、キャッシング、クレジットカード）
E 自己成長／キャリアアップ（就職・転職、資格、語学）

4 リアルビジネスにつなげていこう

情報発信があたりまえになっている人からしてみたら気づかないかもしれませんが、「発信できる」「文章が書ける」「動画を作成できる」「人前で自分の考えを述べられる」「SNSを使いこなせる」というのは立派なスキルです。世間の大多数は、平然とした顔でそんなことはできません。

私は仕事柄、多くの経営者や生産者とお話しする機会が多くありますが、ブログの話をするだけで非常に重宝されます。彼ら彼女らはいい製品、サービスはつくれても、それを効果的に発信するやり方を知らないのです。自分のメソッドやコンテンツを確立している業界トップの講師やセラピストもそうです。自分たちの能力を、的確に客層に届けられないのです。

経営者側からしてみると、一度使ってもらえればよさはわかってもらえる、一度足を運んでもらえればリピーターにできるという自信があることでしょう。僕も書籍を書いているので、その気持ちはすごくわかります。でもそれって自分のエゴです。みんないいものをつくろうとしている、つくっているのなんて今の世の中あたりまえなんです。

いいものを提供しているのであれば、そのよさを世界に向けて発信する必要があります。そのツールがブログであり、動画なのです。疑問を検索して、あるいは友人のSNSから流れてきた情報をきっかけとして、お店に足を運んでもらうことで、はじめてあなたのよさを体験してもらえるのです。

05 広告収入の基礎を学ぼう

1 アフィリエイトって何だ？

アフィリエイト（**affiliate**）とは、日本語訳で「加入する」「提携する」という意味を持つ、インターネット広告の一種です。商品を提供する広告主（ECサイト・オンラインショップ）と、商品を紹介するブログ運営者（個人・法人）とを提携させ、商品が売れた際に、紹介者に一定額の成果報酬を支払うというしくみです。そのため「成功報酬型広告」とも呼ばれています。

広告主は販売コスト（費用リスク）を抑えながら、ブログ運営者を通じて商品やサービスの積極的な展開が可能になります。

一方、ブログ運営者は自分の好きな商品やサービスを在庫リスクの心配なく紹介することができます。そして商品が売れた（申し込まれた）際にブログ運営者は指定額の報酬を受け取ることができ、広告主は商品が売れたのが確定してから報酬を支払うという、両者ともに少ないリスクでの運営が可能になります。

アフィリエイトのしくみを利用する方法は大きく分けて次の2つがあります。

> ❶ Amazon.co.jp（アマゾンアソシエイト：https://affiliate.amazon.co.jp/）や楽天市場（楽天アフィリエイト：http://affiliate.rakuten.co.jp/）などのモール型・商品購入型のオンラインショッピングサイトのアフィリエイトプログラムを利用する方法
>
> ❷ A8.net（http://www.a8.net/）やバリューコマース（https://www.valuecommerce.ne.jp/）といったアフィリエイトサービスプロバイダ（ASP）を利用する方法

ほかにも多数のASPが存在しますが、まずはこの4つのサービスを使いこなせるようになりましょう。ある程度の成果が出てきてからほかのASPを探しても遅くありません。

アフィリエイトの利用方法は多岐に渡ります。アフィリエイトの収入だけで生計を立てている人もいれば、アフィリエイトサイト運営を事業として法人化している人もいます。副業としてお小遣いを得ている会社員もいます。家事のかたわら商品の使用感をブログに書いて収益を得ている主婦もいれば、病気などの理由で外に働きに行けない代わりに、自宅でブログを運営してアフィリエイト収入を得ている人もいます。

個人だけでなく、法人もアフィリエイトシステムを活用しています。たとえば「永久不滅・

com」などのポイント交換サイトは、アフィリエイトのしくみが利用されています。「価格.com」などのレビューサイトで紹介している商品も、アフィリエイトが活用されています。

このように、気づかないところで社会に溶け込んでいるアフィリエイトのしくみですが、手順を踏めば無料で誰でも利用することができます。個人がアフィリエイトを利用して商品（サービス）を紹介する最大のメリットは、自分の持っている情報を提供することで、お金を稼げることです。自分の知識と経験を発信することで収益化が可能になったわけです。

● アフィリエイトサービスプロバイダ（ASP）を利用したアフィリエイトのしくみ

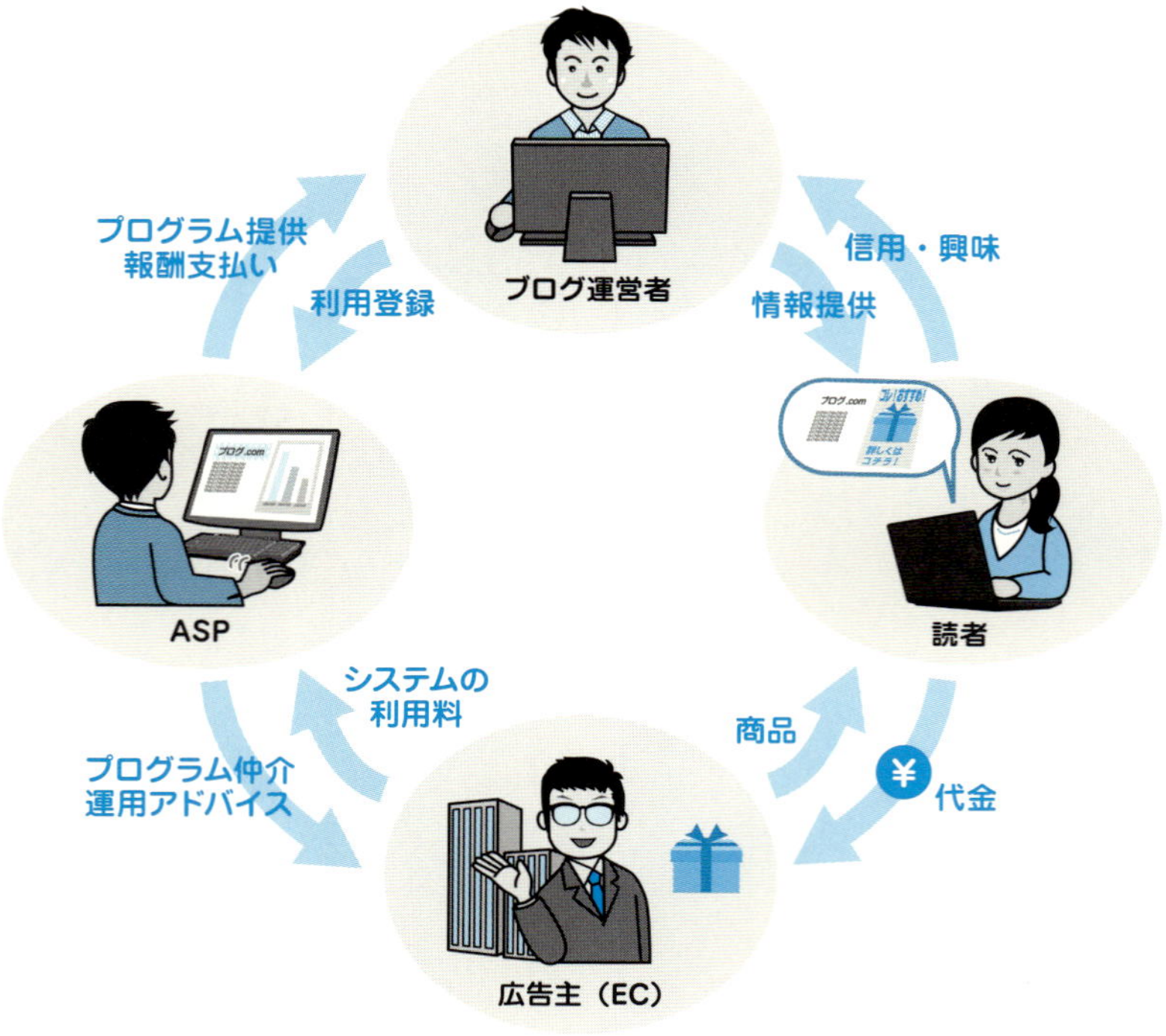

2 Google AdSenseについて

ブログを運営して収益化する方法は、アフィリエイトだけではありません。「Google AdSense」というクリック報酬型広告も、ブログアフィリエイトではよく利用されているサービスです。**「クリック報酬型広告とは、表示されている広告がクリックされた時点で報酬が発生するプログラム」**です。また、表示される広告もウェブサイトの内容に最適化された広告、あるいは訪問者の嗜好に最適化された広告が自動的に配信され、自分で商品やサービスを探す必要はありません。

Google AdSense：http://www.google.com/adsense/start/

クリック報酬型広告とアフィリエイト広告の大きな違いは、次の2つ

❶ アフィリエイト広告の場合、自分で掲載したいプログラムを探さなければならない
❷ アフィリエイト広告の場合、ウェブサイト訪問者がアフィリエイトリンク経由で商品を購入したり、サービスに申し込んだり、資料請求するといったアクションを起こしてはじめて報酬が発生する

あなたの取り扱うジャンルのすべてに、最適なアフィリエイト広告が提供されるとはかぎりませんが、**Google AdSense**の場合、あなたのブログの内容を**Google**が自動的に判別し、内容に適合した広告を自動的に配信してくれます。また、読者の閲覧履歴をブラウザから参照し、読者の趣味嗜好にマッチした広告を配信してくれます。

「**アフィリエイト広告とGoogle AdSense 両方をバランスよく利用することで、効率的な収益化が見込める**」ようになります。

3 Google AdSenseの登録方法

Google AdSenseは、独自ドメインを利用しているブログであれば、誰でも無料で利用することができます。とはいえ、申請が承認されるためには審査があります。自分のブログが次のチェックポイントを満たしているか、**Google AdSense**の申請前にチェックしておきたい3つのことを確認してから申請しましょう。

❶ 一定量のコンテンツが存在しているか

ブログを所有していても、中身が空っぽでは意味がありません。最低ラインの目安として、「**600~800文字程度のコンテンツを10記事は用意しておきましょう**」。内容については日記レベルで大丈夫ですが、せっかく自分のブログに載せるのですから、得意とするテーマや取り扱っている商品の類似ジャンルの内容を投稿することをお勧めします。なお、「**申請時にはアフィリエイト広告は載せない**」ようにしましょう。

❷ Google AdSenseのプログラムポリシーを守って運営しているか

Google AdSenseにはプログラムポリシーが存在します。「**特にコンテンツガイドラインの個所は、利用申請時に細かくチェックされる**」ので、運営するウェブサイトが、**Google**が指定する禁止コンテンツを含んでいないか前もって確認しておきましょう。

- Ⓐ **AdSense プログラム ポリシー** https://support.google.com/adsense/answer/48182?hl=ja
- Ⓑ **AdSense ポリシー** 初心者向けガイド：https://support.google.com/adsense/answer/23921?hl=ja
- Ⓒ **コンテンツ ポリシー** 禁止コンテンツ：https://support.google.com/adsense/answer/1348688?hl=ja
- Ⓓ **広告の配置に関するポリシー** https://support.google.com/adsense/answer/1346295?hl=ja
- Ⓔ **AdSense ポリシーに関するよくある質問** https://support.google.com/adsense/answer/3394713?hl=ja

Ⓕ プログラム ポリシー ガイドブック
http://services.google.com/fh/files/blogs/google_adsense_programpolicy_guidebook.pdf

これらの規約やポリシーに違反すると、広告の配信停止や最悪の場合**AdSense**アカウントの停止（無効）という状態になります。「**1度アカウントが無効になったユーザーは、今後AdSenseプログラムに参加することができなくなります**」。そうならないよう、**AdSense**でやってはいけないことをしっかり確認しておきましょう。

❸ 自分名義の振込口座を用意してあるか

Google AdSenseの報酬を受け取るには、申請者（ブログ運営者）の名義の銀行口座が必要です。申請者と銀行口座の名義が異なっていると、せっかく積みあげた収益を受け取ることができないので、あらかじめ自分の銀行口座を用意しておきましょう。

なお、「**YouTubeの収益化システムはGoogle AdSenseになります**」。ブログ運営の場合は、**YouTube**ほど厳しい基準はないので、積極的にチャレンジしましょう。

3時限目

YouTubeルーム

YouTubeにチャレンジしよう

コツコツ記事を書き溜めることは大切ですが、そこに動画を盛り込むと、ブログが大きく変わるかもしれませんよ！

01 動画を制すればブログは変わる＝YouTubeを活用する

1 動画が「見える化」を一気に解決

3時限目からは、動画について学んでいきましょう。

ブログは文章と写真で構成されていますよね。どちらも動かないものですから、文章なら伝えたいことをしっかりと書いていく、写真ならいろいろな写真を足していって多くの情報を伝えることになります。ただこれでは文字数も写真も多くなるばかりで、かなりボリュームのあるコンテンツになってしまい、最後まで読んでもらえないかもしれません。

この悩みを解決してくれるのが、動画を活用する方法です。

❶ 動画はつくり方次第で、短い時間でもたくさんの情報をまとめて発信することができる

このテクニックを覚えれば、「ブログ記事の補完として」「写真では伝えられなかった〝動き〟を見てもらう方法として」、さらには「読者とのリアルタイムでのコミュニケーションツールとして」さまざまなところであなたの情報発信を助けてくれるようになります。

こんなに使える動画ですが、まだまだ活用されているとはいえません。それは「動画は難しい」という漠然とした感覚があるからです。でも動画は作成方法さえわかればカンタンなんです。それだけに動画がカンタンに活用できるようになれば、ほかのブログから一歩抜き出た状態になります。

特に「**最も視聴されているYouTubeを正しく活用することが、動画活用の最短距離**」となるので、ブログ×**YouTube**であなたのコンテンツを見える化していきましょう。

2 動画なら目の前に商品がある感覚を伝えられる

私たちは視覚、聴覚、嗅覚、味覚、触覚の五感で物や事柄を記

動画を使って、文章や
写真で伝えにくかった
ことを解決！

憶します。ブログは文章なので視覚に訴えるコンテンツですが、**「動画は視覚に加えて聴覚にも訴えることができるコンテンツ」**です。そのため、**「文章では表現しにくかったことが動画なら表現できる」**ということがたくさんあります。

もちろん文章でも「耳元でささやくような静かさです。」といった視覚や聴覚など、ほかの五感を刺激するような書き方で読者にイメージさせることはできます。

とはいえ、はっきりと視覚にも聴覚にも訴えることができる動画は文章に比べて伝えられる要素が多くなります。今まで文章では表現できなかったことが、動画を加えることで一気に見える化できることになります。

「長い文章ではなく、パッと見てわかる、これが動画の魅力」です。

3 誰でもテレビ通販をはじめられる

動画を使えるようになると、今まで文章だけで表現していたものを視覚的に伝えることができるようになります。「**チラシからテ**

“百聞は一見にしかず”
見せて伝えれば
アピール力は抜群です。

レビ通販の番組へ」という感じです。そうあなたは、テレビの通販番組を持ったも同然なのです。

テレビ通販の醍醐味はなんといっても実演です。見せるという行為がどれだけインパクトがあるかは、一度テレビ通販を見てみればわかるはずです。テレビの中で実演されているさまが、まるであなたがその商品を使っているかのように思わせる伝え方をしていますよね。いる自分を想像して申し込んでしまうのです。でも実際に届いたら「なんでこんなもの頼んだのだろう」と思って、あまり使わず家の端に追いやられているようなものもありますよね。

テレビ通販は五感に激しくアピールすることで、視聴者にあたかも実際に使っているイメージを持たせて、ほしくてしょうがなくなる気持ちにするように演出されています。

このしくみはYouTubeでもとても参考になります。あなたが「**テレビと同じようにアフィリエイト商材や自分のサービスをアピールすることで、テレビ通販と同じ効果をブログの読者に焼きつけることができれば、最強のツールを手に入れたことになる**」のです。

4 YouTubeはアドセンスだけではない

YouTubeというと、YouTuberに代表されるように自分の動画に表示された広告の再生数によるアドセンス収入がメインのように思ってしまいます。ところがYouTubeのアドセンスは規約がどんどん厳しくなっていて、正直なところなかなかアドセンスでは副業の収入にはなりません。だからといってYouTubeを使わないのはもったいない。

先に書いたように、**YouTube**は相手に伝える道具としてとても使い勝手のいいサービスです。「**動画の再生回数で稼ぐのではなく、動画に営業させる**」。これこそブログと**YouTube**の効果的活用法なのです。

5 YouTubeは利用者第3位のSNSです

YouTubeを活用しよう！　と思ったときに考えてほしいのが「**YouTubeは**ＳＮＳ」だということです。

インターネット上でコメントを書き込めたり、情報を共有したり、シェアなどで拡散できるのがＳＮＳですが、**YouTube**も動画にコメントすることができ、情報を共有できて、シェアして拡散できる立派なＳＮＳなのです。

しかも日本のＳＮＳサービスの利用者数を調べてみると、**YouTube**は**LINE**や**Twitter**に次いで、第３位の使用者数なのです。

❶ 各ＳＮＳサービスの使用者数

使用者数でいうと**Twitter**と**Facebook**の間に**YouTube**がいるわけですが、**YouTube**がＳＮＳだと感じている人は少ないようです。

これはほかのＳＮＳ以上に、「自分は投稿せずに、見て楽しむだ

● 国内のSNSの利用者数

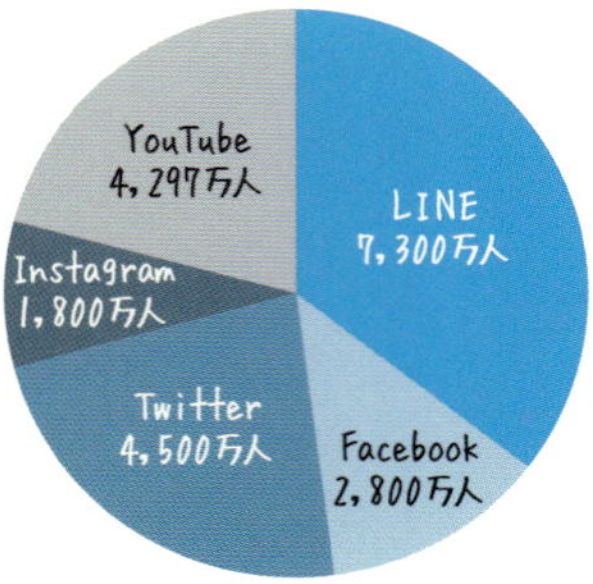
YouTube
4,297万人
LINE
7,300万人
Instagram
1,800万人
Twitter
4,500万人
Facebook
2,800万人

け」という人が多いからです。

ほかのＳＮＳは文字や写真がメインなので、コンテンツを比較的気軽に書いてアップできますが、**YouTube**は動画なので、動画をつくるのが大変だと感じてしまって、そもそも投稿しないで見ることに徹してしまうのです。

でも安心してください。実は、動画は簡単にしかも短時間でつくることができます。時間にすると1分程度でつくれてしまいます。

多くの人が、簡単につくれることを知らずに大変だと思っているからこそ、人とは違う目立った発信ができるわけです。

しかも**LINE**、**Twitter**、**Facebook**やそのほかのＳＮＳも、記事に**YouTube**のリンクＵＲＬを貼れば、文章に動画を加えて広く拡散できます。

さらに**LINE**、**Facebook**、**Instagram**では、動画を直接これらにアップロードすることで、タイムライン上で動画が自動再生する素敵なしくみまであります。

ほかの人がアップすることが難しいからこそ、動画をアップすることであなたのコンテンツはタイムライン上で輝きを放つわけ

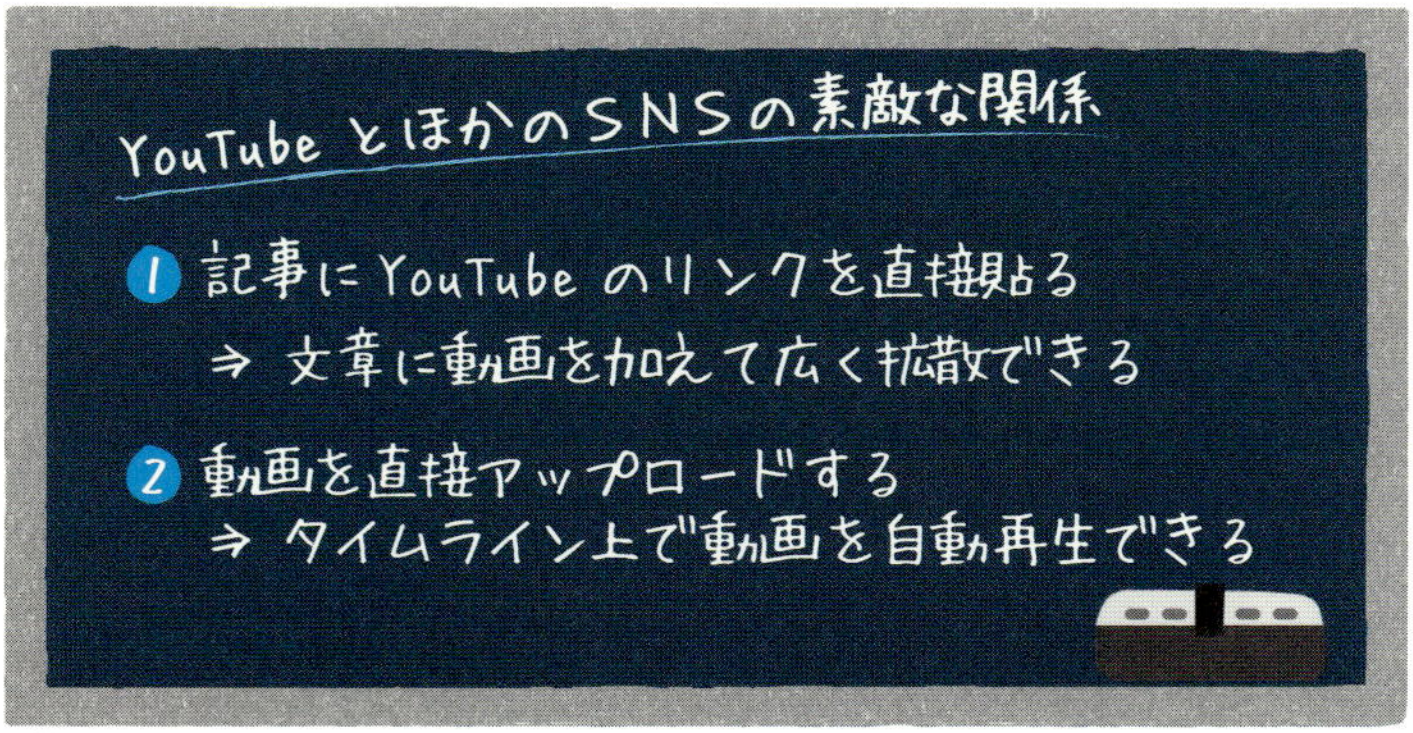
YouTubeとほかのSNSの素敵な関係
1 記事にYouTubeのリンクを直接貼る
⇒ 文章に動画を加えて広く拡散できる
2 動画を直接アップロードする
⇒ タイムライン上で動画を自動再生できる

です。

さらに、文字や写真情報といった静止しているコンテンツの中に、動くコンテンツとして動画を入れ込んで目立つことこそ、**YouTube**がほかのSNSと相性がいいという特徴です。

もちろんこれはブログでも同じです。「**文字や写真の記事が多い中で、動画を組み込むことで、わかりやすく、おっ！　と目を引く記事になる**」のです。

6 YouTubeは半数以上がスマホで見られている

あわせて知っておきたいのが、**YouTube**の見られ方です。

Googleなどからいくつかの使用レポートが発表されていますが、どの資料を見ても、**YouTube**は視聴者の半数以上がスマホなどのタブレットで見ていることがわかります。さらに「**ほとんどの人が、ひとつの動画を長時間真剣に見ているのではなく、短い動画をいくつもいくつも順番に見続けている**」ということがわかります。すき間時間に「ながら見」をしているような感じです。

ということは、ものすごく手間をかけて長時間の動画をつくっても**YouTube**では見てもらえないことになります。これでは時間をどれだけかけても効果はありません。「**YouTubeを活用するにはYouTubeにあうやり方を知る**」ことが大切です。

7 短く、単語単位で動画にしていこう

❶ 1本の長さはどれくらいが最適?

では、「YouTubeにあう動画ってどんなの?」となりますが、答えは簡単です。まず「**短い動画**」であること。長い動画は見られないわけですから短くすればいいのです。「ではどれくらい?」となりますよね。答えは「**90秒**」です。90秒、3分、4分30秒……と90秒のネタを積み重ねながら動画をつくっていきます。

「なぜ90秒?」と思いませんか。もちろん理由があります。脳科学の本などにも書かれていますが、人間の集中力は90秒しか継続しないそうです。そのため動画も90秒をすぎると集中して見ていられないのです。であれば「**90秒ごとにネタを変えて、それを積み重ねていこう**」というわけです。

余談ですが、テレビCMは1本の長さが15秒です。ですから続けて6本以上流すことはあまりしません。7本以上流さないといけないときは、6本終わったところで番組のダイジェストなどを短く差し込むようにします。このように「**視聴者を飽きさせないような工夫が、見られるためには必要**」になるのです。

❷ 内容もタイトルもニッチなキーワードに沿ったものにする

もうひとつYouTubeにあう動画にするために知っておきたいのが「**ワンキーワード**」。ニッチなキーワードで動画をつくるということです。

たとえば、任天堂のゲーム機Switchの使用レビューを動画にする際、「任天堂Switchを使ってみた。」ではタイトルが大枠すぎて、その動画を見て何がわかるのかわかりません。また任天堂Switchという大きなくくりだと、メーカーの任天堂がアップしている動画に負けてしまうでしょう。ところが「任天堂Switchのコントローラーの上手な外し方」や「任天堂Switchを１００均のマスキングテープでおしゃれにデコレートしてみた。」とすると、コントローラーやデコレートなどのキーワードで本当に見てほしい人に見てもらうことができます。

「**大きなキーワードで見てもらえない動画にするのではなく、ニッチなキーワードで見てもらいたい人に動画を見てもらう**」。これこそ、ブログをサポートする動画の使い方といえます。

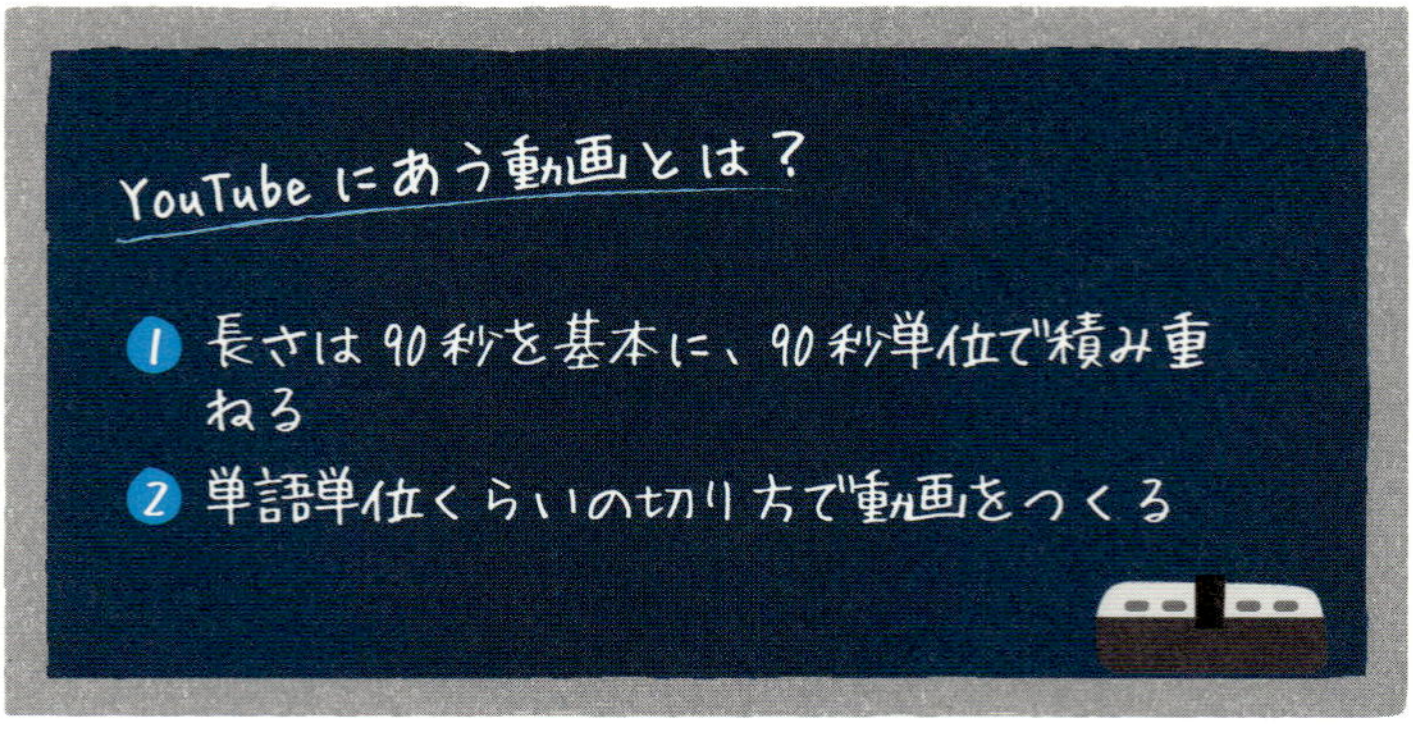
YouTubeにあう動画とは？
1 長さは90秒を基本に、90秒単位で積み重ねる
2 単語単位くらいの切り方で動画をつくる

02 YouTubeで覚えておきたい基本的な考え方

1 簡単なのに難しく見えるからチャンスがある

ではここからは、実際に動画を活用することについて考えてみましょう。動画をつくるのは本当に難しいのでしょうか？

ここでつくる動画は芸術的な作品ではありません。商品やサービスを選んでもらうためのサポートをしてくれる動画です。もちろんクオリティーはある程度は必要ですが、そこに力を入れるのではなく、それよりも**「多くの人に伝わる動画にすることが大切」**です。

動画は1分あればつくれます。**「動画をつくる時間より伝えることに時間をかける」**。もっというと〝動画は大切ではない〟という気持ちくらいで取り組むとちょうどいいかもしれません。この気持ちの整理ができれば、動画は伝える武器として使うことができ、ウェブ上でも一歩抜き出た運営ができるようになるはずです。

2 「動画検索」と「関連動画」で新しい入口をつくろう

動画を活用するために大切なことは、動画のクオリティではなく動画をいかに伝える道具として活用できるか、ということです。

「ただ動画をウェブ上にアップロードするのではなく、多くの人に気づいてもらう、もしくは検索でヒットしてもらうようにすることが大切」です。

インターネットを使った検索は、生活の一部どころか生活そのものです。従来からのテキスト検索だけではなく、「**動画で情報を検索する〝動画検索〟**」という文化も根づいてきています。

たとえば、パソコンのショートカットキーの使い方を調べるとき、どこを押すのか文字で知るより動画でわかれば、文字どおり一目瞭然です。

それだけに「**テキストによる検索だけを自分のコンテンツへの入口とするのではなく、動画という新しい検索の入口を持つ**

● ブログやWebサイトへの入口をたくさんつくろう

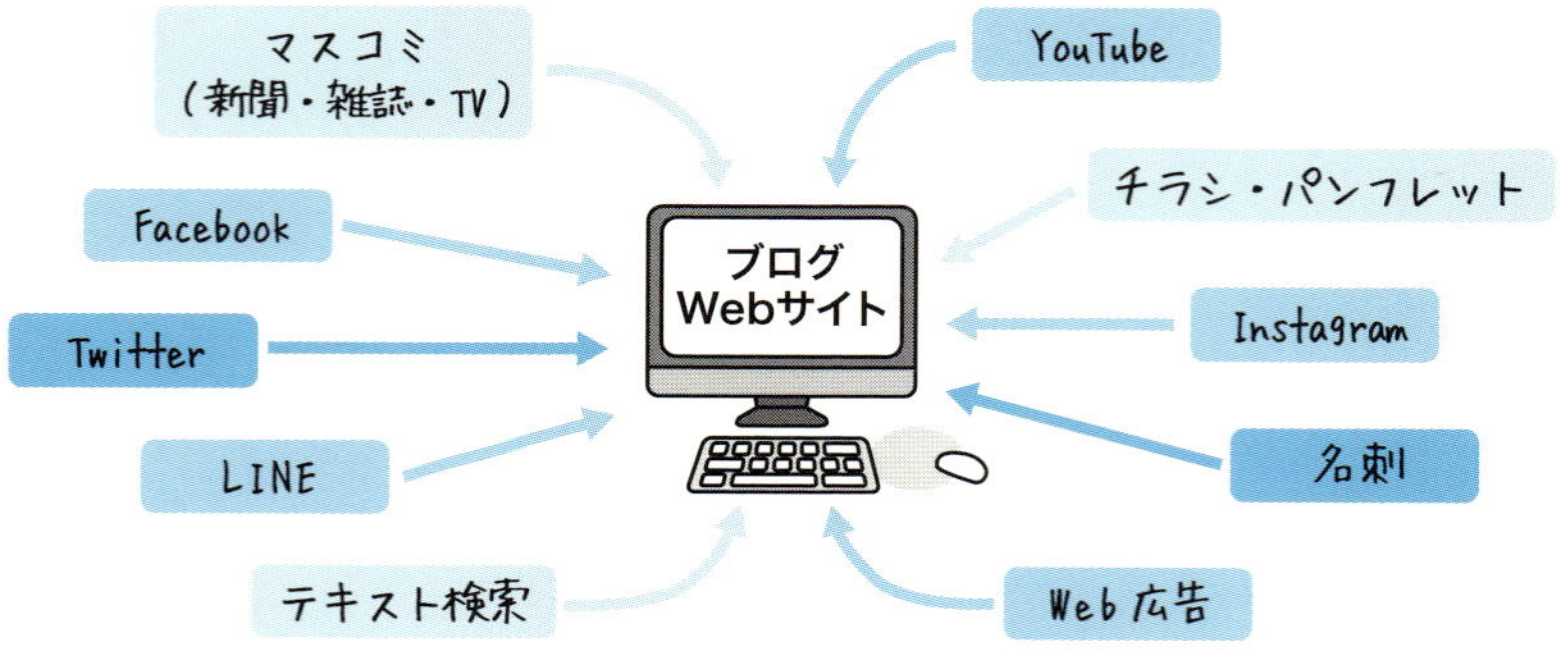

ことがとても重要」になってきています。

さらに**YouTube**では、見ている動画に関連性のある動画を「**関連動画**」として右側に表示したり、動画が終了したあとに自動で再生させる機能があります。この関連動画として、**YouTube**で自分の動画が再生されたり表示されたりすることも、多くの人にその情報を伝える入口となるのです。

3 大切なのは「チャンネル」登録してもらうこと

YouTubeでは、動画はつながりのきっかけとして使われます。では実際のつながりはというと、自分の動画が集約されている「**YouTubeチャンネルにチャンネル登録してもらうことで生まれます**」。

少しわかりにくいので、ブログと重ねて考えてみましょう。ブログは一つひとつの記事がまとまってブログサイトができあがっています。このブログサイトを読者登録してもらったりお気に入りに登録してもらうことで、読者とつながっていきます。**YouTube**も同じです。「**ブログの記事にあたる動画がまとまって、ブログサイトにあたるYouTubeチャンネルができています**」。この**YouTube**チャンネルをチャンネル登録してもらうことが、つながりになります。

● YouTubeチャンネルの登録ボタン

僕の世の中研究所
YouTubeのチャンネルに登録してもらうことで〝つながれる〟
僕の世の中研究所

つながりという言葉の意味をさらに考えると、動画にせよ記事にせよ、継続的に視聴者や読者になってもらうためには、自分のコンテンツをウェブ上に公開したときに、そのことをいち早く知ってもらうことが大切です。

YouTubeでは、チャンネル登録した**YouTube**チャンネルに新しい動画がアップされるとメールで通知されたり、スマホやタブレットでは画面にメッセージがポップアップされることで、視聴者にいち早く伝わり、視聴してもらえるようになっています。

動画を見れば見るほど、視聴者はその**YouTube**チャンネルに親近感を持ち、ファンになっていきます。この効果はザイアンス効果といい、ファンづくりの定番の手法です。定番だからこそ**YouTube**でもしっかり活用して視聴者とのつながりをつくっていくことが大切です。このときに必要になるのが**YouTube**チャンネルなのです。

● スマートフォンの待ち受け画面に通知が出る

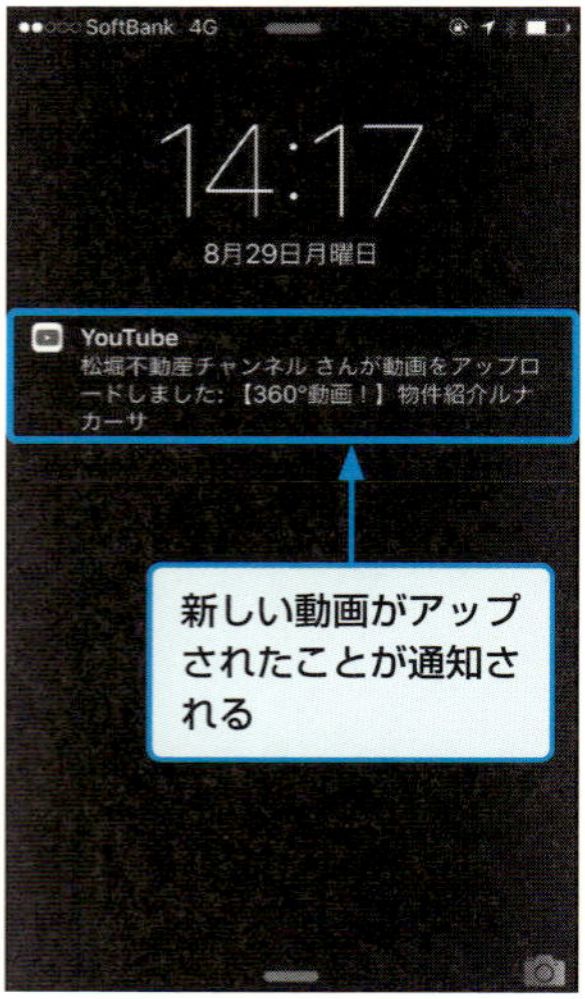

SoftBank 4G
14:17
8月29日月曜日
YouTube
松堀不動産チャンネル さんが動画をアップロードしました: 【360°動画！】物件紹介ルナカーサ
新しい動画がアップされたことが通知される

4 動画ではなく運営に気あいを入れよう

復習になりますが、動画はその1本が大切なのではなく、つながりをつくるためのきっかけとして使われます。それだけに、「**1本の動画をつくることに時間をかけるのではなく、つながりをつくるためのインターネット上の運営に時間をかける**」ようにしましょう。

とはいえ、動画をつくりはじめると、どうしてもいいものをつくろうという気持ちになり、1本の動画の制作に時間をかけてしまいます。こういうときこそ、「**動画が大切なのではない**」ということを思い出して、割り切ることが大切です。「**動画は効率的に短時間でつくって、運営は考えながらしっかりとやっていく**」。この基本的な考え方をしっかり覚えておいてください。

5 見やすいYouTubeチャンネルにしよう

「**YouTubeチャンネルはあなたの動画を集約する場として、ブログと同じように大切なプラットホーム**」になります。それだけにしっかりと設定して、見やすくわかりやすいYouTubeチャンネルにしなくてはいけません。

ところが多くのYouTubeチャンネルがそもそもの設定を間違っているので、見やすいYouTubeチャンネルである前に、管理する側もYouTubeチャンネルに訪問した人にもわかりにくくなってしまっています。さらには検索にも弱くなっています。

つながるきっかけとしてつくった動画も、これではきっかけになりません。「**YouTubeを活用するためには、YouTubeチャンネルを最初から正しく設定して、わかりやすいデザインに整理しなければいけません**」。このことを知っているだけでもYouTubeの運用では、ほかの人より一歩抜き出たといっても過言ではありません。つくった動画が無駄にならないようにきちんと設定して、ブログとしっかりと連携するYouTubeチャンネルをつくっていきましょう。

6 買う前にほしい情報を発信しよう

「動画は大切ではない」といいましたが、何も考えずに適当につくろうということではありません。**「動画で伝えるべきことや動画を見た人がアクションを起こすきっかけとなる動画のネタについては、しっかりと考えてつくらなければいけません」**。

YouTubeで商品説明動画をいろいろと見てみると、見た目や使用感など、実際にお店に行って手で触れるところを視聴者の代わりにやっている内容の動画が多いことに気づきます。たとえば洋服や家電製品だったら、サイズや色について実際に触ったり写したりしている動画だったり、おもちゃやゲーム、さらには自動車などの乗り物については、実際にそれを使ってみたり触ってみたり操作してみたりして、難易度を伝える動画が多かったりします。もっと具体的な動画だと、製品やソフトの使用方法や制約事項な

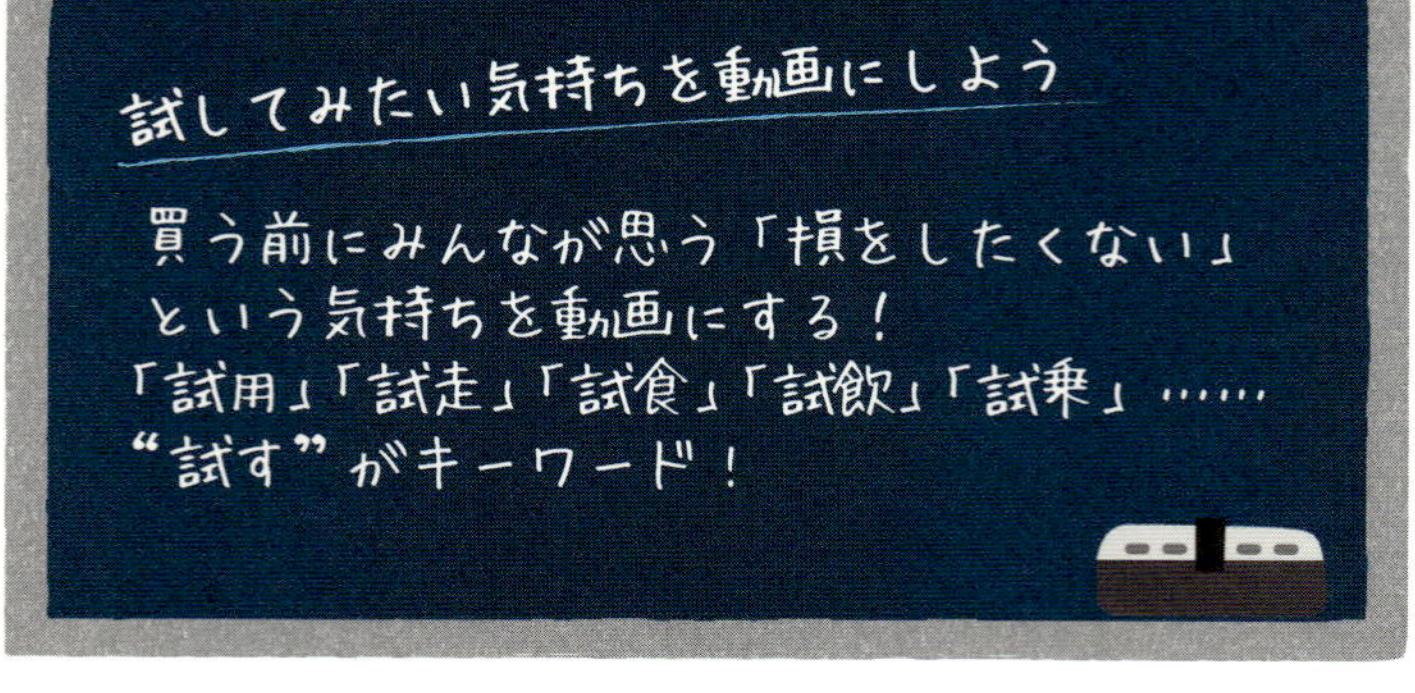
試してみたい気持ちを動画にしよう
買う前にみんなが思う「損をしたくない」
という気持ちを動画にする！
「試用」「試走」「試食」「試飲」「試乗」……
“試す”がキーワード！

どを取扱説明書のように伝えるものもあります。

これらは、**「視聴者がその商品やサービスを購入したり利用する前に試してみたい」**という気持ちに応えたものです。ネットショッピングではユーザーレビューのチェックがあたりまえですが、これを見える化したものが、これから買うであろう視聴者への情報発信になります。何かを購入しようと考えている視聴者は**「買って損はしたくない」**という気持ちです。**「この気持ちにストレートに応える内容の動画こそ、〝アフィリエイト〟にも有効な買う人の背中を押してあげる動画」**です。

7 動画だから五感を伝えよう

ブログや書籍は文章として「目」から入る情報、ラジオやCDは音として「耳」から入る情報、**「動画は目から入る映像と耳から入る音の2つの情報からできています」**。

私たちは五感をフル活用して物事を確認しようとしています。多くの感覚の情報を提供できれば、その分だけ伝わりやすいものになります。だからこそ動画は文章や音声に比べてアドバンテージが高いといえます。

しかし、動画にはこれだけではないさらなる可能性があります。たとえばふっくらとしたクッションを、ふわっと触ることでやわらかさの触覚を表現したり、何かを食べたときに満面の笑みで美味しそうに笑うことで、味覚を伝えることもできます。鼻の穴を大きく広げて匂いを吸い込めば、見ている人はとてもいい匂いがしているのだなと思うでしょう。このように「**動画は視覚と聴覚にとどまらず、見ている人のイメージを膨らませることができる**」ので、嗅覚、味覚、触覚をドンドンと足していくことができるのです。

本書ではただ動画をつくるということだけでなく、映画やテレビでも活用されている映像の心理学を効果的に使う方法についてもしっかりとお話ししていきます。

「**ブログという文章のコンテンツに、五感を膨らませていく動画のテクニックを覚えれば、ほかのブログやアフィリエイトに勝る力を持つことができる**」ようになるのです。

イメージを膨らませる動画で、視聴者の目の前でそれが起こっているような感じにしてみよう！

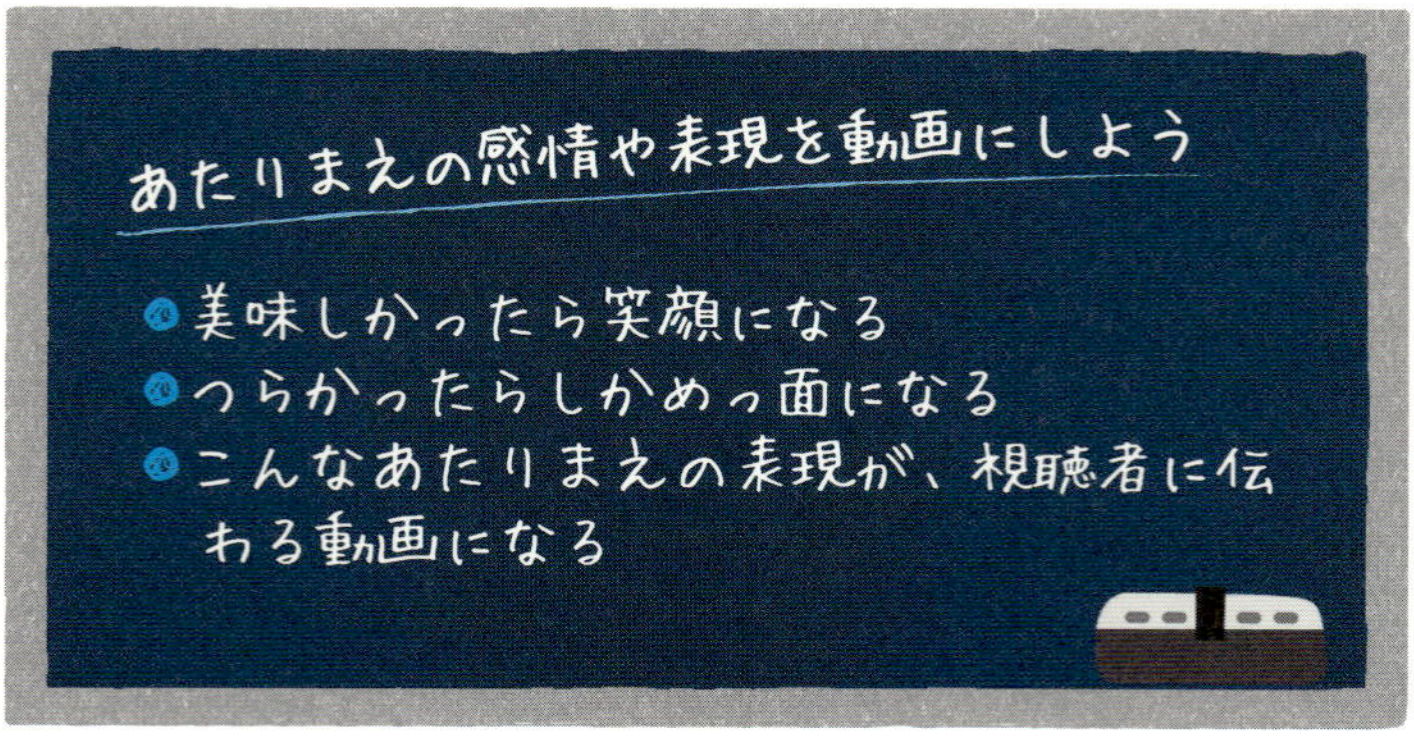
あたりまえの感情や表現を動画にしよう
美味しかったら笑顔になる
つらかったらしかめっ面になる
こんなあたりまえの表現が、視聴者に伝わる動画になる

03 YouTubeチャンネルの設定と知っておきたいこと

1 チャンネルはいくつも運営できる

「YouTubeチャンネルは、ブログサイトのようにコンテンツである動画をまとめたWebサイト」です。運用もブログと同じように、「私のおすすめグッズ」といった個人にフォーカスしてさまざまな情報をひとつのところに集めた集約型や、「ねこ好きが集まるチャンネル」のように何かのカテゴリーに特化した特化型と、運営したい形式にあわせて運用ができます。

「**YouTube チャンネルはGoogleアカウントがあればつくることができ、ひとつのアカウントで複数のYouTube チャンネルをつくることができます**」。

自分の伝えたい内容に沿った**YouTube**チャンネルを考えて、正しく設定することが最初の一歩です。

2 「ブランドアカウント」で運営しよう

YouTubeチャンネルは正しく設定することが大切ですが、チャンネルを作成する一番最初のときにとても大切な設定があります。それが「**〝ブランドアカウント〟のYouTubeチャンネルを設定する**」ことです。

ブランドアカウントとは、ビジネスやブランド用に特別なアカウントを設定して管理することができるしくみです。GoogleIDを取得して、はじめてYouTubeにアクセスすると「姓」と「名」を個別に入力するボックスが表示され、そこに情報を入力すると、「**個人のYouTubeチャンネルがつくられます**」。

ただ、これでYouTubeチャンネルができた！と、「**ここに動画をアップしていかないようにしましょう**」。この最初のチャンネルは「個人のチャンネル」なので、あなたのお気に入りの動画やチャンネル、視聴履歴などの表示を中心にチャンネルが構成されます。つまりプライベートな情報を管理するYouTubeチャンネル

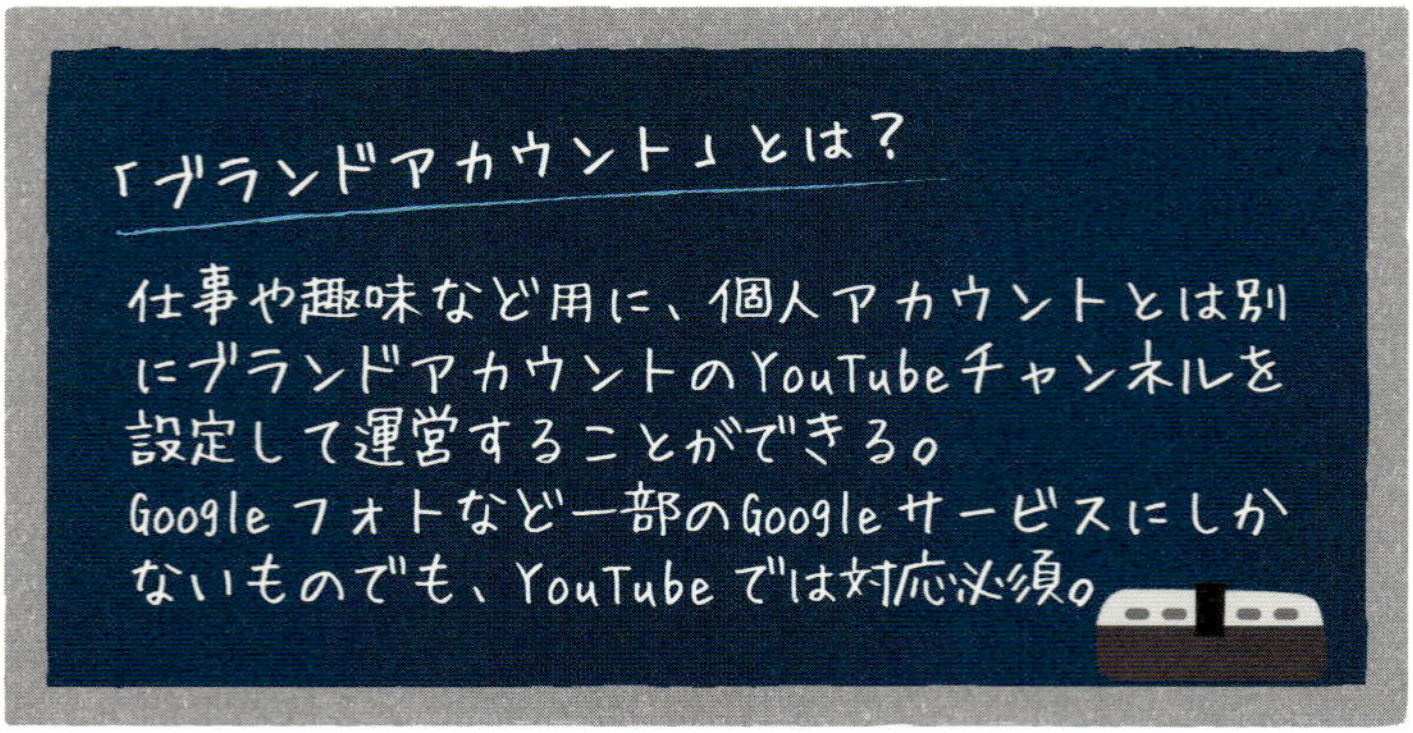
「ブランドアカウント」とは？
仕事や趣味など用に、個人アカウントとは別にブランドアカウントのYouTubeチャンネルを設定して運営することができる。
Googleフォトなど一部のGoogleサービスにしかないものでも、YouTubeでは対応必須。

なのです。

ところが多くのビジネスやアフィリエイト用の動画がこの個人の**YouTube**チャンネルにアップされてしまっています。企業のホームページやブログに組み込まれている**YouTube**動画をクリックすると、その会社の社長さんやブログ運営者の個人の**YouTube**チャンネルにアクセスしてしまい、ホームページやブログとはまったく関係のない個人的な視聴履歴の動画が表示されたりすることがあります。

このようなことにならないよう、個人チャンネルとは別のブランドアカウントで、**YouTube**チャンネルを運営していくようにしましょう。

個人の**YouTube**チャンネルは「姓」と「名」を入力して、それがチャンネル名になりました。なのでここに無理して「僕のお

● 2つ目以降の「ブランドアカウント」チャンネルの作成方法

STEP 1 YouTubeのサイトを開き、右上に表示されるアカウントアイコン（アバター）をクリックし「設定」をクリックする

STEP 2 「YouTubeの設定」内にある「チャンネルを追加または管理する」をクリックする

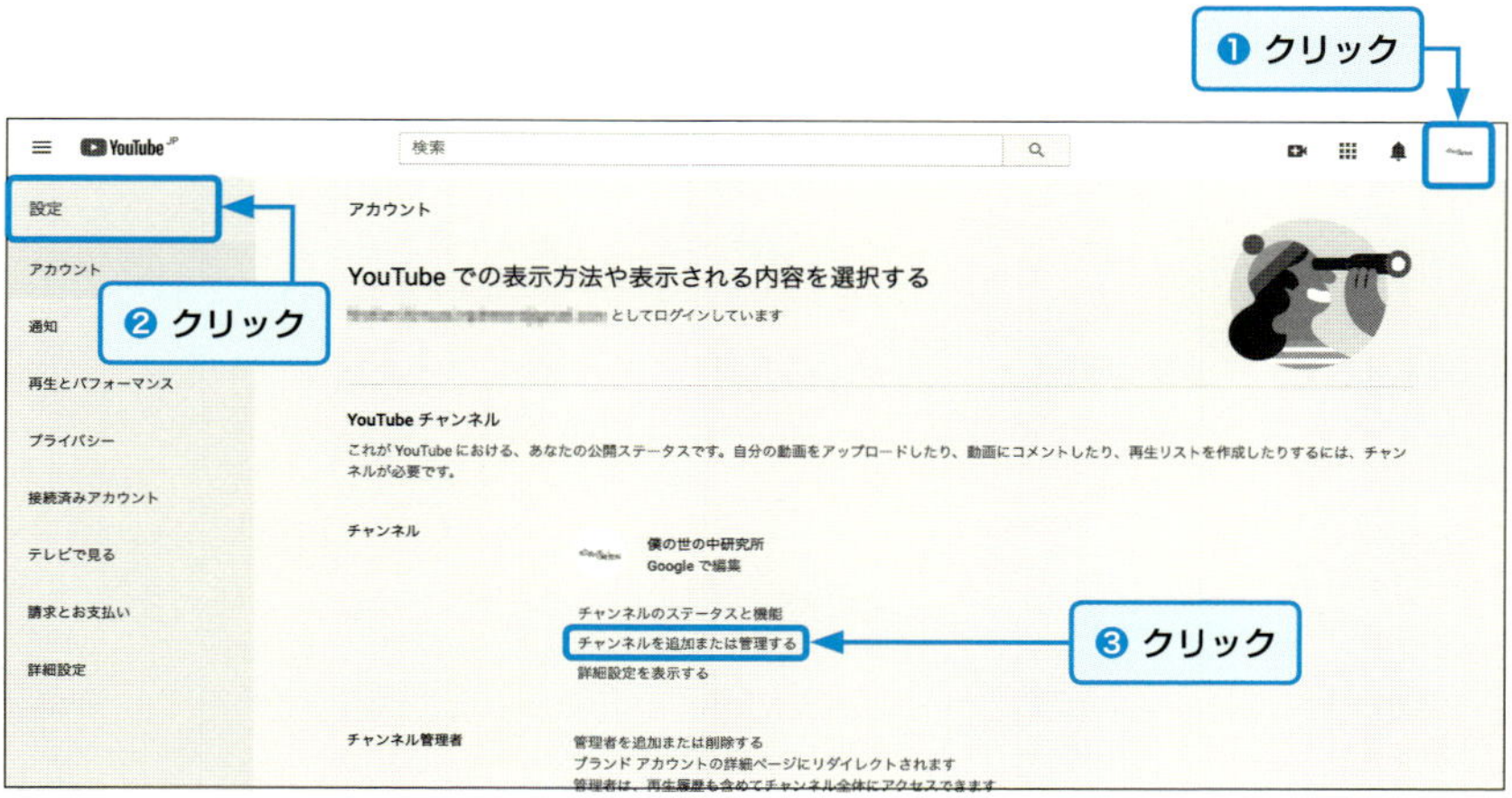

STEP 3 「アカウントのチャンネル一覧」ページにアクセスするので、左上にある「新しいチャンネルを作成」をクリックする

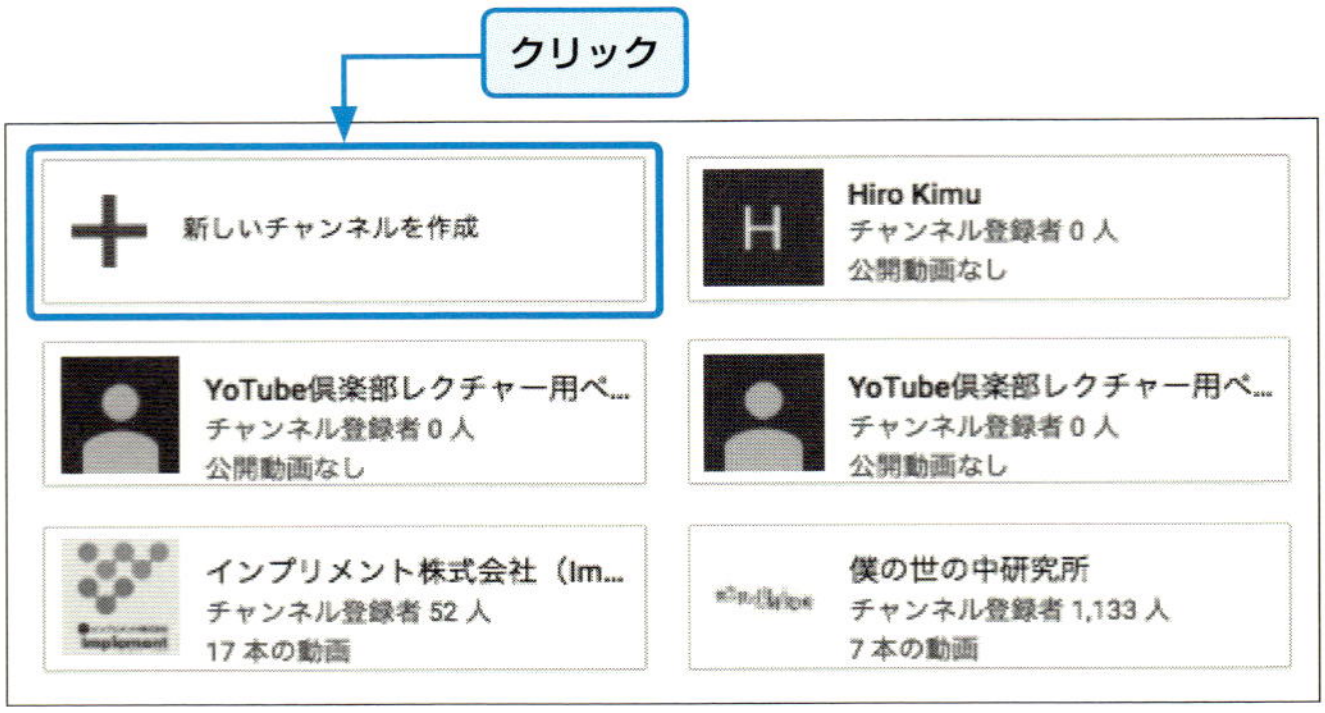

STEP 4 「ブランドアカウント」名を入力するページに移動するので、ここにつくりたい YouTube チャンネルの名称を入力して「作成」をクリックする

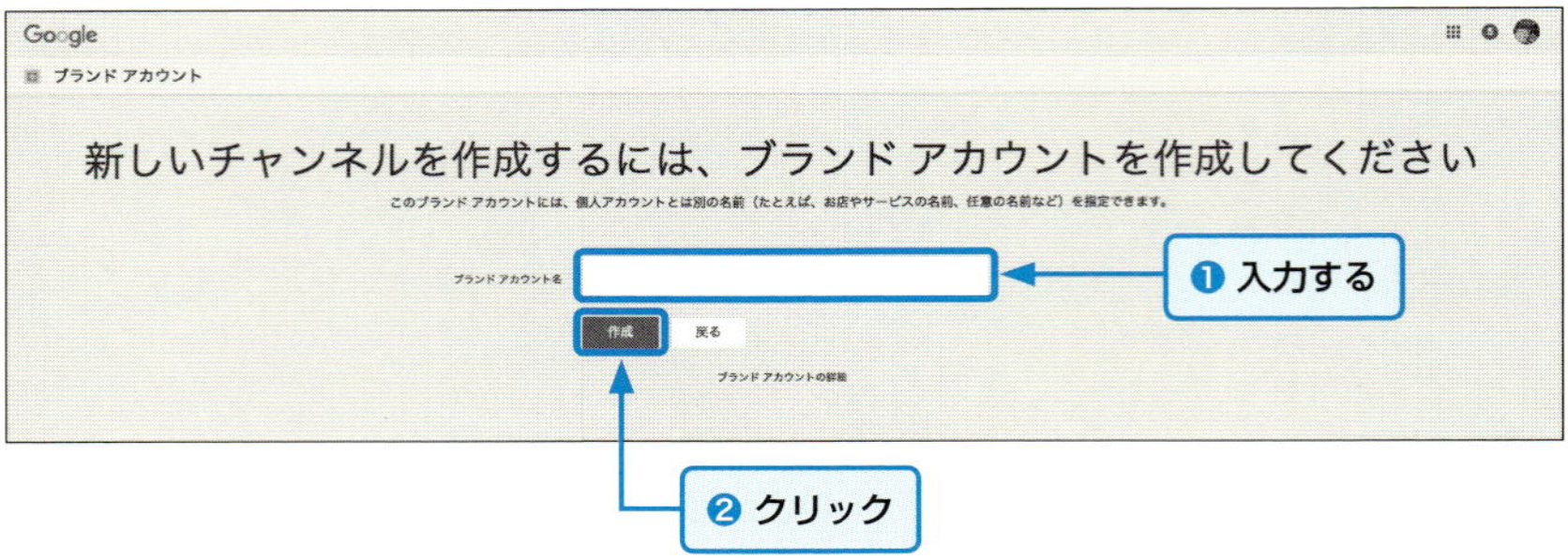

ブランドアカウントの YouTube チャンネルができあがる

すすめグッズ」というチャンネル名にしようとして、姓に「僕の」、名に「おすすめグッズ」と入れてチャンネルをつくってしまいます。**Google**の設定では、姓名ではなく西洋的に名姓となっているので「おすすめグッズ僕の」と前後が逆転してしまった残念なチャンネル名になってしまうことが多々あります。

でも**「ブランドアカウントのYouTubeチャンネルはビジネスやブランド用なので、姓名分けて登録するのではなく、1枠でチャンネル名を設定することができます」**。ですから、間違いなく「僕のおすすめグッズ」とチャンネル名が設定できます。

3 チャンネル認証をしよう

「YouTubeチャンネルをつくったあとに必ずやってほしいのが、YouTubeチャンネルの認証作業」です。このチャンネルの認証作業をしていないチャンネルがたくさんあります。**Google ID**を取得するときに本人認証をしているので、そこで完了していると思ってしまうのですが、**YouTube**チャンネルも認証が必要です。

● YouTubeチャンネルが認証されるとできるようになる主なこと

❶ 15分以上の動画をアップロードできるようになる	初期設定ではアップロードできる動画の時間は15分以内に制限されているが、アカウント確認を行うと15分以上の動画もアップロードすることができるようになる
❷ 動画アップロード時にカスタムサムネイルの設定ができるようになる	動画視聴前に、動画のイメージを静止画で表示しているのがサムネイル。このサムネイル、何もしなければYouTubeが選んだ動画の一部分がサムネイルとして設定されるが、認証されると、各動画の「動画の編集」ページでYouTubeが自動で選ぶ3つの抽出画像に加えて、自分で好きな画像をサムネイルとしてアップロードすることができるようになる

● YouTube チャンネルの認証方法

STEP 1 YouTube サイト右上にあるアカウントアイコンをクリックし、「クリエイターツール」をクリックする

STEP 2 左側のメニューにある「チャンネル」をクリックし、「ステータスと機能」の「確認」をクリックする

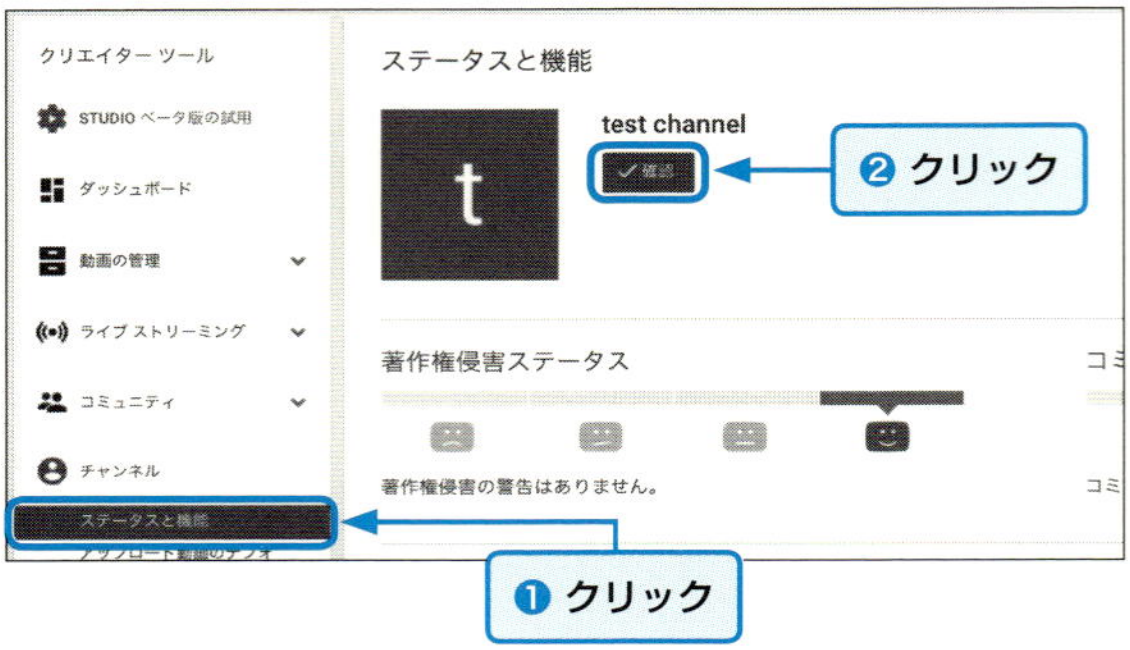

STEP 3 「アカウントの確認」画面が開くので、国を選択し、確認コードの受け取り方法を電話か SMS のどちらかを選択する

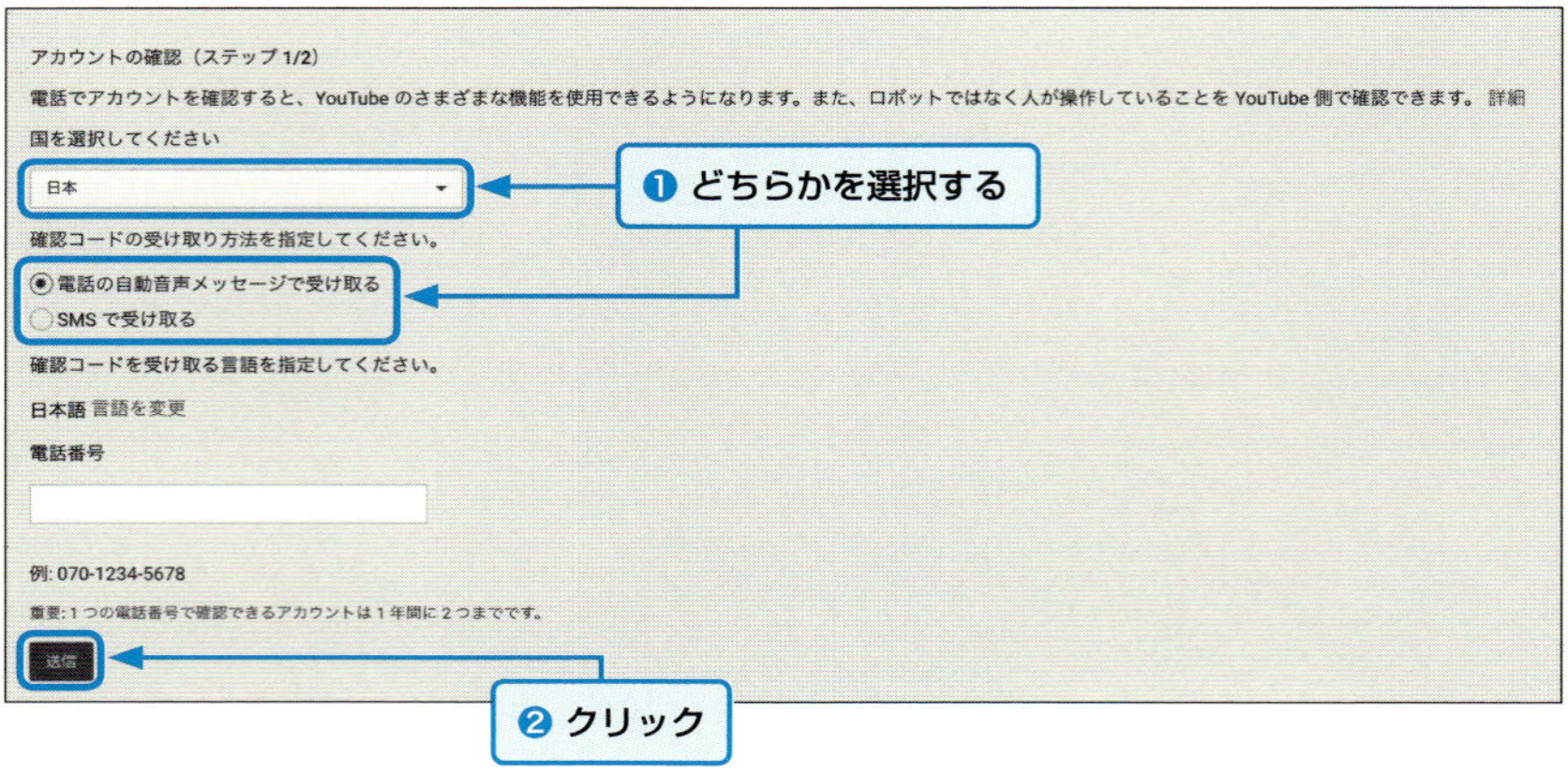

STEP 4 「確認」をクリックすると、すぐに電話もしくは SMS で 6 桁の確認コードが通知されるので、通知された 6 桁の確認コードを入力して「送信」をクリックする

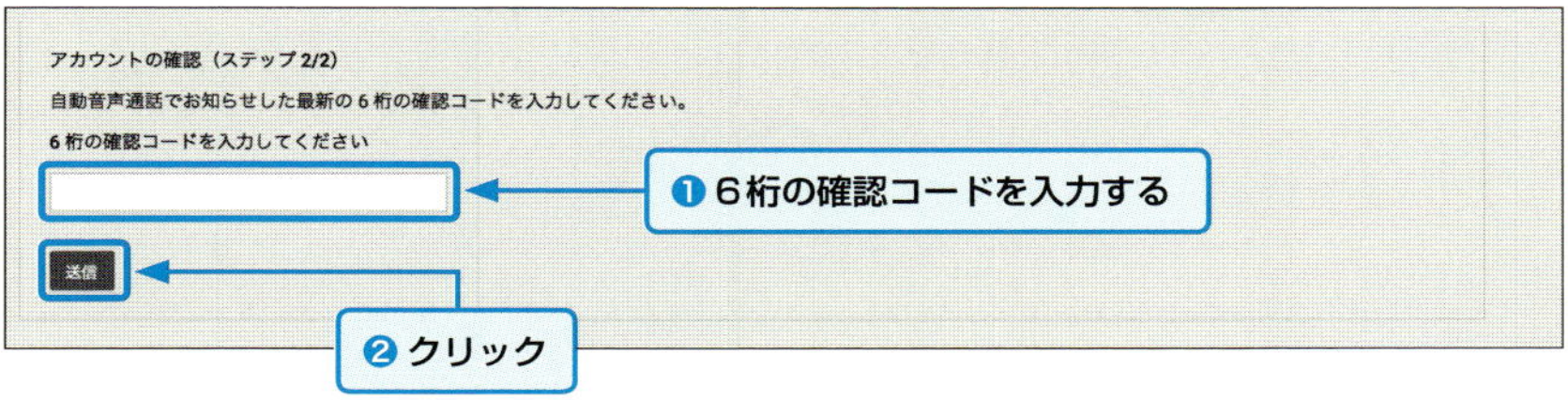

STEP 5 確認が終了すると、「チャンネル」の「ステータスと機能」欄が「パートナー確認済み」のステータスとなり、「制限時間を超える動画」「カスタムサムネイル」が有効になるなど、機能制限が解除される

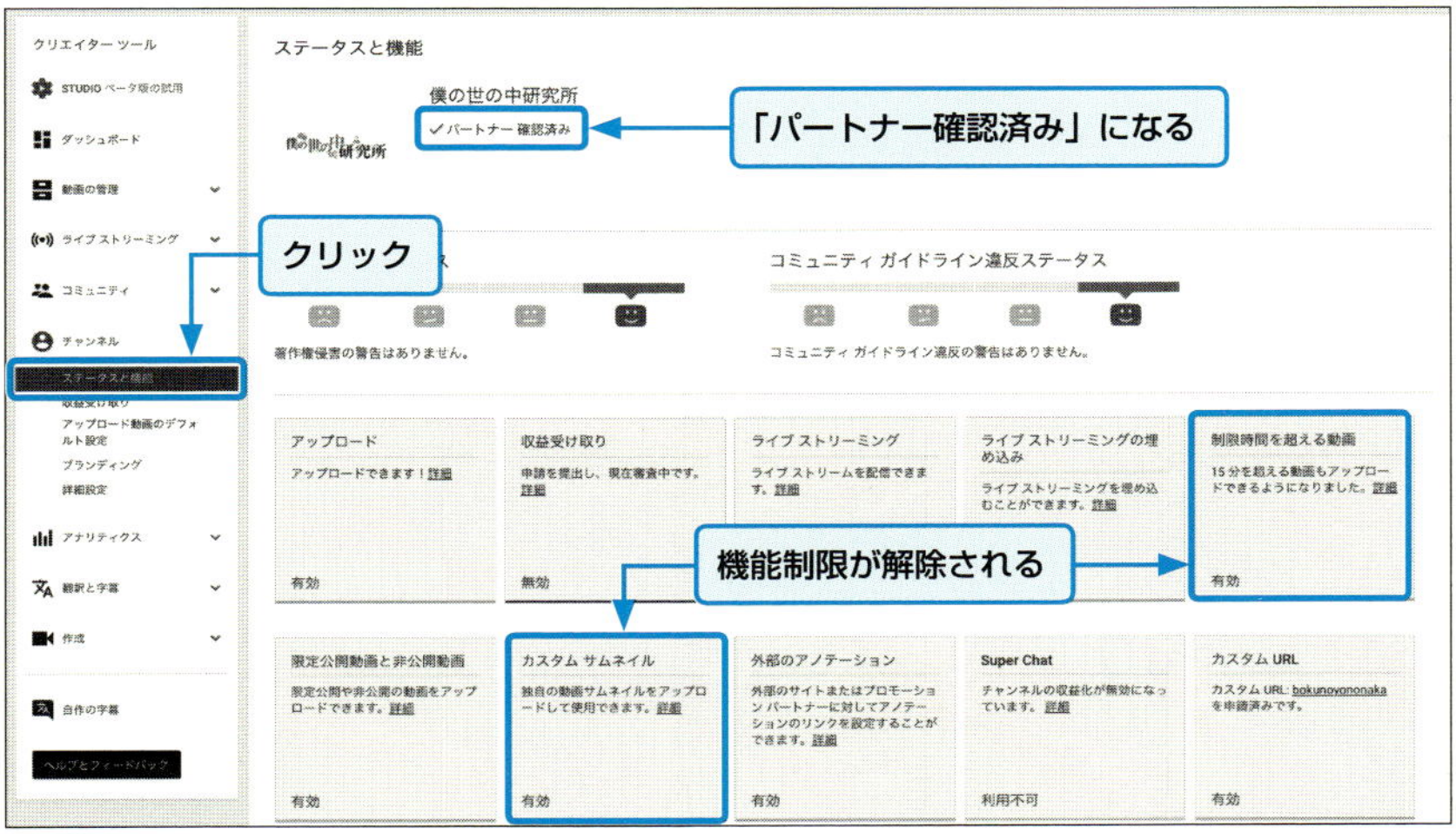

この自分でつくったサムネイルが設定できるようになると、ブログに**YouTube**動画を貼りつけたときに表示されるサムネイルに動画のタイトルや伝えたいことをわかりやすく表示させることができ、視聴数が大きく変わってきます。

4 チャンネルをカスタマイズしよう

「YouTubeチャンネルは、カスタマイズの設定をしないとアップロードした動画が順番に表示されているだけのわかりにくい表示に」なってしまいます。

YouTubeもカスタマイズを推奨しているので、しっかりカスタマイズ設定をするようにしましょう。

● チャンネルカスタマイズ設定

STEP 1 パソコンで YouTube アカウントにログインして、画面右上のアカウントアイコンをクリックし、「マイチャンネル」をクリックする

※スマートフォンやタブレットの場合も「ブラウザで表示」にすることで対応できるが、パソコンからのログインがお勧め。

※YouTubeではアクセスタイミングにより、新旧いずれかの画面でYouTubeチャンネルが表示される。新画面が表示された場合、チャンネルカスタマイズができないので、旧画面に戻すためにチャンネルバナーの下にある「チャンネルをカスタマイズ」ボタンをクリックする。

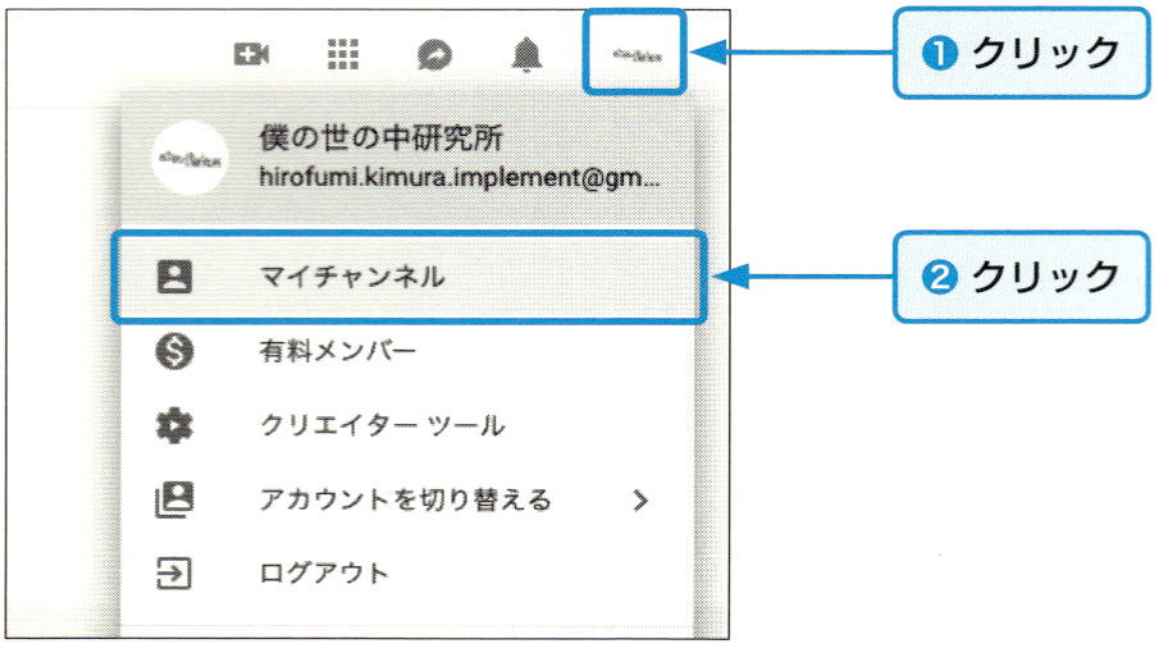

STEP 2 チャンネルバナーの下にある設定アイコン をクリックする

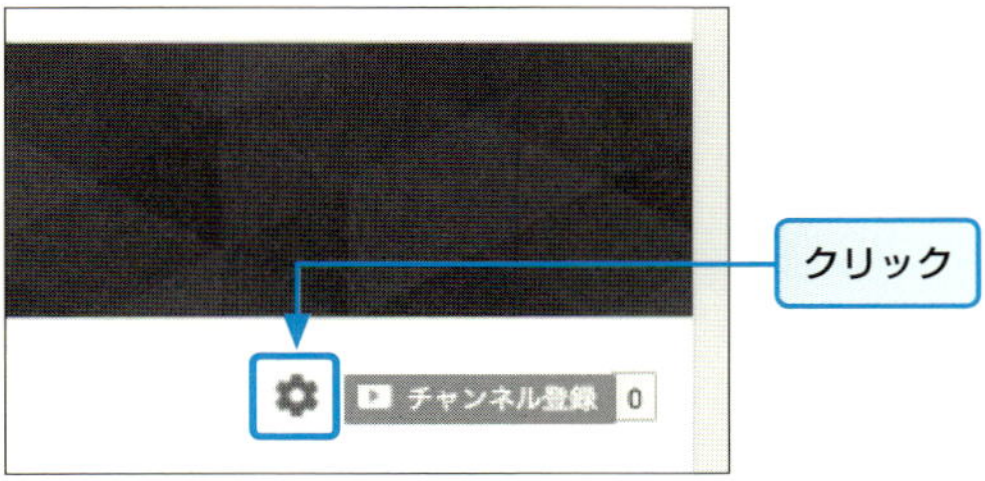
クリック
チャンネル登録
0

STEP 3 「チャンネルのレイアウトをカスタマイズ」をオンにし、「保存」をクリックする

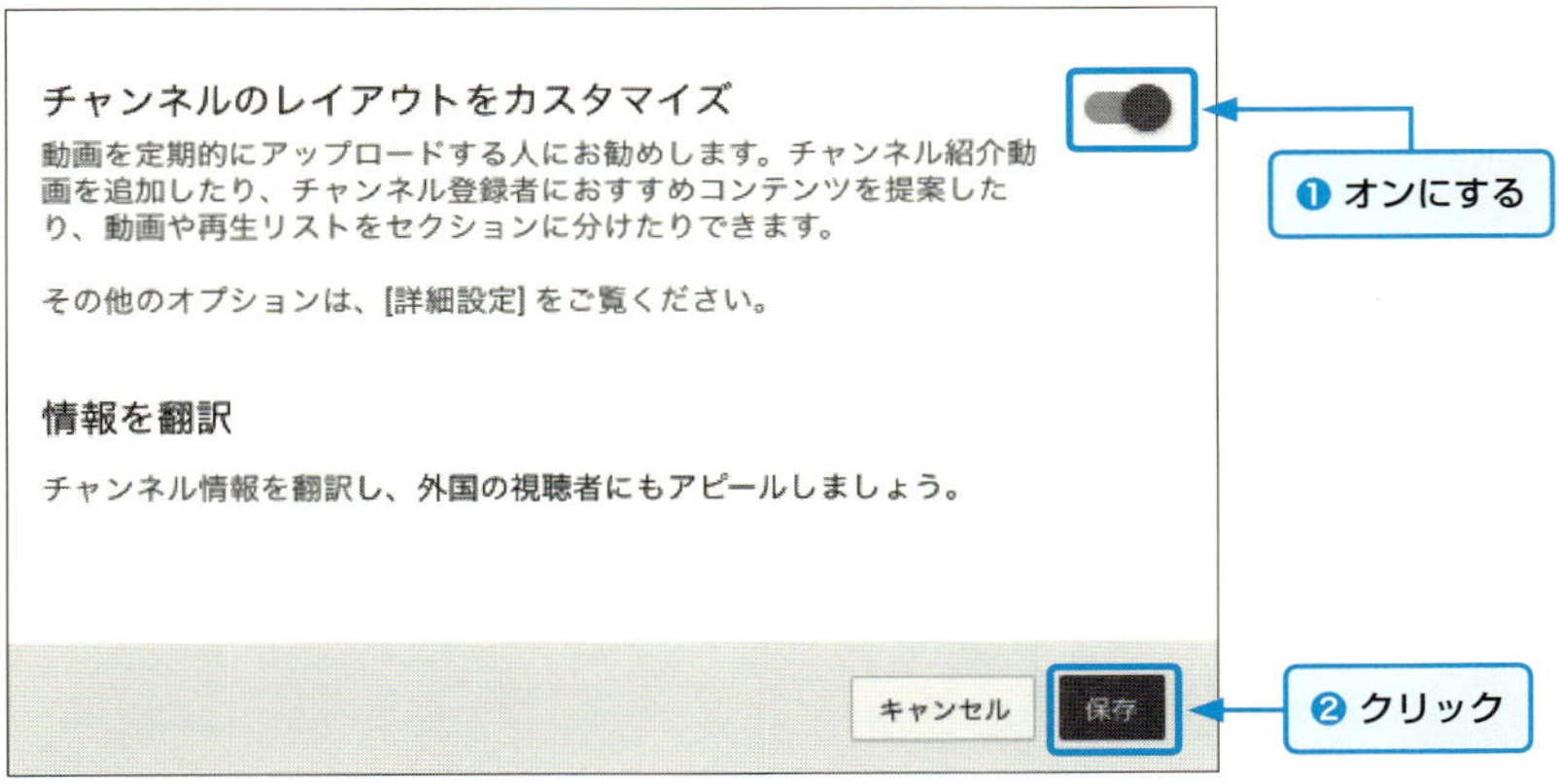
チャンネルのレイアウトをカスタマイズ
動画を定期的にアップロードする人にお勧めします。チャンネル紹介動画を追加したり、チャンネル登録者におすすめコンテンツを提案したり、動画や再生リストをセクションに分けたりできます。
その他のオプションは、[詳細設定] をご覧ください。
情報を翻訳
チャンネル情報を翻訳し、外国の視聴者にもアピールしましょう。
キャンセル
保存
❶ オンにする
❷ クリック

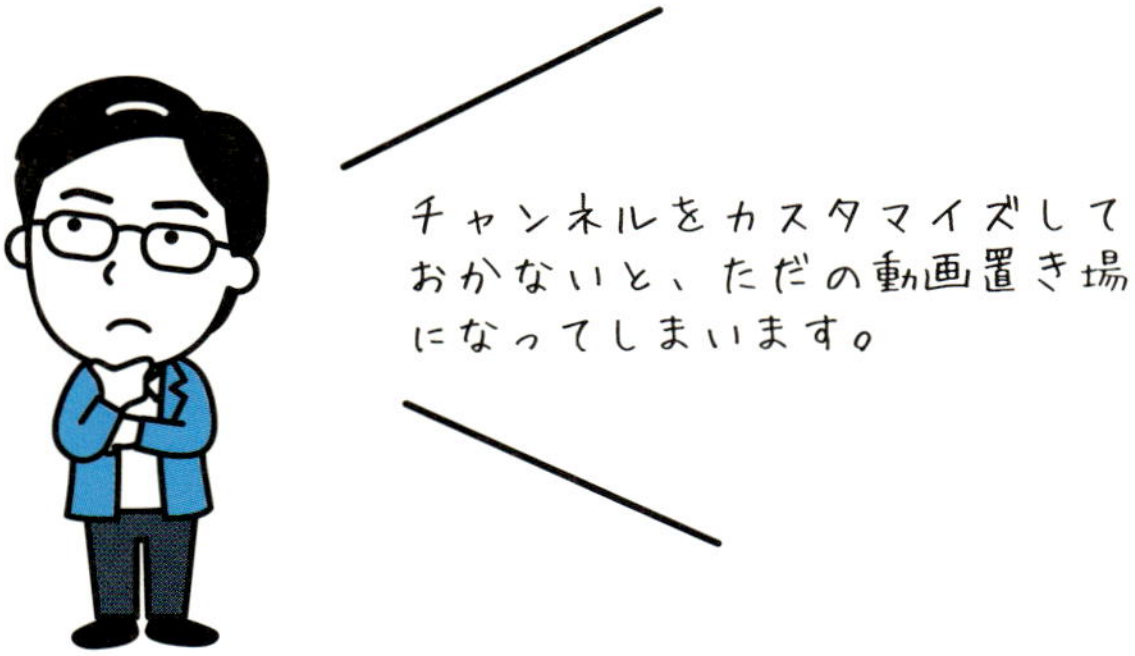
チャンネルをカスタマイズしておかないと、ただの動画置き場になってしまいます。

5 「再生リスト機能」で動画をわかりやすく配置しよう

見やすいYouTubeチャンネルにしておくと、見たい動画を探しやすかったり、ひとつの動画を見てもらったあとにほかの動画にも気づいて見てもらえたりと、いいことがたくさんあります。

この設定をするために知っておきたいのが**「再生リスト機能」**です。再生リストは自分の見たい、もしくは見てもらいたい順番に動画を並べた束のようなしくみですが、YouTubeチャンネルをカスタマイズするにあたり「セクションの追加」で再生リストを追加することで、YouTubeチャンネルのコンテンツをわかりやすく表示することができるようになります。

「再生リストは、〝自分のお気に入りの動画を集めたリスト〟なので、自分の動画はもちろんYouTube上にある他人の動画も再生リストに組み込むことができます」。「私のセレクション動物動画集」や「食べ歩きYouTuberが選ぶレシピ動画集」など、他人の動画だけで再生リストをつくったり、自分の動画と他人の動画を混ぜあわせた再生リストをつくることもできます。

また**「複数の再生リストに同じ動画を組み込むこともできるので、YouTubeチャンネルの構成をするにあたって細かい設定が可能」**になります。

● 他人の動画を使った再生リスト例

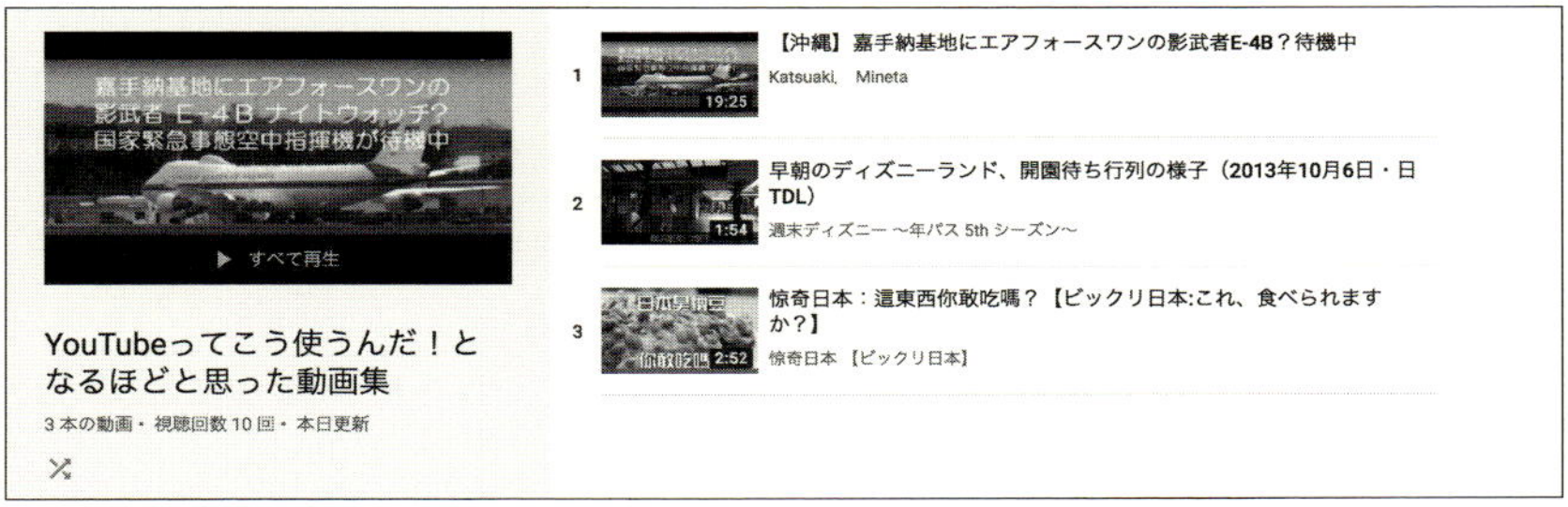

● 再生リストのつくり方

STEP 1 YouTube サイト右上にあるアカウントアイコンをクリックし、「マイチャンネル」をクリックする

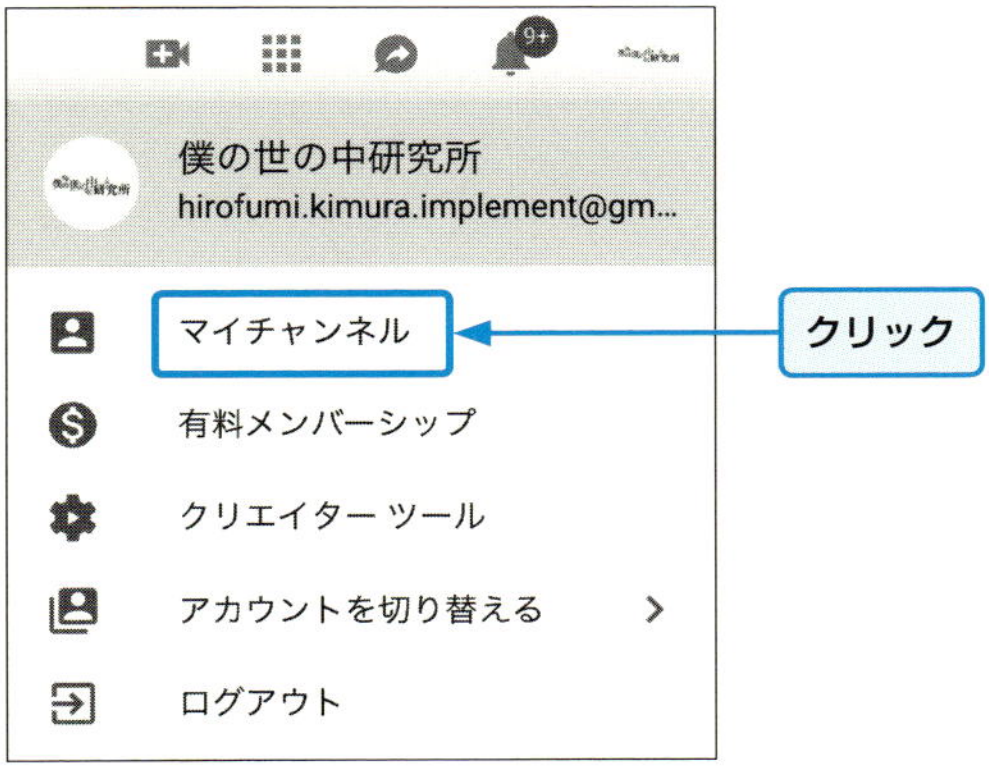

STEP 2 YouTube チャンネルのホーム画面で、「再生リスト」のタブをクリックする

STEP 3 「再生リスト」ページにある「新しいプレイリスト」をクリックする。「再生リストのタイトル」がポップアップするので、タイトルを入力して「作成」をクリックする

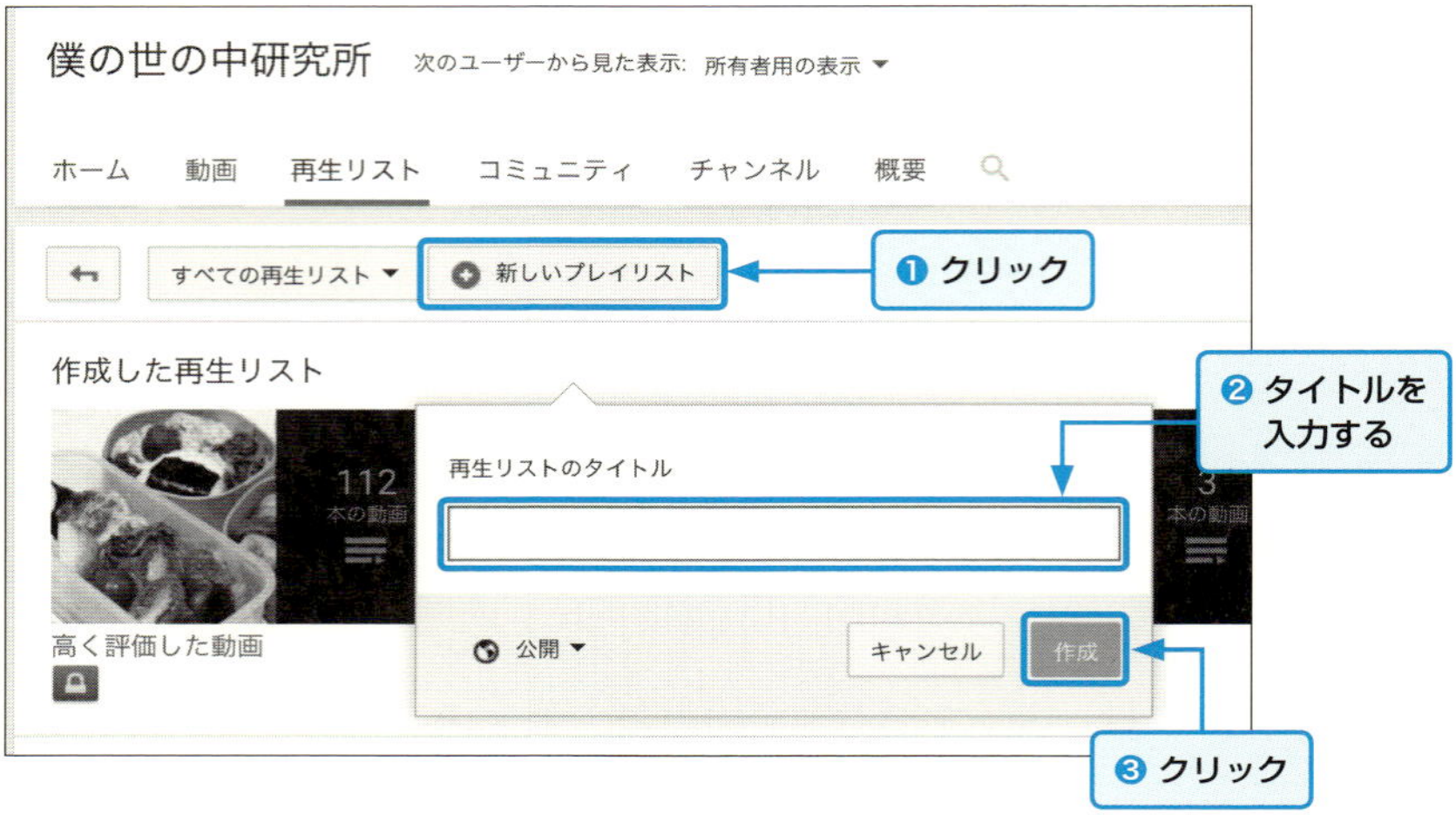

STEP 4 作成した再生リストの管理画面で、「動画を追加」をクリックする

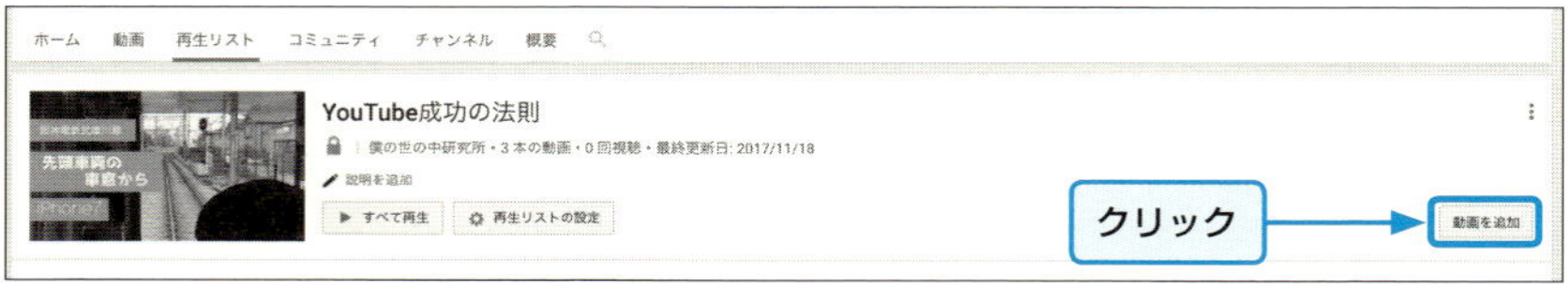

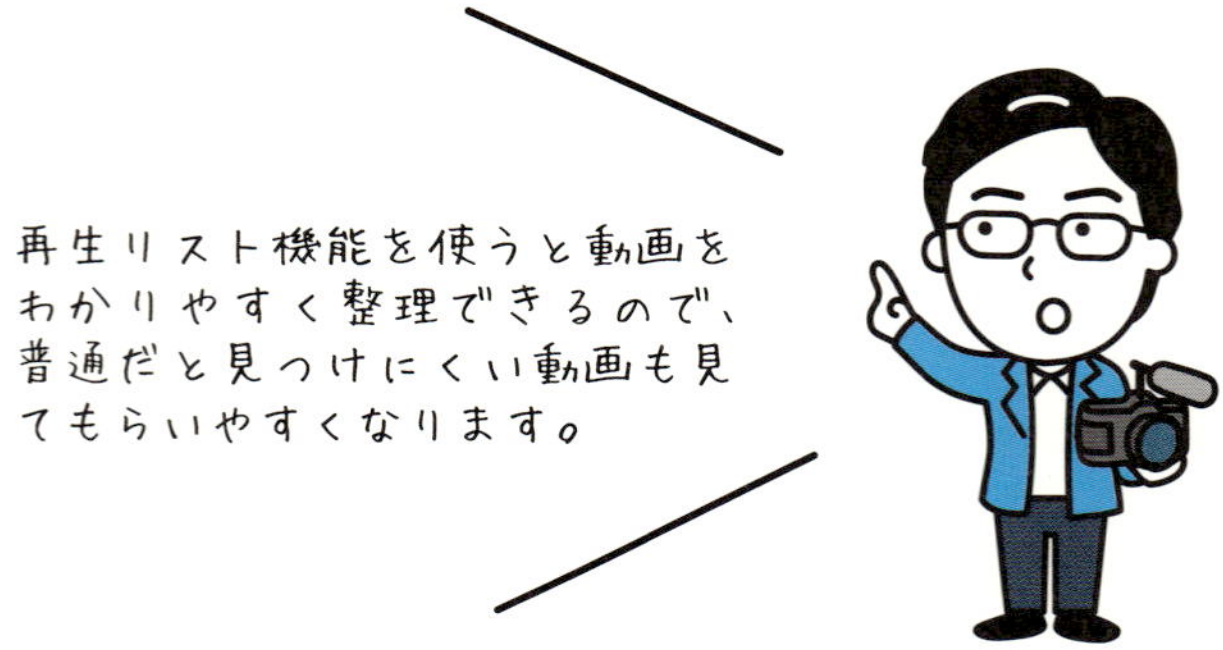

STEP 5　「再生リストへの動画の追加」画面が開いたら、再生リストで再生する動画が選択できるようになるので、「動画検索」「URL」「あなたのYouTube動画」から動画を探して選択し、「動画を追加」をクリック

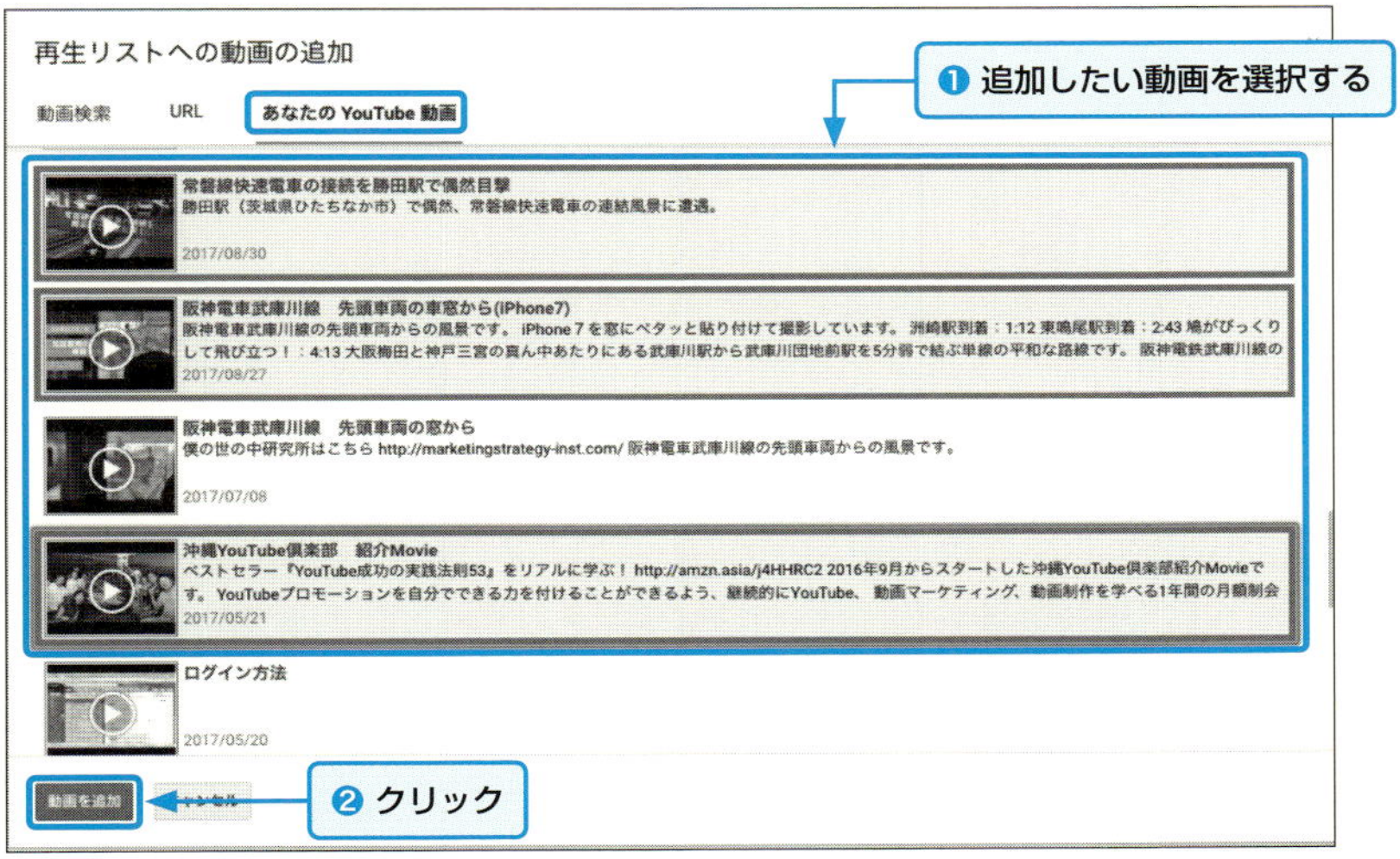
再生リストへの動画の追加
動画検索
URL
あなたの YouTube 動画
❶ 追加したい動画を選択する
常磐線快速電車の接続を勝田駅で偶然目撃
勝田駅（茨城県ひたちなか市）で偶然、常磐線快速電車の連結風景に遭遇。
2017/08/30
阪神電車武庫川線　先頭車両の車窓から(iPhone7)
阪神電車武庫川線の先頭車両からの風景です。 iPhone 7 を窓にペタッと貼り付けて撮影しています。 洲崎駅到着：1:12 東鳴尾駅到着：2:43 鳩がびっくりして飛び立つ！：4:13 大阪梅田と神戸三宮の真ん中あたりにある武庫川駅から武庫川団地前駅を5分弱で結ぶ単線の平和な路線です。 阪神電鉄武庫川線の
2017/08/27
阪神電車武庫川線　先頭車両の窓から
僕の世の中研究所はこちら http://marketingstrategy-inst.com/ 阪神電車武庫川線の先頭車両からの風景です。
2017/07/08
沖縄YouTube倶楽部　紹介Movie
ベストセラー『YouTube成功の実践法則53』をリアルに学ぶ！ http://amzn.asia/j4HHRC2 2016年9月からスタートした沖縄YouTube倶楽部紹介Movieです。 YouTubeプロモーションを自分でできる力を付けることができるよう、継続的にYouTube、動画マーケティング、動画制作を学べる1年間の月額制会
2017/05/21
ログイン方法
2017/05/20
❷ クリック

STEP 6　同様の作業を繰り返して再生リスト内の動画を増やしていく

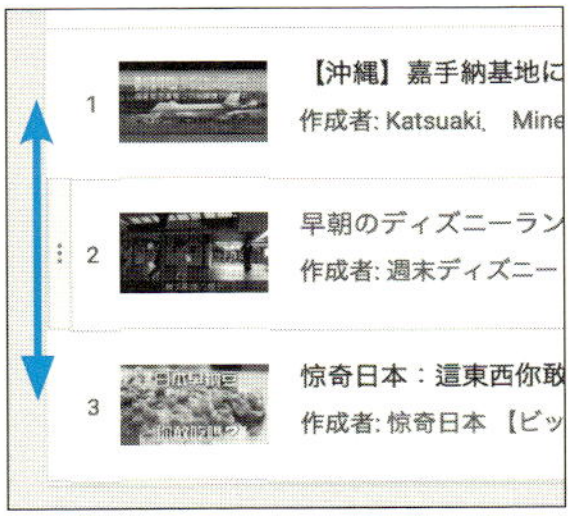
1
【沖縄】嘉手納基地に
作成者: Katsuaki、Mine
2
早朝のディズニーラン
作成者: 週末ディズニー
3
惊奇日本：這東西你敢
作成者: 惊奇日本 【ビッ

※動画の左側にある番号のところにカーソルを持っていき、クリックしたまま上下に動かすと再生順を入れ替えることができる。

STEP 7　「説明を追加」をクリックして、再生リストの説明を入力して完了

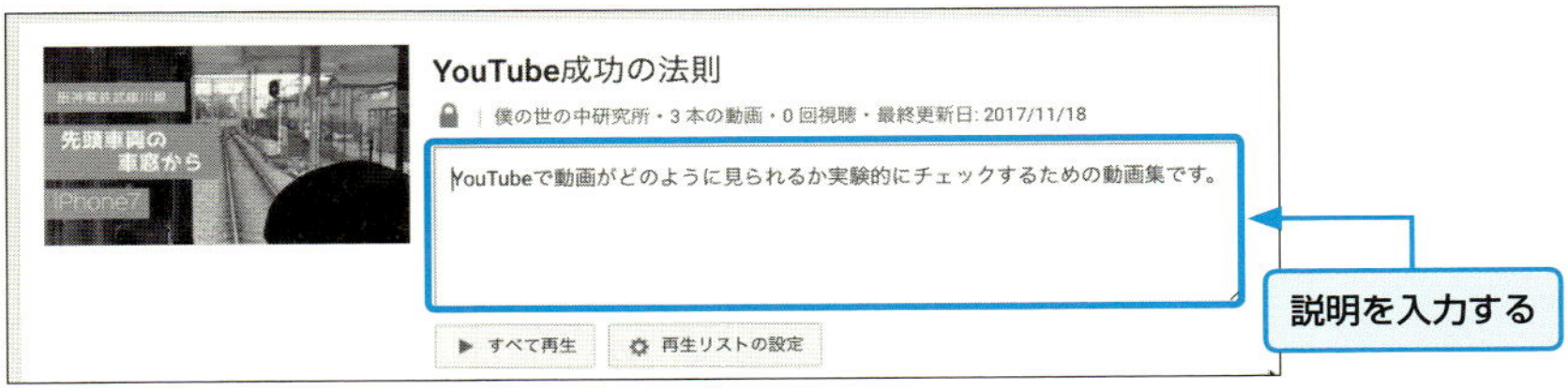
YouTube成功の法則
僕の世の中研究所・3 本の動画・0 回視聴・最終更新日: 2017/11/18
YouTubeで動画がどのように見られるか実験的にチェックするための動画集です。
すべて再生
再生リストの設定
説明を入力する

再生リストは見せたい動画を順番に並べるのがもともとの目的ですが、もう一歩先にいくと、再生リストを**YouTube**チャンネルの「セクション」として使用できます。

「セクションに再生リストを使うことで、小見出しをつけて動画を表示できる」など、より見やすくわかりやすい**YouTube**チャンネルにすることができます。

● 再生リストを YouTube チャンネルに設定する

※ 再生リストをセクションとして使用するには、YouTubeチャンネルがカスタマイズできるように設定されていることが必要。

STEP 1 「セクションの追加」をクリックするとコンテンツを選べるようになる。ここで「コンテンツ」をクリックし「1 つの再生リスト」を選択する

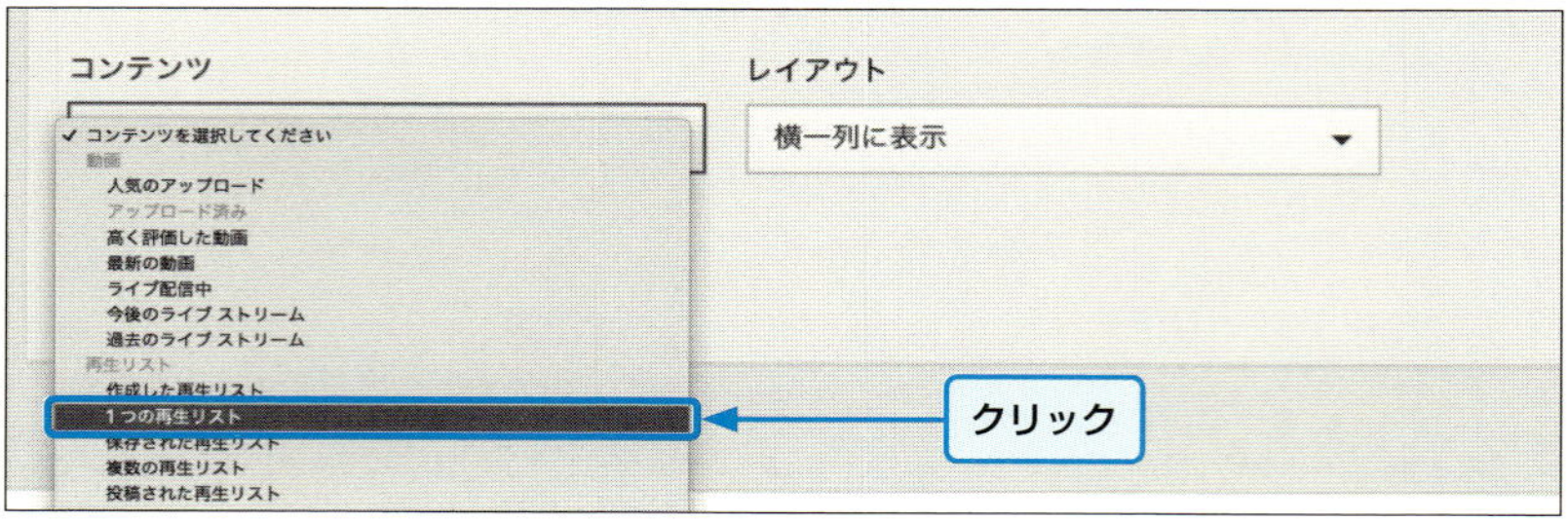

STEP 2 「再生リストを選択」で「再生リスト」を選択し、右側の「再生リストを検索」をクリックすると、作成した再生リストが表示されるので、追加したい再生リストを選択して「完了」をクリックする

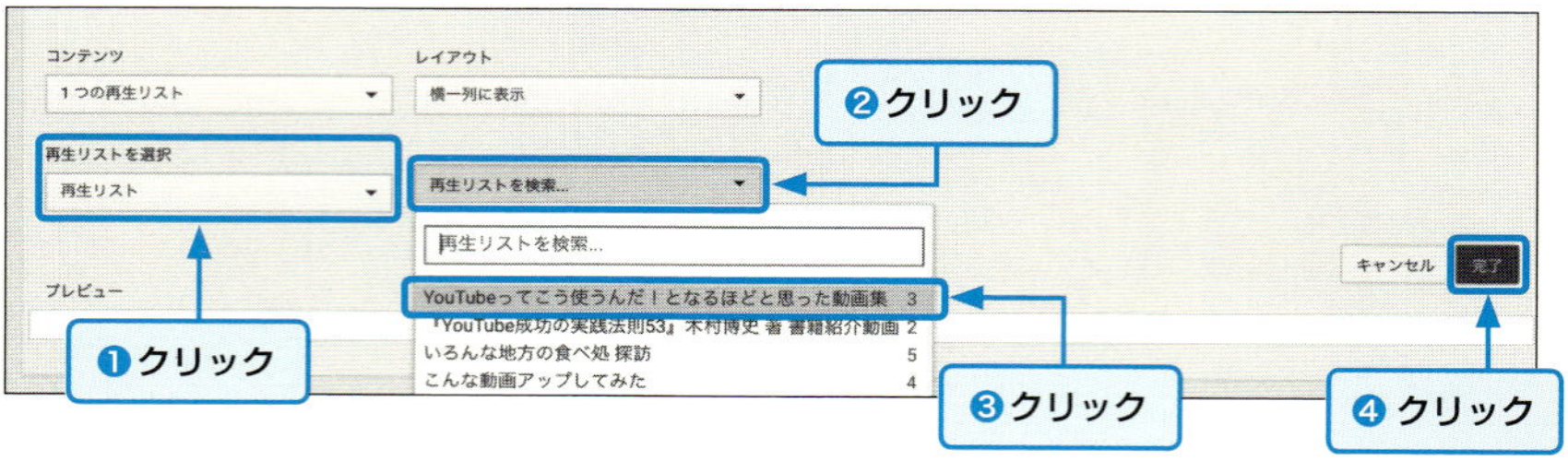

STEP 3 追加された再生リストはYouTubeチャンネルの最下部に表示される。チャンネル上部などに表示位置を変更したい場合は、再生リストを選択して、右上部に表示される設定ボタンで再生リストを上下させて設定する

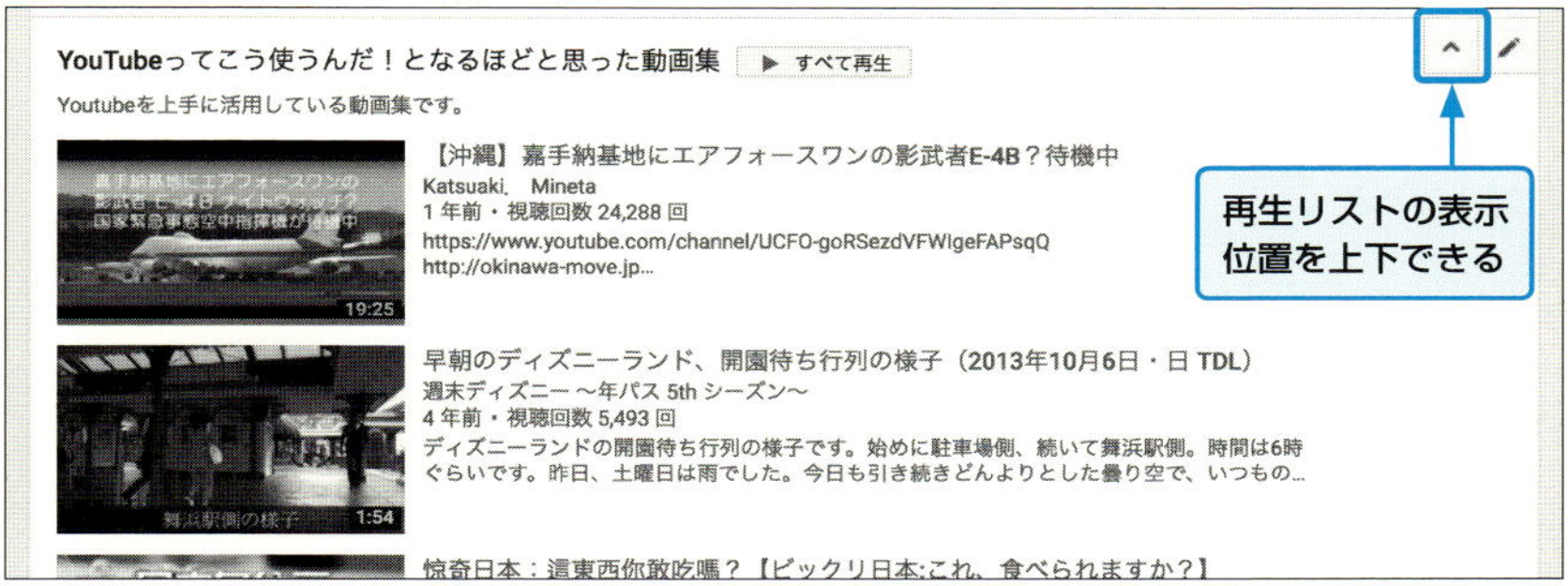

※ セクションに追加された再生リストは「レイアウト」で「横に表示」と「縦に表示」を選べるので、デザインにアクセントをつけることができる

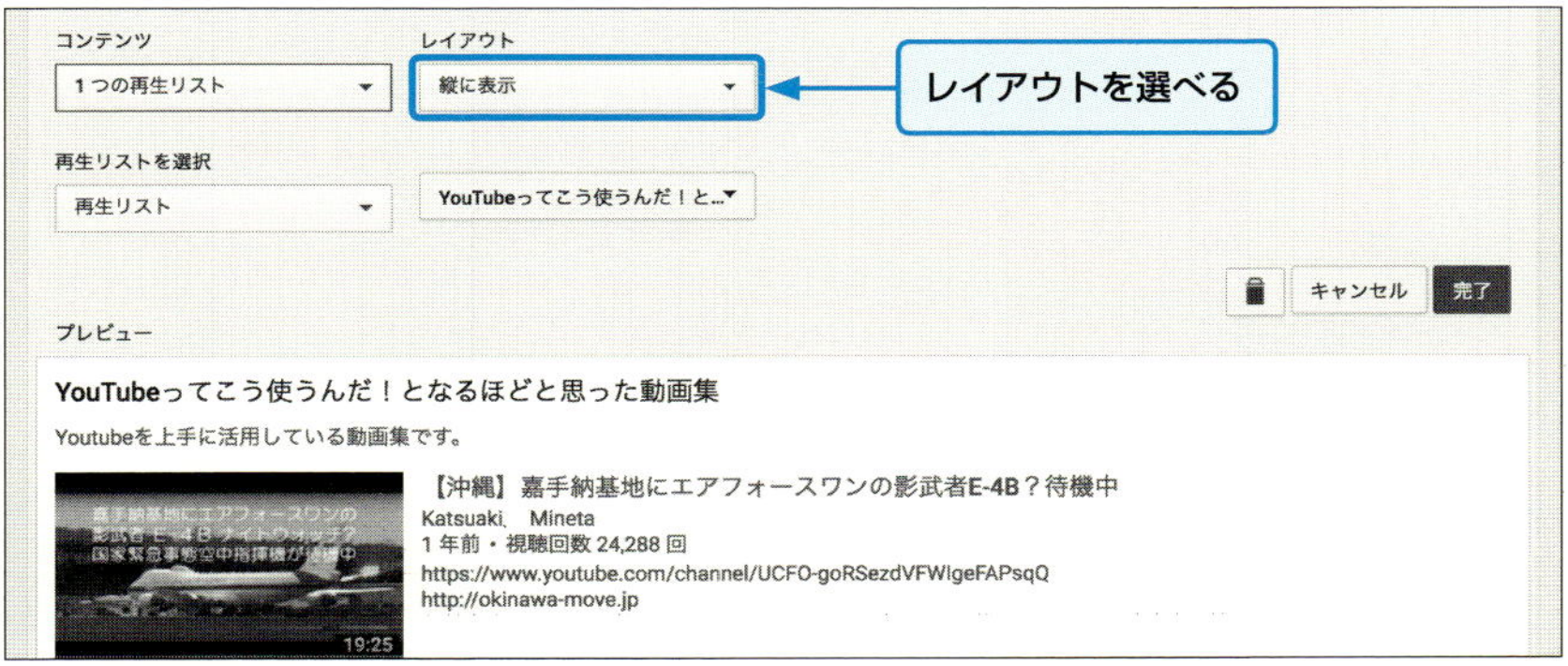

6 チャンネル登録を促そう

ブログを読者登録してもらうのと同様、**YouTube**でも固定視聴者がつくと、より情報が伝わるようになります。そのために**YouTube**では動画ではなく**YouTube**チャンネルを大切にしています。

「**大切にすることで、〝YouTubeで動画を見たあとの次のアクションへの導線〟ができあがります**」。つまり動画からブログに誘導し、紹介した商品やサービスを購入してもらうようにすることができます。

この回流の中心の役割が**YouTube**チャンネルです。だからこそ**YouTube**チャンネルは、動画より大切なわけです。

● **YouTube チャンネル回流図**

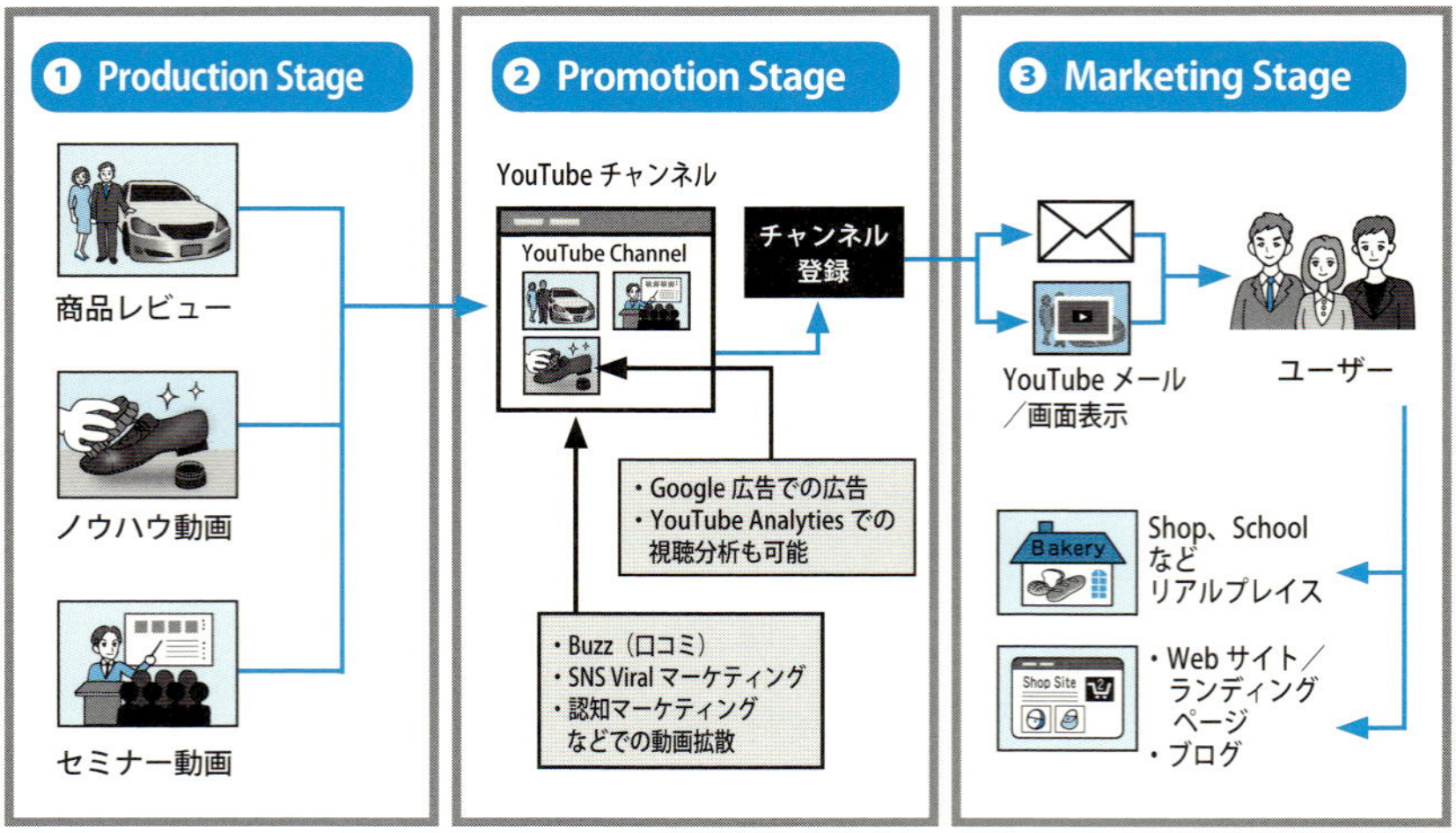

※ YouTubeチャンネルが回流の中心にあることがわかる。

チャンネル登録をしてもらう理由

❶動画をアップすると、「YouTubeチャンネル」に動画がまとめられます。
❷視聴者は、動画やチャンネルを気に入ったり、あとで見たいと思うと、探しやすいように「チャンネル登録」をしてくれます。
❸チャンネル登録すると、YouTubeからEメール、スマートフォンなら、ポップアップメッセージで動画がアップされたことが視聴者に通知されます。
❹視聴者はYouTubeからの通知を見て、タイムリーに動画を視聴します。
❺自分の動画を繰り返し見てもらうことで、商品やサービスを知ってもらい購入してもらいやすくなります。

YouTubeチャンネルが中心にあることがわかれば、そこを中心に回流ができます。これが「チャンネル登録をしてもらう」理由です。**YouTube**チャンネルに登録してもらことは、**YouTube**運営で最も大切にしなくてはいけないことであり目標にしなくてはいけないことだからこそ、多くの**YouTuber**が動画の中で「チャンネル登録してね！」と視聴者にお願いするわけです。

チャンネル登録してもらっておくと、通販番組のような企画を**YouTube Live**でやろうとするときに、ライブのスタートにあわせてタイムリーに、**YouTube**がメールやポップアップで通知をしてくれます。この**「視聴者に何度もアプローチをかけることこそ、消費やサービスを知ってもらう原動力となり、アフィリエイトの結果につながっていく力になる」**のです。

7 記憶のSEOもがんばろう

本書では、ブログ、**YouTube**などのコンテンツが上位検索されるSEOについて、いろいろとお話ししていますが、このSEOとは別にとても大切にしなくてはいけないSEOがあります。

それは〝記憶〟のSEOです。私たちが何かほしいと思ったり何か解決策を調べなきゃと思ったときに、いきなりWebで検索するのではなく、まず、パッと頭で考えを巡らせないでしょうか。たとえば「美味しいラーメンを食べたいのだったら近所のあそこが1番だよな」といった感じです。頭の中の検索にヒットすれば、そもそもWebのSEOはいりません。

もう少しアバウトになると、「そういえば前にブログで読んだな〜」とか「**YouTube**で見たな〜」というように、読んだり見たりした記事や動画がヒットするように、検索ワードをあわせてくれます。これだけでもものすごいアドバンテージですね。ブログでお気に入り登録読者を増やしたり、**YouTube**でチャンネル登録者を増やすことは、何かあったときに自分に優先的にアプローチしてくれるとても素敵な人たちをつくることです。

つながりを深めてWeb上でも信頼関係をつくっていくことは、コンテンツを発信していくための手段をブラッシュアップする意味からもコツコツと継続的に取り組んでいきたいことです。

4時限目

ブログ実習室

記事を書いて人気ブログをつくろう

なんといっても、ブログがベースです。そのためには読者のためになる情報しっかり発信し続けることが大事です。

01 ネタ切れしないための準備をしよう

1 情報収集は日常生活の中でできる

毎日毎日、ひたすら文章を書いていたら、どんな人でも記事のネタは尽きてしまいます。私の経験では、30〜50記事ぐらいで書くことがなくなってしまうのが一般的です。

この本を読んでいるあなたは、今まで毎日のように文章を書いていたわけではないと思うので、特に恥ずかしいことではありません。しかしながら、半年、1年と、ブログ運営を続けないと大きな結果にはつながりません。

だからこそネタが尽きたときでも、新たなネタを生み出せる考え方、手法を学んでおく必要があります。

手法といっても考え方はいたってシンプルです。

アウトプットすることがなくなったら、新しくインプットすればいいだけ

本を読む、旅行に行く、勉強会で知識を得るなど、何でもかまいません。話題のレストランにランチを食べに行くことだって立派なインプットです。

「情報収集＋リサーチをして、その得た経験や知識をまた文章に変えていけばいい」のです。

2 リサーチしよう

リサーチ（**Research**）とはそのまま日本語として使われることが多いですが、「研究」「探究」「追究」という意味があります。ブログという観点で考えると、「**読者（あるいは読者になるかもしれない人）がどのような情報を求めているのかを調査する行為**」を指します。

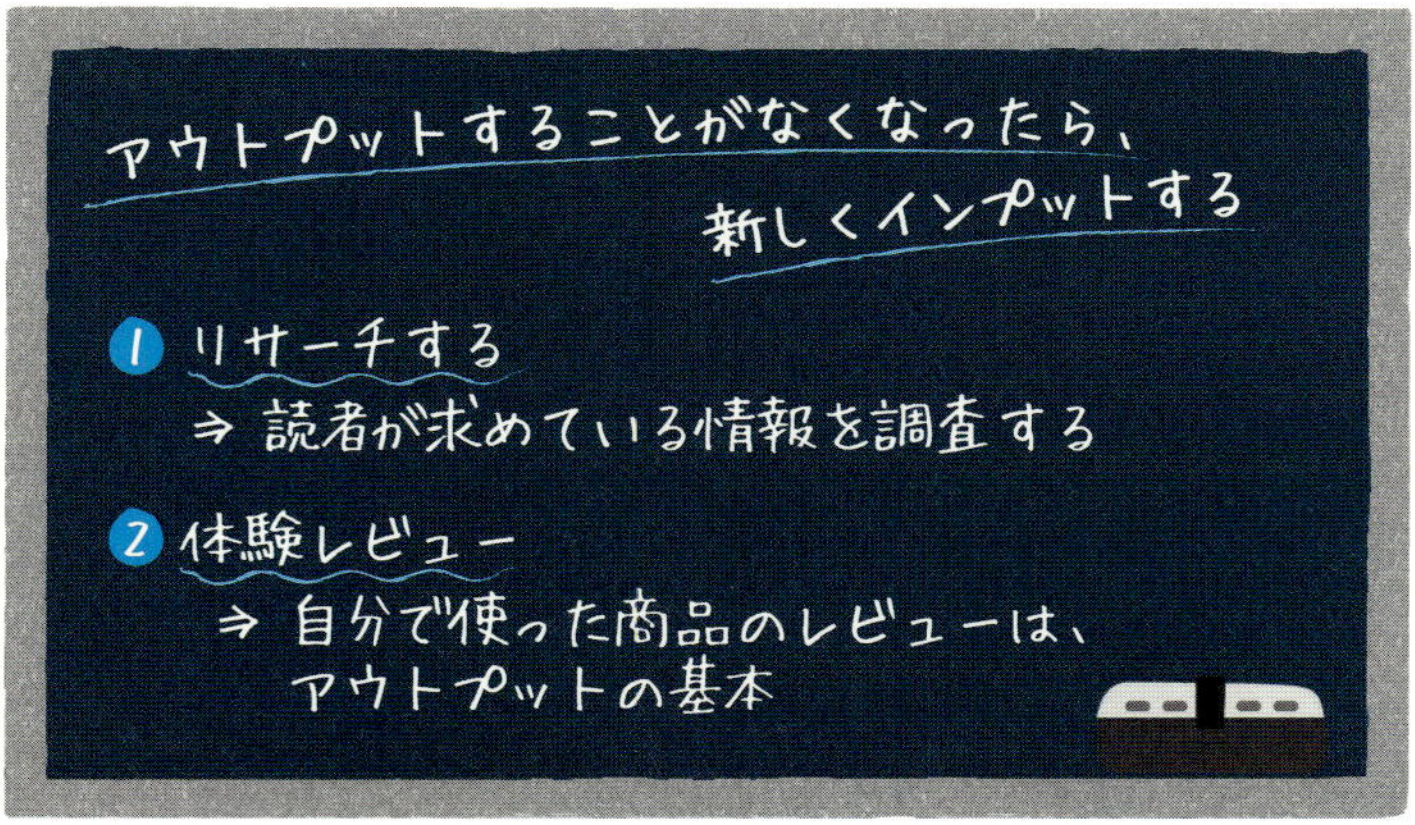
アウトプットすることがなくなったら、
新しくインプットする
1 リサーチする
⇒ 読者が求めている情報を調査する
2 体験レビュー
⇒ 自分で使った商品のレビューは、
アウトプットの基本

❶ まずはインターネット上で、情報を検索してみよう

とはいっても、ネタ切れした状態だったら何を検索したらいいのか思いつかないのが普通です。そんなときは「**Yahoo!** 知恵袋」を眺めてみましょう。

> ● **Yahoo! 知恵袋 - みんなの知恵共有サービス**
> **(https://chiebukuro.yahoo.co.jp/)**

Yahoo! 知恵袋には、「カテゴリ別で」みんなの悩みが詰まっています。興味のあるカテゴリを中心に、さまざまな相談内容を読んでみましょう。みんなの生の悩みと解決法が提示されているので、非常に参考になります。

❷ 街中へ出て自分の足で情報を探してみよう

知恵袋を紹介しておいていうのもなんですが、世の中のすべての人がインターネットで悩みを解決しているわけではありませんし、明確な検索キーワードが頭の中に浮かぶ人ばかりでもありません。「**一般の人がどんな情報を求めているのか、そしてどのように情報を得ようとしているのかは、インターネットの世界の中だけにいても気づくことはできません**」。そんなときこそ外に出て、自分の足を使って探求しましょう。数多くのヒントが、街中にあふれています。

まず電車の中吊り広告を見てみましょう。「**どのような表現が人の興味を引くのか。記事タイトルのつけ方の参考になります**」。

次に、ターミナル駅で降りて大型書店に行ってみましょう。「**最近、どのようなジャンルの雑誌が多く並んでいるのか、雑誌の中でよく使われている共通のフレーズは何か、どの雑誌がよく売れているのか、見ているだけでトレンドを把握**」することができます。

少しハードルが上がりますが、たとえば、東京の有楽町駅のそばにある有楽町阪急と有楽町ルミネに行ってみたとします。２店を比較してみると、客層の違い、店構えの違い、店員の服装、年齢層、商品価格と接客方法の関連性、お客が商品を買う気持ちになったときのトーク内容など、大きな違いに気づくはずです。

世間一般に公開されている情報を注意深く探ったり、街中を歩く人々の動きを観察したりすることで、さまざまな情報を得ることができます。調べてみるとわかりますが、インターネットで流れている情報と実社会で流れている情報には

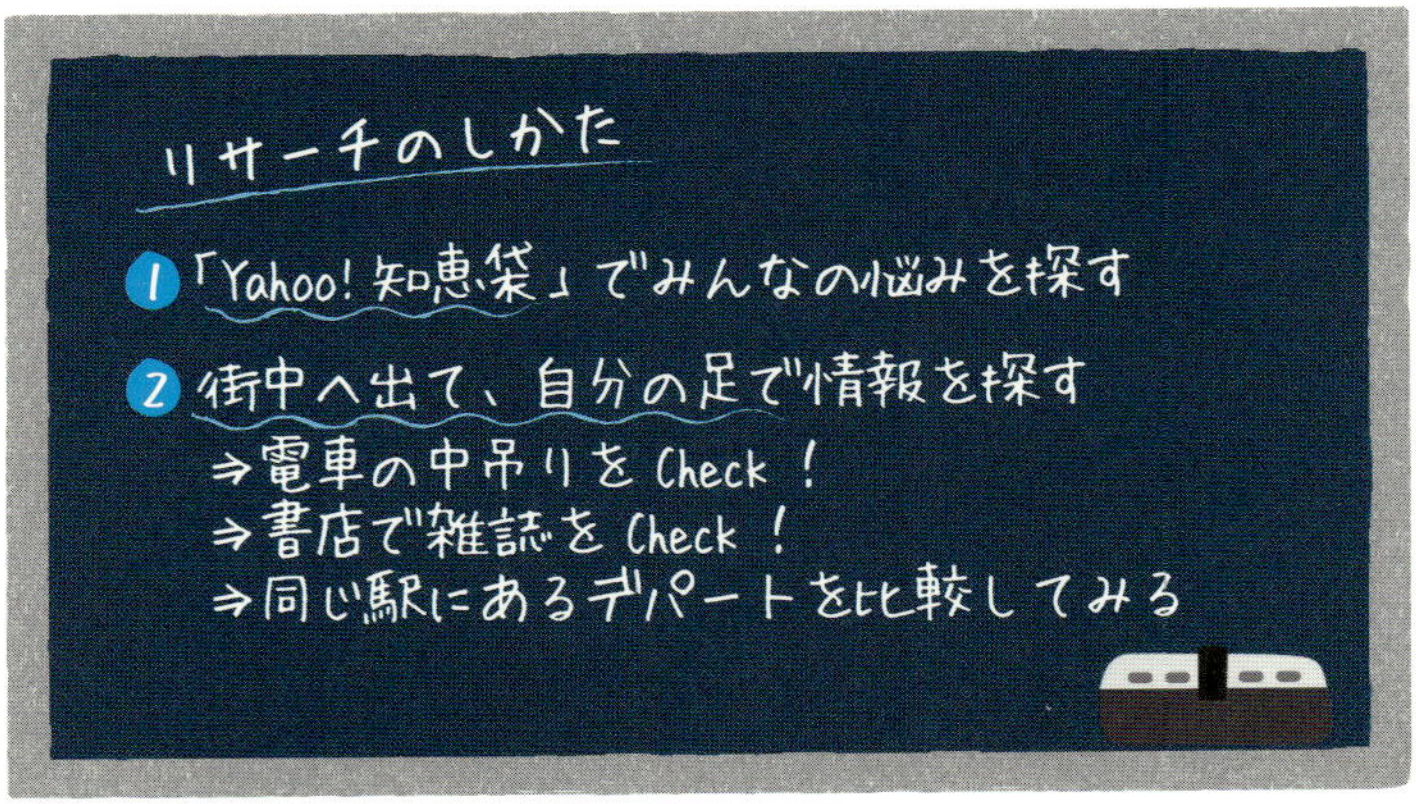
リサーチのしかた
1 「Yahoo! 知恵袋」でみんなの悩みを探す
2 街中へ出て、自分の足で情報を探す
⇒電車の中吊りをCheck！
⇒書店で雑誌をCheck！
⇒同じ駅にあるデパートを比較してみる

微妙にズレがあります。この**「違い＝足りない情報」**である可能性が高いので、このような点を見つけられたら、あなたにしか書けない特徴のある記事を書けるようになります。

3 体験レビューを取り入れよう

「自分で使った製品の紹介（商品レビュー）はアウトプットの基本」になります。読者が求めている情報を理解し、商品を買いたくなるような記事を書くトレーニングをしましょう。

❶ あなたの正直な感想が商品レビューのコツ

商品レビューをする際に初心者がやりがちなのが、商品の公式サイトに載っているような情報ばかり書いてしまうことです。**「公式サイトで確認できる内容をあなたのブログに掲載しても、それは読者に価値を提供していません」**。**iPhone**のスペックを知りたければ、**Apple**やドコモの公式サイトで仕様表を見ればいいわけです。基礎化粧品の成分を知りたければ、資生堂のホームページで成分表を見ればいいのです。

読者は個人のブログに何を求めているのでしょうか。それは**「商品を実際に使ってみた〝あなたの感想〟」**です。買ってよかった、あると便利という気持ちを読者に共有してもらうことで、商品を購入する動機づけになります。実際に使用している状況をイメージさせてあげることも重要です。

さらにもうひとつ重要な点があります。それは「**公平さ**」です。すべてが素晴らしくて完璧だったという商品やサービスであれば、その素晴らしさを伝えるだけの内容でかまいません。しかしながら世の中は、完璧な商品・サービスばかりではありません。何かしら足りない点もあるものです。

たとえばモバイルバッテリーであれば、「大容量で**iPhone**を3回もフル充電できるが、バックに入れて持ち歩くには少し重い」という主観が重要です。「**中傷はいけませんが、事実をしっかり伝えることは大切**」です。長所と短所、両側の情報を正確に伝えることで、あなた（ブログ）に対しての信用度が増します。公式サイトでは自社の製品の短所を述べることはできません。

「**一ユーザーからの目線として、メリット・デメリットを比較したうえで、メリットが上回るからお勧めできるというあなたの主観が、読者にとって大切な情報となる**」のです。

❷ 旅行記・訪問記を書いてみよう

旅行記は独自性が出しやすい、そして読者がイメージしやすいジャンルのひとつです。せっかく観光旅行に行くのであれば、そ

使ってもいない商品やサービスを「儲かりそうだから」という不純な理由で紹介するのはやめましょう。

のレポートをブログに書いてアクセスにつなげましょう。
私は**「旅行に行ったり、飲みに行ったりした際、基本的に全部ブログに書こうと思いながら散策をしたり、食事をしたりしています」**。参考までに、私の旅レポと食レポのブログ記事を載せておくので、見てみてください。

- **4000円で時間無制限、旨い肉がほぼ食べ放題！　溜池山王「肉塊UNO」で肉の塊を喰らいに行こうぜ！**
(https://someyamasatoshi.jp/visiting/nikukai/)
- **宇都宮・大谷資料館の地下神殿と、大谷寺の石仏群は岩石マニアには堪らないから、石好きは本当に行った方がいい**
(https://someyamasatoshi.jp/visiting/oya_stone/)

「料理が美味しかった」「観光客が少なくて穴場スポットだった」と、人が感じることはそれぞれ違います。その場所に行った、そのサービスを受けたうえでの体験や感想を、あなたの言葉で表現すればいいのです。
「逆によくなかった商品やサービス、お店を無理に載せる必要は

レポートを書こうと思いながら
遊んだり食事をしたりするのと、
ただ遊びに行っているのでは、
得られる情報量が変わります。

ありません」。あなたが心から読者にお勧めできることをブログに載せましょう。

写真だけでなく動画も活用しよう

ジューシーなハンバーグの臨場感を静止画で伝えるのには限界があります。噴水ショーの迫力を伝えるには、10枚の写真よりも1分の動画のほうが効果的です。どのツールを使えば読者に1番伝わるのかを意識しながら、表現方法を選択しましょう。

なお、魅力的な動画の撮影方法については5時限目で解説しているので、90秒程度の動画をすばやく撮影しましょう。

写真や動画を撮ることに集中しすぎて、せっかくの料理が冷めてしまっては本末転倒です。

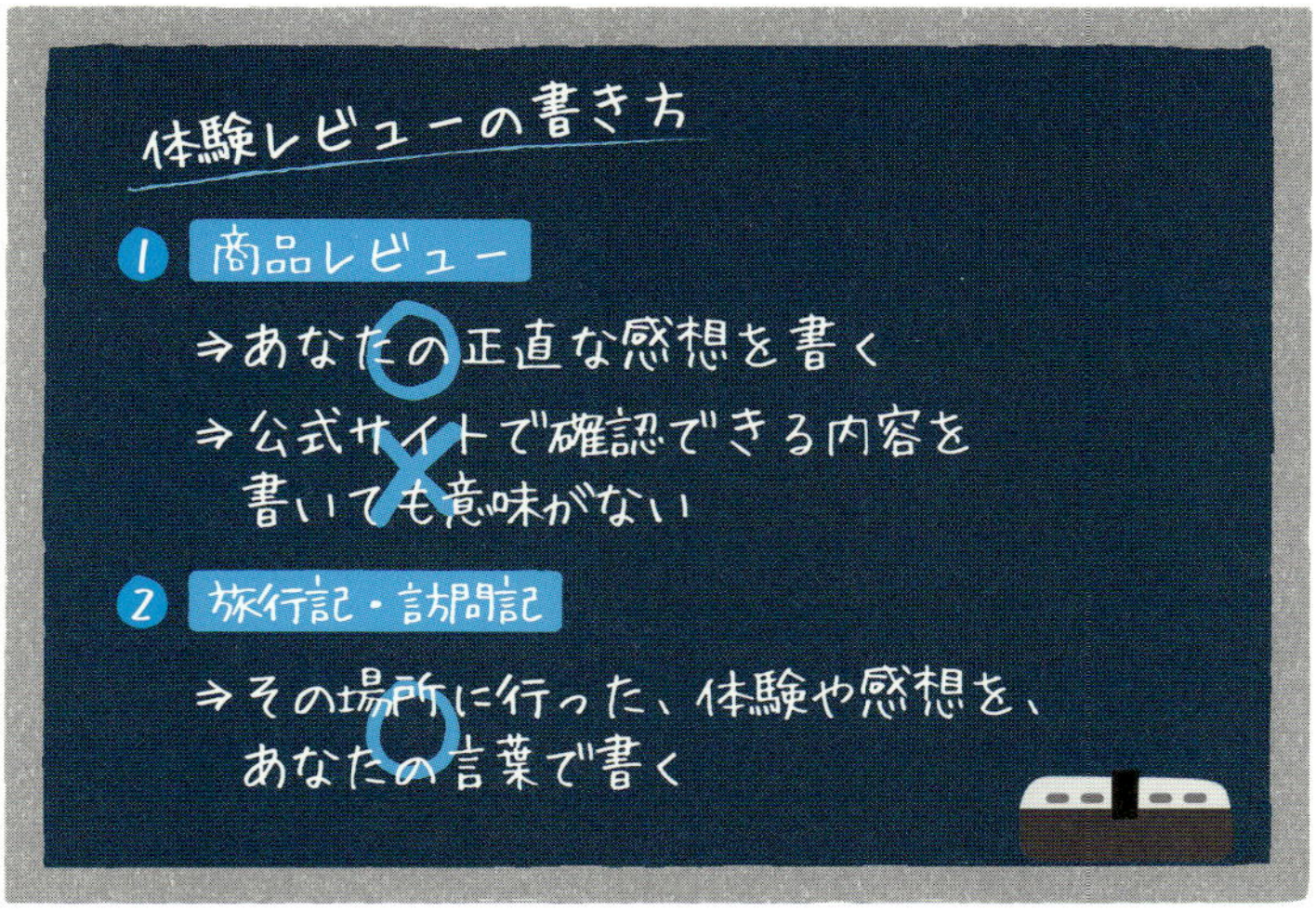
体験レビューの書き方
1 商品レビュー
⇒あなたの正直な感想を書く
⇒公式サイトで確認できる内容を書いても意味がない
2 旅行記・訪問記
⇒その場所に行った、体験や感想を、あなたの言葉で書く

02 基本的な文章の書き方を学ぼう

「**文章を書くことに慣れていない人は、どうやって文章の構成を組み立てていくのかを知らない場合が多い**」です。ここでは基本的な記事の構成方法から、読み手にやさしい文章を書くコツなどをお話ししていきます。

1 「○○とは」と説明する文章を心がけよう

みなさんも自分のわからないことを調べる際、「○○とは」というキーワードで検索したことはありませんか？　あなたの持っている情報を「○○とは」という形で解説することで、文章化しやすくなる場合が多いので、何を書いていいのか困ったときには積極的に活用しましょう。

明確に「○○とは」と表現してはいませんが、本書の項目も「○○とは」の考え方で構成されています。

たとえば2時限目で解説した「**Google AdSense**」や「アフィリエイト」の項目はまさに「○○

とは」の考え方で書いています。読み手にしっかり説明しようと意識するだけで、文章の丁寧さが変わってくるのでぜひ試してみてください。

2 5W3H1Rを意識して文章を書こう

中学校の英語の授業で、**5W1H**という言葉を習ったと思います。この**5W1H**に、さらに2つのHと1つのRを加えたのが、今回紹介する「**5W3H1R**」の考え方です。本書で推奨する**5W3H1R**とは、次のようなものです。

When	いつ、いつまでに（期限・期間・時期・日程・時間）
Where	どこで、どこへ、どこから（場所・アクセス方法）
Who	誰が、誰向けに（主体者・対象者・担当・役割）
What	何が、何を（目的・目標・要件）
Why	なぜ、どうして（理由・根拠・原因）
How	どのように（方法・手段・手順）
How many	どのくらい（数量・サイズ・容量）
How much	いくら（金額・費用・価格）
Result	結果はどうだったか（感想・分析）

人は感想やレビューに興味を持つとお話ししましたが、それはResultに該当します。

中学生のとき、英語の時間に習ったやつですね。特に難しく考える必要はなく、5W3H1Rをストレートに考えてみてください。

これを文章に置き換えると次のようになります。

5W3H1Rの型を具体的にすることで、記事の構成を決めることができます。

Who	**伝えたい人は、どんな人か？**
What	**何に利用できるのか？**
When	**いつ使えるのか？**
Where	**どこで使えるのか？**
Why	**なぜ必要なのか？**
How	**どのように利用するのか？**
How many	**どのくらいの重さ・量・大きさなのか？**
How much	**金額はいくらなのか？**
Result	**使った結果どうだったのか？**

この「**5W3H1R**」を意識しておくことで、情報が具体的に表現できるようになります。これなら、どの事例にでもなんとなくあてはめられそうですよね。

たとえば旅行記を書く際は、次のような文章が想定でき、具体化することができます。

Who	子ども連れで旅行を考えている人向けに
What	遊びに、観光に、帰省に
When	夏休み期間に、旅のスケジュールは
Where	沖縄に
Why	家族とのコミュニケーションを図るために、親に孫を会わせるために
How	羽田から那覇までANAで、沖縄でレンタカーを借りて、どんなプランで、子どもの飛行機対策は
How many	4人家族で／5泊7日で
How much	旅行代金は
Result	旅行してみてどうだったか?

ひとつの事象を9つに具体化することで、記事の本数を増やすことができるとともに、より丁寧な文章を読者に提供できます。

特に「**読者が知りたいのは結果（買ってみて、使ってみてどうだったか）なので、ほしくなる、行きたくなるような、ワクワクする記事を心がけましょう**」。

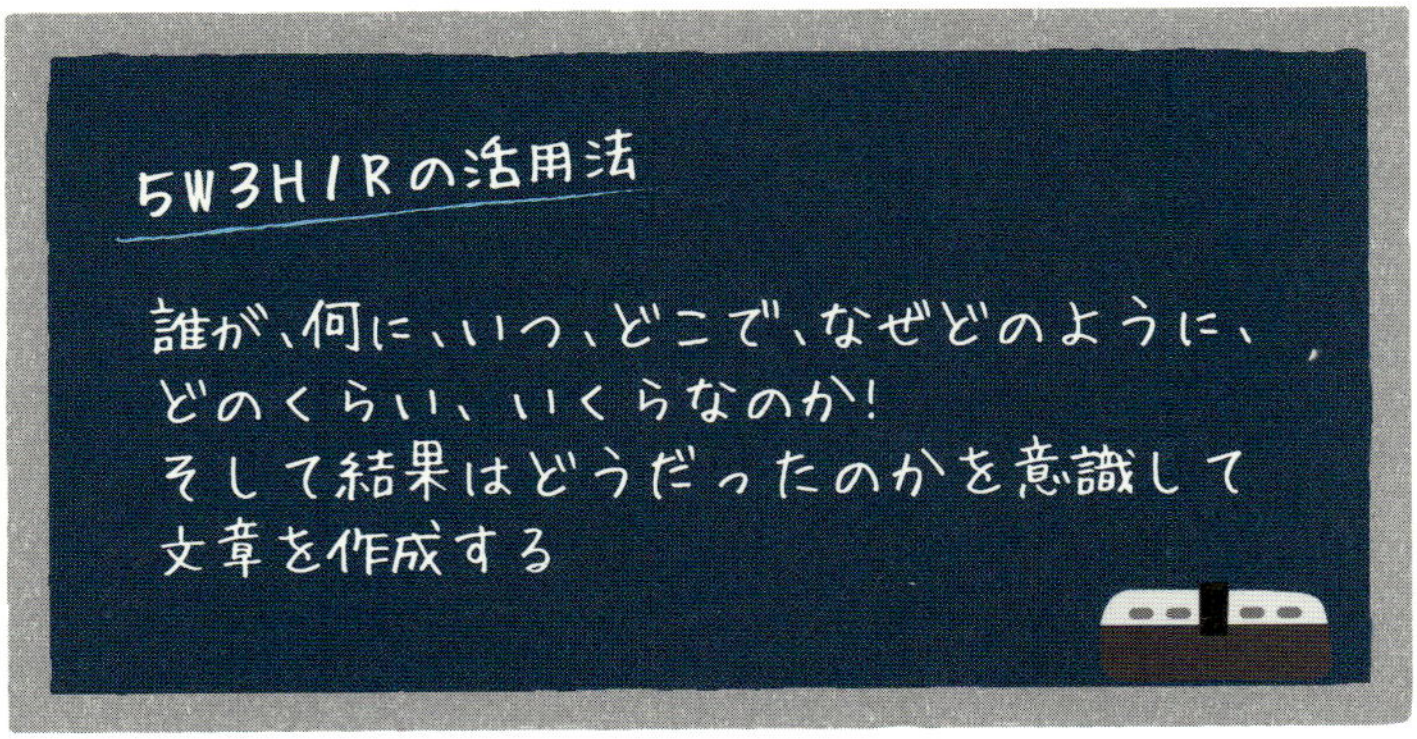
5W3H1Rの活用法
誰が、何に、いつ、どこで、なぜどのように、
どのくらい、いくらなのか!
そして結果はどうだったのかを意識して
文章を作成する

3 読者層にあった言葉を選ぼう

ブログを書き続けていると、ふと「こんなこと誰でも知っているよな」と思うことがあります。自分の書いている情報はすでに世の中に知られているのではないか。わざわざ自分が書く必要があるのかという疑問が湧いてくるのです。でもそれは誤解です。自分の持っている情報や経験（特にあなたが詳しい分野）は間違いなく役に立つ情報で、まだまだ世間に知られていない情報だと心に留めておきましょう。

常に「**自分の常識は他人の非常識である**」ということを頭の隅に置いて文章を書くようにしましょう。

さらに、あなたの記事を誰に読んでもらいたいのかという想定読者を頭の中にイメージしておくことで、文章の書き方や使う言葉が変わってきます。意外とこの「**〝誰に伝えるか〟という点を意識して書いているブログは多くありません**」。

たとえば「渋谷で美味しいラーメン店の場所を探している会社員」や「小学校と幼稚園の夏休み時期の旅行先を決めかねている4人家族」「使い勝手のいいベビーカーを探している母親」「資格を取得して就職活動のアピールポイントにしたいと考えている大学生」などなど、世の中にはいろいろな悩みを持っている人が存在します。このように「**具体的な読者像に向けて書こうと意識しておくことで、表現方法が変わってきます**」。

文章を書くのが得意な人は文字でメッセージを伝えればいいのですが、苦手な人は無理に文章にこだわる必要もありません。写真や動画を活用しましょう。「**自分のできることと読み手の立場を想像し、相手に自分の言いたいことを伝えるにはどのやり方が最適なのかを考えておくと、読者にやさしい情報発信媒体ができあがります**」。

なお、「**その分野に詳しい人が陥りやすい傾向として、専門用語や業界用語を多用してしまう**」という点があります。基本的に情報を求めてくる人は何も知らないと思ってください。

ブログの説明をするのに、インターネットで使われる用語ばかり使ってはダメです。プログラムの解説をするのに、テクニカル用語ばかり使っていては理解してもらえません。

特に専門的なブログの運営者に多いのですが、世間の人はあなたが思っているほど幅広い知識を持っているわけではありません。難しい単語、専門用語などはあらかじめウィキペディアや国語辞典、類語辞典で何か別の言葉で置き換えることができないか調べてみましょう。

専門用語・業界用語をそのまま載せず、誰にでも通用するような、普段使っているような言葉に置き換える気配りも重要です。目安としては「**小学校高学年の子どもが読んでも理解できる単語を使用するのが好ましい**」です。

公開する前に、身近な友人や家族に読んでもらい、理解できるかどうか確認するようにしましょう。

03 検索キーワードを意識しよう

1 検索エンジン最適化のテクニックを体に染み込ませる

あなたのブログ記事が**Google**や**Yahoo! Japan**などの検索エンジンに認識（インデックス）されることで、検索結果に表示されるようになります。

闇雲に記事を書くのではなく、検索エンジンに好まれる、理解されるように文章を構成することで、効率的にアクセスの向上を見込むことができます。特定のキーワードやフレーズの検索結果で上位に表示されればされるほど、検索エンジンからあなたのブログに訪れる人が増えるわけです。

この「**検索エンジンに好まれるための施策を、一般的に〝SEO（Search Engine Optimization）＝検索エンジン最適化〟と呼びます**」。

現在、**Yahoo! Japan**の検索システムは**Google**の検索システムを利用しているので、日本では

2つの検索エンジンをあわせたシェアは9割を超えています。ですから現状の検索エンジン最適化施策は、実質**Google**検索の最適化施策となります。

なぜ検索結果の上位表示をねらう必要があるかというと、検索結果の1位と10位とではクリック率が大きく違ってくるからです。

- **2017年Google検索順位別クリック率データ発表！SEOはキーワード選定がカギ！(https://seopack.jp/seoblog/google_ctr_2017/)**

ねらったキーワードで検索結果に上位表示させることによって、訪問者数は大きく変わってきます。ここではそのSEOの基礎についてお話しします。

❶ 読みたくなる記事タイトルを考えよう
❷ 検索エンジンに好まれるタイトルを知ろう
❸ 本文内に必要な言葉を入れよう

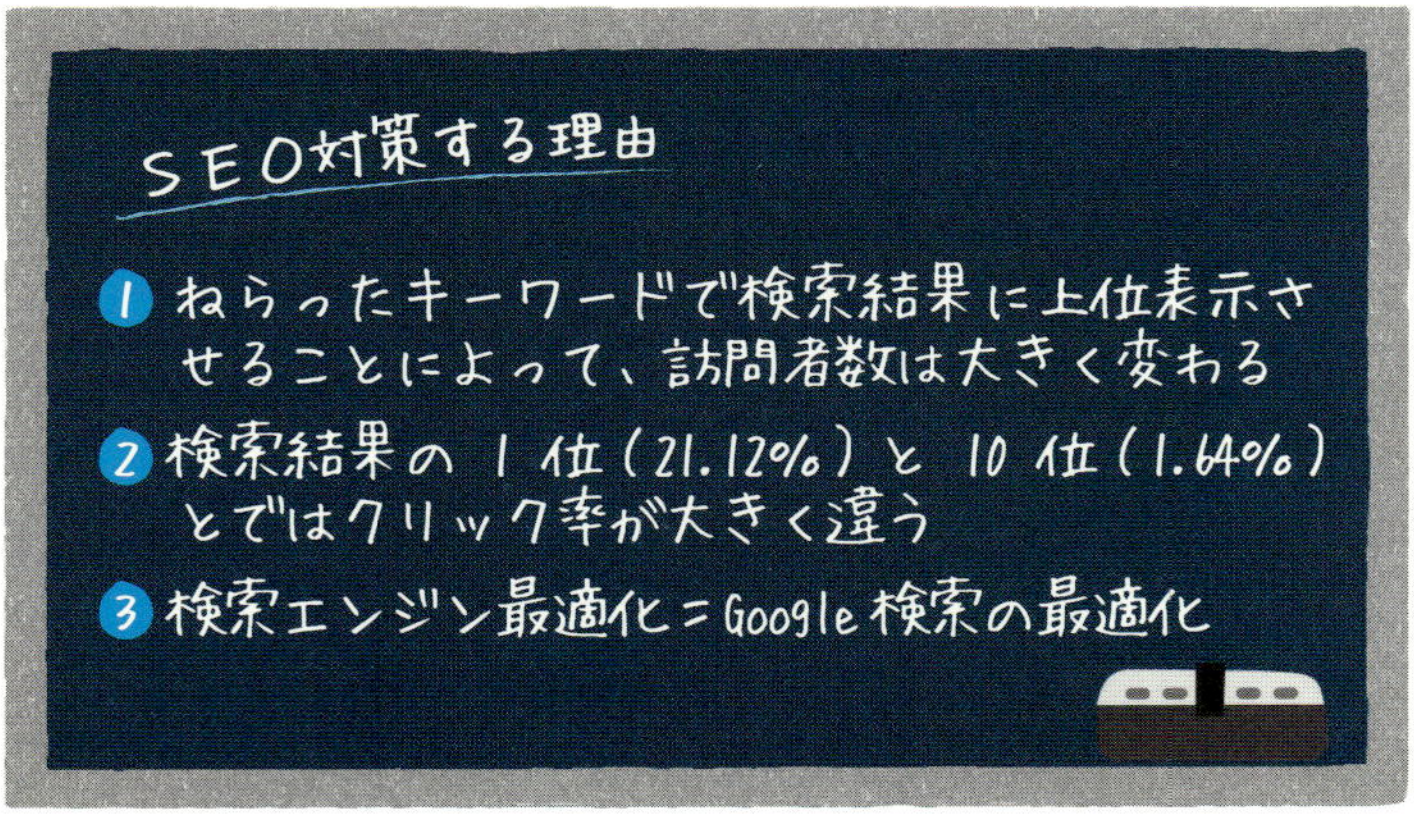
SEO対策する理由
1 ねらったキーワードで検索結果に上位表示させることによって、訪問者数は大きく変わる
2 検索結果の 1位（21.12%）と 10位（1.64%）とではクリック率が大きく違う
3 検索エンジン最適化＝Google検索の最適化

「あなたの情報をインターネット上の読者に届けるには、基本的にGoogle（Yahoo! Japan）の検索結果に表示させなければいけません」。

好きな映画、たとえば「カメラを止めるな」を紹介したいのであれば、作品の内容や、監督である上田慎一郎さん、俳優の濱津隆之さん、秋山ゆずきさんに関連する記事だということを検索エンジンに伝える必要があります。その方法として、記事のタイトルや本文内に「カメラを止めるな」という単語を掲載することはもちろん、「感想」や「あらすじ」「キャスト」や「役名」、ときには「**〝ネタバレ注意〟など関連するキーワードを含めることが重要**」となります。

いかに世界最大の検索サービスを提供している**Google**といえども万能ではありません。ブログに書かれていないキーワードやフレーズを、検索結果に反映させることはできません。

検索結果にあなたのブログ記事を表示させたいのであれば、必ず適切なキーワードやフレーズを記事タイトルや文中に入れる必要があります。

キーワードを含める際、次の5項目を参考にして文章を構成しましょう。

❶ キーワードは記事タイトルの最初のほうに入れる

検索結果に表示させたいキーワードが決まっているのであれば、できるだけ前のほうに配置しましょう。検索エンジンはタイトルの最初のほうに書かれているキーワードを重要視する傾向があります。

❷ 正式名称や愛称を載せ、できるだけ代名詞は使わない

先ほども書きましたが、検索エンジンはブログに書かれていないキーワードやフレーズを検索結果に反映させることはできません。そして、**「伝える回数は1回では不十分」**です。文章を書き慣れてくると、言葉を繰り返すことを避け、代名詞を活用することが多くなります。でもそれはインターネットの世界では機会損失につながります。「あれ」「それ」「これ」では検索エンジンにキーワードが伝わらないのです。

パソコンの機種を紹介するのであれば、**「XPS13 Graphic Pro」**と正規名称を載せましょう。家電であれば、製品の型番を載せてもいいでしょう。検索エンジンが認識できる名称を漏れなく載せることで、情報を適切に検索エンジンに伝えることができます。

❸ エリアや業種、オススメを含める

ランチスポットや旅行先など地域の情報を掲載する場合には、住所やエリア、最寄り駅などをしっかりと掲載しましょう。店名や施設名で検索する人だけではなく、富山県で美味しい居酒屋を探していたり、博多で遊べるレジャー施設を探していたりする人も必ずいます。**「自分が旅行に行く前にはどのようなキーワードで検索したのか思い返し、文章内に記載しておきましょう」**。

商品レビュー記事の場合、**「オススメ」「ランキング」「格安」「割安」**という言葉もよく検索されます。

④ キーワードは過度に詰めすぎない

②の項目と相反すると思われるかもしれませんが、キーワードを詰め込みすぎてもいけません。「**過度のキーワードの詰め込みは検索エンジンからもスパム判定される**」こともあります。また、検索エンジンは読者に情報を的確に届ける努力をしている単なるツールで、最終的にあなたの文章を読むのは人間です。キーワードの詰め込みすぎで不自然な文章になっていたら読者に違和感を与えてしまいます。

記事を公開する前に声に出して読んでみましょう。「**声を出して読むことで、目視では気づかなかった修正ポイントを見つけることができます**」。違和感の少ない、でもしっかりとキーワードが入っているバランスのいい文章を心がけましょう。

⑤ 画像にもキーワードを挿入する

意外と見落としがちなのが画像に関するＳＥＯです。画像ひとつといえども適当に名前をつけている人と、意図を持って名前をつけている人とでは1カ月後、半年後に大きな違いとなっ

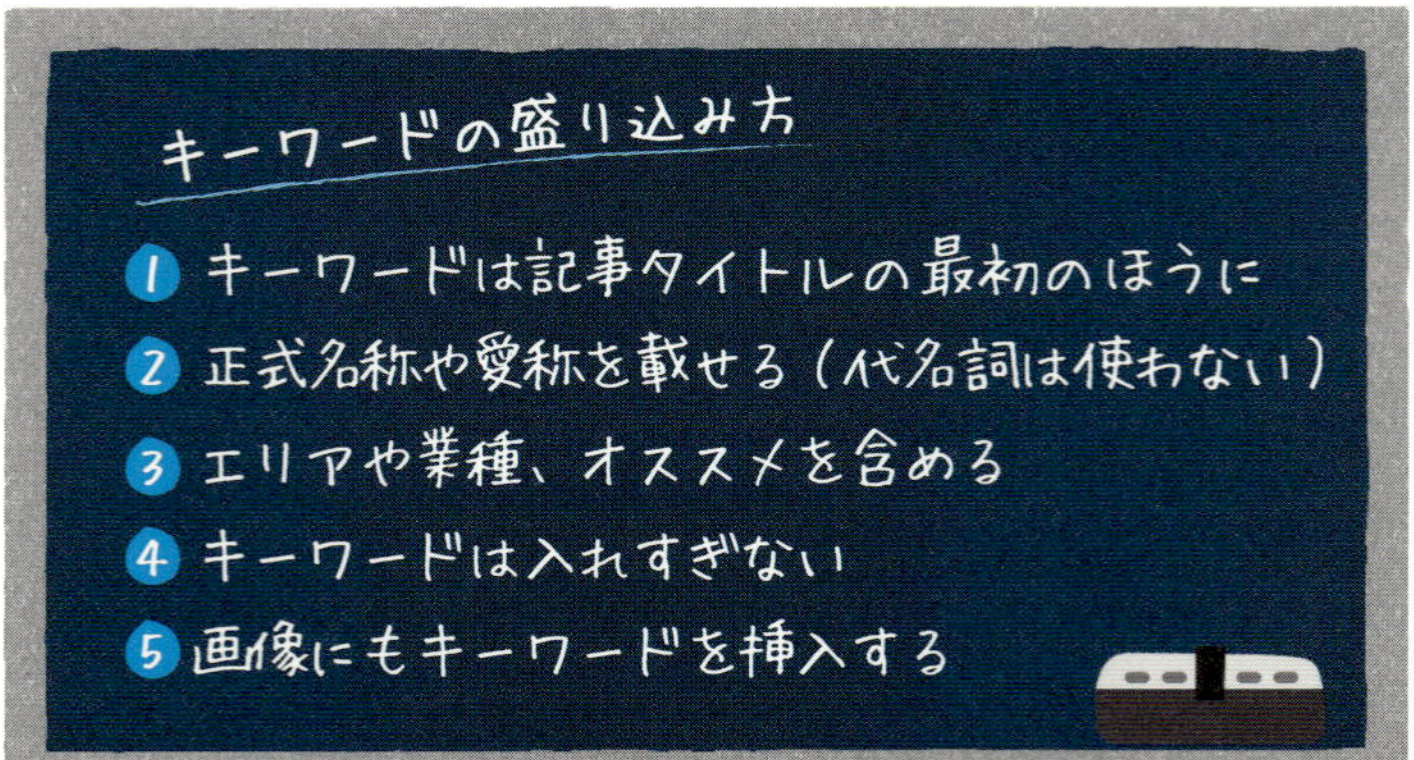
キーワードの盛り込み方
1 キーワードは記事タイトルの最初のほうに
2 正式名称や愛称を載せる（代名詞は使わない）
3 エリアや業種、オススメを含める
4 キーワードは入れすぎない
5 画像にもキーワードを挿入する

て現れてきます。特に「**altタグには画像に関するキーワードを入れておきましょう**」。「**alt**」とはHTMLで規定されている要素の属性のひとつで、画像ファイルの内容を説明する際に使用され「代替テキスト」とも呼ばれています。また「**画像のファイル名も関連性のある文字列にすると、検索エンジンは何が描かれている画像なのか認識しやすくなります**」。子どもの画像であれば「**child.jpg**」、猫の画像であれば「**cat.jpg**」と、パッと理解できるようなファイル名にしましょう。**Google**ウェブマスターツールのヘルプ内でも「画像に関する情報をできるだけ多く**Google**に伝える」ということを明記しています。「**検索エンジンが認識しやすい表記をすることはSEOの基本**」となるので、忘れずに実施しましょう。

- **Search Consoleヘルプ／画像公開に関するGoogleのガイドライン (https://support.google.com/webmasters/answer/114016?hl=ja)**

適切ではない例 **<img src="puppy.jpg" alt=""/>**

適切な例 **<img src="puppy.jpg" alt="子犬"/>**

最適な例 **<img src="puppy.jpg" alt="持ってこいをするダルメシアンの子犬">**

※画像公開に関するGoogleのガイドラインより引用

このように小さな積み重ねが将来的に大きな差になります。面倒臭がらずに、記事投稿時に注意して入力しましょう。

2 何よりも読者のためになるコンテンツを提供しよう

「現在のSEOで最も重要なことは、コンテンツの充実」だとされています。**Google**が提供するウェブマスター向けガイドラインでも、**Google**がウェブサイトを認識し、インデックスに登録し（検索エンジンのデータベースに格納され）、順位づけをする工程を行う要素として次のように明記されています。

- **情報が豊富で便利なサイトを作成し、コンテンツをわかりやすく正確に記述します。**
- **ユーザーが、あなたのサイトを検索するときに入力する可能性の高いキーワードを、サイトに含めるようにします。**

※ウェブマスター向けガイドライン（品質に関するガイドライン）
(https://support.google.com/webmasters/answer/35769?hl=ja)

ユーザーが検索しやすいキーワードを本文内に適切に含ませることで、検索エンジンからブログを認識してもらえるようになります。専門的な情報が豊富に含まれていて、読者に価値を提供できているブログであれば、ほかのブログやウェブサイトからリンクを張って（紹介して）もらったり、**Twitter**や**Facebook**などのSNSでシェアされたりして、さらに検索エンジンの評価が高まります。結果としてアクセスを呼び込むための好循環が生まれるわけです。

ただ、「**忘れてはいけないのが、最終的に文章を読むのは検索エンジン（プログラム）ではなく人間だということ**」です。理解しやすい内容を心がけるには、読み手のことを考えなければなりません。情報が豊富でも、内容が難しすぎると読者は読むことを諦めて帰ってしまいます。

「**必要以上にキーワードを詰め込んだ文章は日本語として不自然で、読者にストレスを与えてしまいます**」。

訪問してくれた読者に最大のメリットを与えることを意識して記事を書きましょう。

ＳＥＯは施策をはじめたからといって、すぐに効果が出るわけではありません。数カ月計画で、読者にとって有益だと思える記事を提供していく必要があります。特効薬や魔法のメソッドなどありません。「**じっくりと時間をかけて、読者が求めている情報は何か仮説を立てながら、ひとつずつ意図を持って記事を書き続けることが重要**」です。

一つひとつの要素を検証し、改善し、訪問者に喜ばれる情報を増やしていく。この一文だけ読むと非常に簡単に感じるかもしれませんが、このサイクルを回し続けていくのは非常に大変であり重要です。

多くの人は継続してサイクルを回すことができずに挫折していきます。「**誰でもできることを、誰にもできないぐらい続けることで、検索エンジンにも、そして読者にも支持される骨太のブログができあがっていく**」のです。

04

画像を活用しよう

1 文章ではなく写真や動画で見せよう！

百聞は一見に如かずということわざがあります。インターネットでもそれは同様で、写真や動画など、視覚に訴えかける情報は非常に有効です。どうしても文字だけで伝えようとすると長い説明になってしまったり、読みづらくなってしまったりする傾向があります。

ところが、写真や映像を上手に織り交ぜることで、一発で伝えることができます。「**インパクトの強い画像であれば、理解度を上げるだけでなく驚きや感動を与えることだって可能**」になります。

ここでは、写真の撮影について押さえておきたいポイントについてお話しします。写真というと一眼レフなどの高性能カメラを買わなければいけないと思われるかもしれませんが、「**最初のうちはスマートフォンのカメラで十分**」です。なお、動画の撮影法については5時限目で詳しくお話しします。

2 とにかく枚数を撮る

「初心者がいい写真を撮るコツは、なにはともあれ枚数を撮る」ことです。同じ被写体を何十枚と撮影することで、その中で一番よく撮れた画像を選択することができます。2枚より10枚、10枚より50枚撮影しておいたほうが、奇跡の1枚が撮れる可能性も高まります。

いい写真が見あたらないという人は、単純に撮影枚数が少ないことが多いです。フィルムカメラであれば現像代がかかるので枚数を絞り込む意味もありますが、デジカメであれば撮影・現像にコストはかかりません。

たとえば1台のノートパソコンを撮るにしても、前後左右斜め、ディスプレイの開閉時、キーボードの厚み、端子のアップなど、撮影ポイントは数多くあります。読者はインターネット上の画像だけが頼りで、商品などを自分の手に取ることができません。少しでも不安点・疑問点は解消しておきましょう。**「撮影した写真を**

数多く写真を撮り続けていれば、次第に撮影スキルも上がってきます。

使う／使わないはあとから考えればいいので、**とにかく多くの素材を集めることが重要**」です。

3 撮影テクニックを覚えよう

❶ 撮影は日中の明るいうちに

太陽の光は一番の照明になります。夜、蛍光灯の下で撮影してみたものと比較してみると、写真の鮮やかさがまったく違います。なるべく「**明るい昼間に撮影する**」ことを心がけましょう。光のあたる角度も注意しましょう。せっかく撮影しても、逆光で細部が写っていなかったら意味がありません。

❷ 比較対象物を入れる

文章で「20センチぐらい」とか「単行本サイズ」と表現しても、なかなかイメージは伝わりません。そんなときは、撮影したい製品の横に見覚えのある比較対象物を置いて、一緒に撮影することをお勧めします。

たとえば**iPad**の製品紹介であれば、横に**iPhone8**を置けばいいわけです。**iPad**をほしがる人は、おそらく**iPhone**を使ったことがある層でしょうから、自分の頭の中で勝手にイメージを補完してくれます。

③ 画像を加工する

撮影後の加工については、**Photoshop**などの本格的な画像加工ソフトでもかまいませんし、無料で使える画像加工サービスでも大丈夫です。お勧めは次の２つです。

- **Canva（https://www.canva.com/）**
- **GIMP（http://www.gimp.org/）**

現在は、スマートフォンでも画質調整などができるアプリが多数あるので、いろいろと試してみて自分の使いやすいツールを利用しましょう。こちらも参考にしてみてください。

- **画像加工やイラスト作成におすすめ&おしゃれなフリー素材とアプリまとめ（https://ruka-affiliate.com/pictures-app/）**

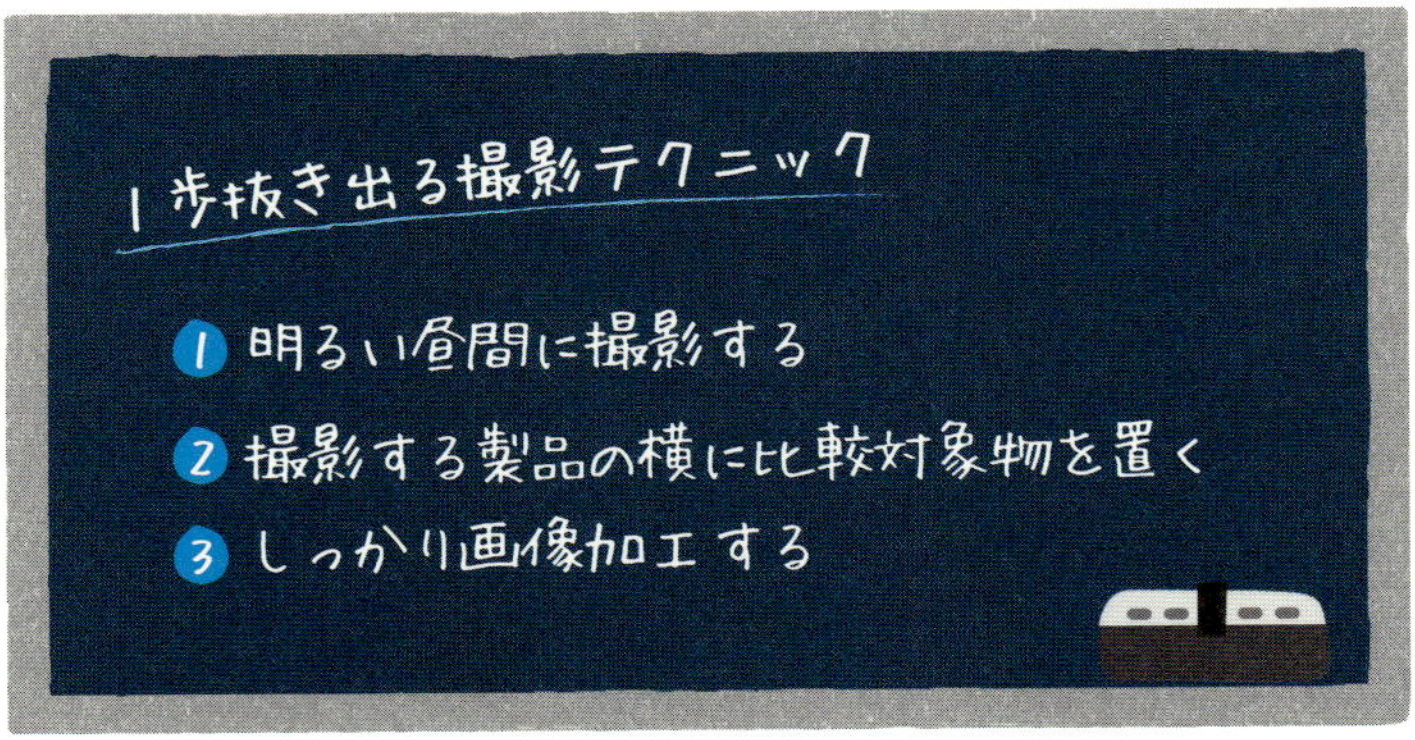
1歩抜き出る撮影テクニック
1 明るい昼間に撮影する
2 撮影する製品の横に比較対象物を置く
3 しっかり画像加工する

05 フロー記事とストック記事を使い分けよう

1 流行に敏感なフロー記事

「フロー記事とは、今現在話題になっている、あるいは話題になりそうな情報を掲載している記事」で、トレンド記事ともいわれます。

たとえば、次のクールからはじまるドラマの情報を網羅させておくこともフロー記事となります。ドラマの原作情報や出演者情報、放送後の感想など、リアルタイムで検索されるであろう内容を載せておくことで、瞬間的にアクセスを伸ばすことが可能です。オワコン（終わったコンテンツ）ともいわれることもありますが、まだまだテレビ番組は大きな影響力を持っています。次回予告や番組表などで特集を把握しておき、放送日までに記事を仕込んでおくことも効果的です。

次の2つの記事は、テレビ番組の「得する人損する人」で紹介されるアルバイトの種類を、前もってブログ記事にして準備していた事例です。テレビ番組が放映された際に、爆発的なアクセスを生み出しています。

> **得する人損する人**
> - **ラクして稼ぐバイトは覆面調査・座談会だけじゃない！**
> **(https://setsuyaku-rich.com/tokuson/)**
>
> **得する人損する人**
> - **ラク稼ぎバイト「ファンくる」のやり方**
> **(https://setsuyaku-rich.com/how-to-fancrew/)**

いくらアクセスを呼び込んでくれるとはいえ、フロー記事はメリットだけではありません。「**デメリットはアクセスの変動が大きいこと、常に新しい情報を追い求めなければいけないこと**」が挙げられます。

話題になっているときは爆発的なアクセスを生むのですが、ブームが終わってしまうとまったくアクセスが集まらなくなってしまいます。常に新しいブームやテレビ番組のプログラムなどにアンテナを立て、「**ひたすら記事を投稿することが必要**」になります。

フロー記事とストック記事

1. **フロー記事** 現在話題になっている、あるいは話題になりそうな情報を掲載している記事
2. **ストック記事** ブームに関係なく、安定的に読まれる記事

2 悩みに寄り添うストック記事

「**ストック記事とは、常々求められる情報を扱う記事**」を指します。ブームに関係なく、安定的に読まれる情報のため、長い期間アクセスを持続できることが特徴です。たとえば「エクセルの使い方」や「効果的な腹筋の鍛え方」「夏に向けてのダイエット方法」など、ノウハウ系、悩みの解決を取り扱った記事が該当します。

次の2つのサイトは、テーマを絞り、訪問者の悩みに回答するような記事を提供しています。プログラミングの学習やギターの弾き方は、ブームなどに関係なく、常に一定の読者層が存在します。

- **いつも隣にITのお仕事 ― 毎日の業務が楽チンに！（https://tonari-it.com/）**
- **超初心者のためのギター入門講座（https://www.aki-f.com/kouza/s_kouza/）**

「**ストック記事のデメリットとしては、爆発的にアクセス数を伸ばしていくことが難しいこと**」が挙げられます。フロー記事のように1記事で目立たせるというよりも、じっくりと記事を増やしていき、総合的にコンテンツを強化していく必要があります。また、「**1記事の作成に時間がかかる場合が多い**」です。

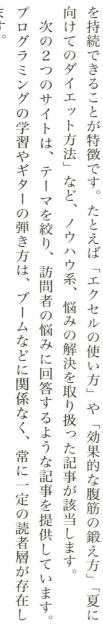

3 季節ごとに検索されやすい情報・イベントはこれ

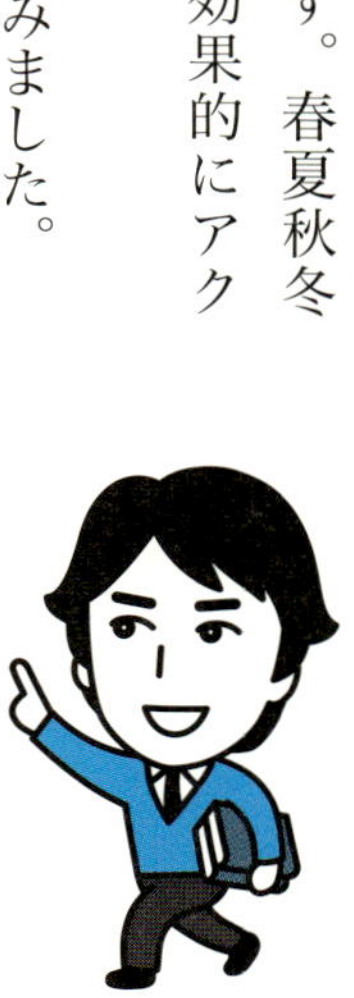

季節ごとに検索される（求められる）情報は変動します。春夏秋冬や月ごとのイベントにあわせて記事を公開することで、効果的にアクセスを向上させることが可能になります。

検索されやすい年間のイベントを、次頁の表にまとめてみました。

新年に、デパートに並んで福袋を買いに行ったことはありませんか？　新学期に心機一転、資格や語学の勉強をはじめたことはありませんか？　ボーナス時期を意識して転職活動をはじめたことはありませんか？

その行動はあなた特有の現象ではありません。世間でも同様の行動をする人たちが現れます。季節感を意識して記事を増やすことで、その情報を求めている人に届く可能性が高くなります。

しかしながら検索エンジンは、瞬時に記事を認識して検索結果に（上位）表示してくれません。「**2～3カ月前から計画的に記事化しておくことで、ピークシーズンに適切に検索エンジンに表示させることができる**」わけです。

この表にまとめたのはあくまでも一例です。自分の生活リズムや年間スケジュールを見直して、何か記事のネタになりそうなことはないか、掘り起こしてみましょう。少し値段は高めですが、「生活行動カレンダー」という冊子が毎年発刊されています。

- **生活行動カレンダー（http://kreo.jp/service/calendar.html）**

こういった書籍で、年間イベントスケジュールやトレンドの動向を把握しておくことで、記事作成の助けになります。

季節イベントとあなたの得意分野というように、収益をあげやすいジャンルを掛けあわせることで、独自性の高いコンテンツを創り出すことも可能です。

検索されやすい年間のイベント

月	イベント／トレンド	親和性の高いジャンル	記事を準備しておきたい時期
1月	正月、新年	福袋、初売り、おせち、資格・語学（新年）	10月
2月	節分、バレンタインデー	バレンタインプレゼント	11月
3月	ホワイトデー、卒業式、就職活動	就職、卒業旅行、ホワイトデープレゼント、引っ越し	12月
4月	入学式、新学期、花見	花見グッズ、花粉症グッズ、資格・語学（新学期）	1月
5月	ゴールデンウィーク、こどもの日、母の日	旅行、母の日プレゼント	2月
6月	ダイエットシーズン、父の日、ボーナス	ダイエット、父の日プレゼント、転職	3月
7月	七夕、発汗、薄着、海開き	体臭、脱毛、ダイエット	4月
8月	夏休み、花火	家族旅行、書籍（読書感想文）	5月
9月	敬老の日	プレゼント（旅行）	6月
10月	体育祭、ハロウィン	ハロウィングッズ、運動会の撮影グッズ（カメラ、DV、三脚）	7月
11月	七五三、紅葉	旅行	8月
12月	冬休み、クリスマス、ボーナス	クリスマスプレゼント（子ども向けゲーム、財布、アクセサリーなど）、転職、旅行	9月

06 実際にブログを書いてみよう

前項までブログのテーマや書き方についてお話ししてきました。では具体的にどうしたらいいのか、私が記事を書く際の手順と実際のブログ記事を見ながら、イメージを膨らませてみましょう。ここでは、体験レビューと飲食店レポートの2パターンの記事を紹介します。

1 記事を書く作業手順

私が記事を書く際の手順は次のとおりです。

❶ 大枠の記事テーマを決める
❷ 小項目を出す
❸ 写真を選ぶ
❹ 本文を書く

⑤ 記事タイトルを決める
⑥ 内容を確認・修正する
⑦ 公開する

この順序を頭の中でイメージしながら、2つの例を読んでみてください。そして、あなた自身の記事の組み立て方を決めていきましょう。

2 事例❶ 体験レビュー

「三菱電機の電気温水器ダイヤホットが故障してお風呂に湯張りができなくなったので、修理に来てもらったお話（**https://someyamasatoshi.jp/memo/mitsubishi_diahot/**）」

詳細は記事を読んでもらうとわかると思いますが、情報発信をはじめると、悪いことが起きてもそれをネタにすることができます。

電気温水器が壊れたことは家計的に厳しいですが、それを情報化して発信することでアクセスを集め、結果として収益に変えることもできるのです。

事例❶ 自宅の電気温水器が壊れて、修理に来てもらったときの体験記事

三菱電機の電気温水器ダイヤホットが故障してお風呂に湯張りができなくなったので、修理に来てもらったお話

2018/01/18 染谷昌利 染谷だけがよくわかるメモ

f 48 B! 0

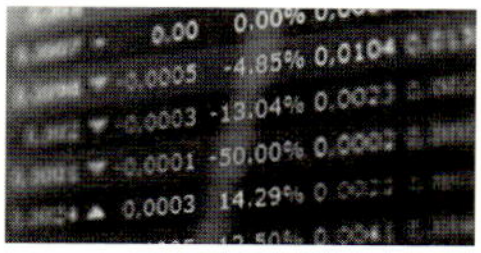

上場企業運営ビットコイン取引所 - 電話対応。
料。MT4対応

当社セミナーをNHKが取材。上場企業運営が運営。
保管など、ここで完結！

広告 bitpoint.co.jp

寒いですね。

寒い季節の一番の楽しみは、温かいお風呂に浸かって一日の疲れを癒やして、風呂上がりにエビスをプシュッと一杯やることですよね。

で、その楽しみの一つが壊れました。我が家で導入している三菱電機 電気温水器ダイヤホット（DIAHOT）の故障です。エラーコードとともに、お風呂の給湯ができなくなったんです。すげぇ冷たい水しかバスタブに溜められないんですよ。

（※染谷家はオール電化なので、ガス給湯なんてものはありません。追い焚きもできません。）

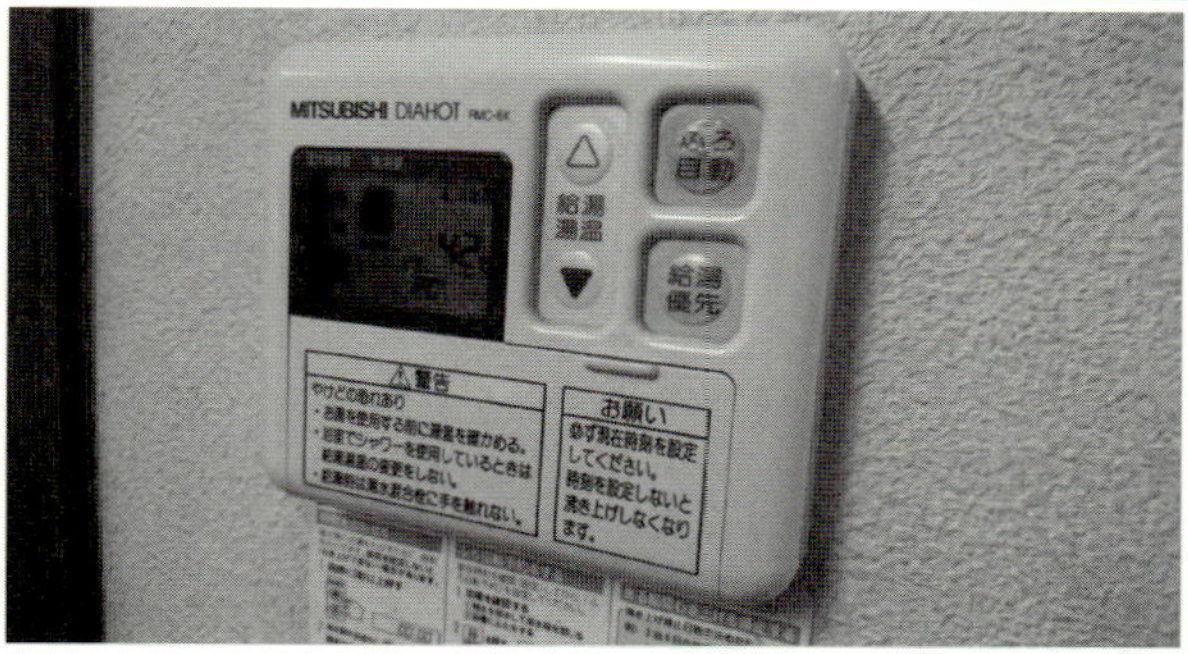

こんな感じでリモコンにP0のエラー表示されてます。PO（ぴーおー）かと思ったんですが、P0（ぴーぜろ）のようです。

まぁ、シャワーからは温水が出るので、よほど湯に浸かりたければシャワー経由で溜めれば良いんですけど、それはそれで面倒ですよね。

記事タイトルは、検索結果に表示させたいキーワードを意識しつつ、わかりやすいタイトルにする。この記事の場合は「三菱電機」「電気温水器」「ダイヤホット」「故障」「修理」をキーワードとしてタイトルに含めている

本文内にもキーワードを含める

エラーが出ている写真を載せて、本文にエラーコード（キーワード）を掲載している

僕、会社員時代に不動産業にも勤めていたので、給湯器系のトラブルって10年超えると多くなるの知ってるんです。この三菱ダイヤホットは2002年製なので約15年経過してるため、例外にもれず経年劣化でしょうね。

で、最近だと電気温水器よりもエコキュートの方が、電気代も安くなるので切り替える人も多いんです。そんなわけで、エコキュート の金額も調べてみたところ、設置費込みで30万円超なのが一般的のようです。安くなるのはありがたいんですが、本体価格80%オフってなんだよ。

スポンサー検索

三菱ダイヤホットエラー　エラーコード
三菱電気温水器故障　エコキュート買い替え

目次

電気温水器の修理依頼

読みやすいように「見出し」を入れる

エコキュートの価格感もわかったので、三菱電機システムサービスさんに修理依頼を出してみました。

製品サポート　家庭用電化製品の修理・お問い合わせ：修理依頼：三菱電機システムサービス

www.melsc.co.jp

WEB受付フォームから問い合わせても良かったんですが、電話の方がスケジュール調整が早いと思って電話で問い合わせました。オペーレーターさんに電気温水器の型番（SRT-4666FU200V-BL）とエラー番号P0、風呂のお湯が出ないなどの症状を伝えてます。型番や症状を伝えておくことで、その場で修理できるかどうかの判断と、部品の準備ができるわけですね。

型番やエラーコード（キーワード）を掲載しておく

問い合わせたのが1月14日で、現場確認（兼修理）日程が1月16日になりました。迅速な対応ありがたい限りです。なお、現場確認に来てもらった時点で、たとえ修理をお願いしなくて出張料（2,600円）はかかります。

電気温水器の異常チェックと修理

読みやすいように「見出し」を入れる

というわけで、1月16日になりました。朝イチで担当さんから電話があって、訪問時間の最終調整です。

で、来て早々、エラーコードP0を見て、風呂用混合弁の異常と診断結果が。混合弁というのは設定温度にお湯と水を調整して送水する機能を持つ機関なのですが、その温度設定がうまくいかなくなって、エラーになって、湯張りができなくなったというわけです。

というわけで、水道の元栓を締めて、修理に入ります。電気温水器のカバーを外したら、ほとんどが温水タンクなんですね。せっかく溜めた温水を半分ぐらい捨てなければならないのが惜しいですが、排水しないと混合弁を交換できないのでしょうがありません。

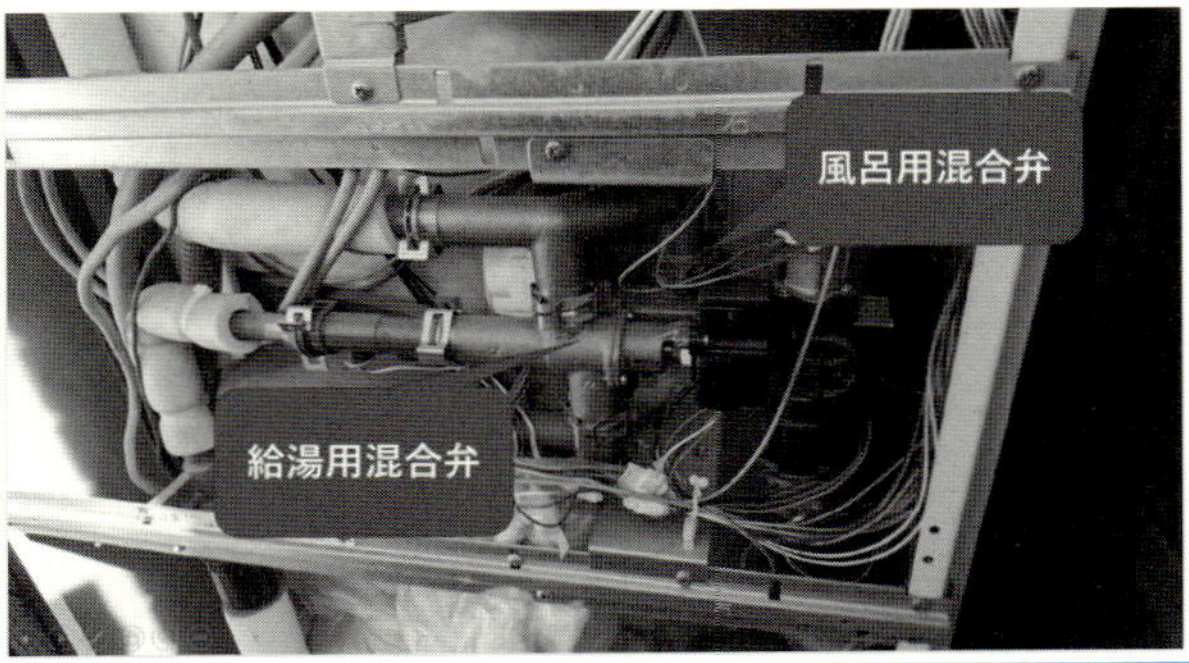

修理の様子を掲載する

中央部に配管があるのですが、奥の方が風呂用混合弁、手前がキッチンやシャワー用の給湯用混合弁になっています。今回は風呂用混合弁が故障したわけですが、大体、同じタイミングで機械ってのは壊れるもんですから、手前側の給湯用混合弁も一緒に交換してもらいました。

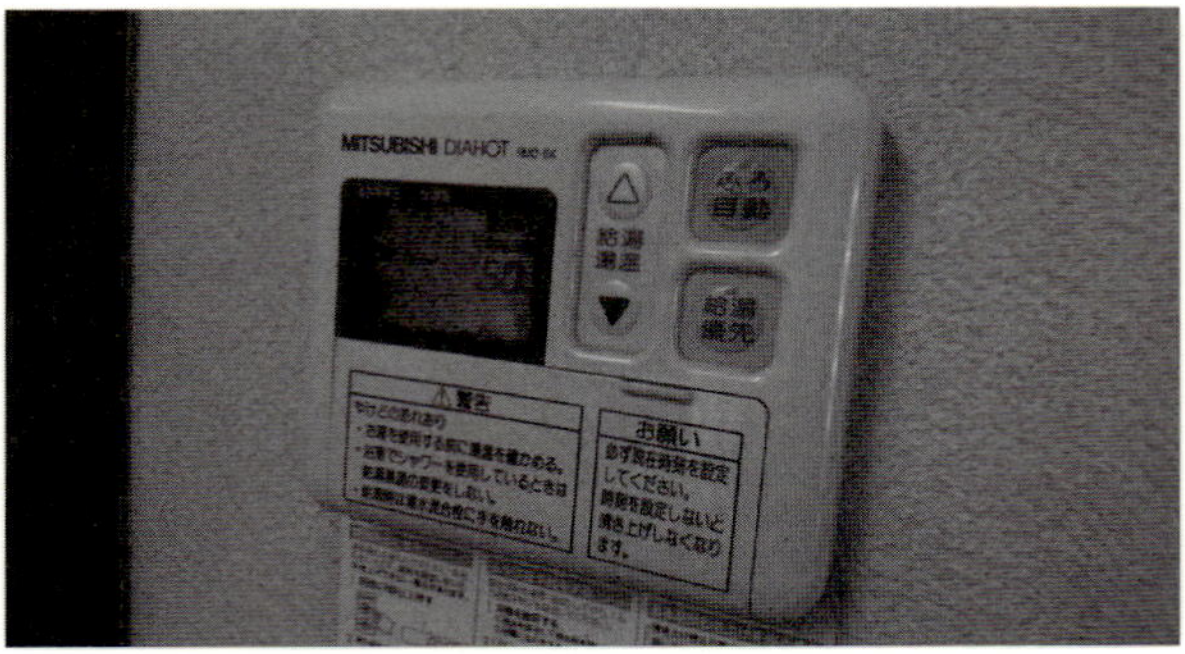

混合弁を交換後、電源を入れ直したらエラーが消えた！無事にお風呂に湯が張れるようになりました。

混合弁の修理代はいくら？

技術料　8,900円
部品代
　風呂用混合弁　14,000円
　給湯用混合弁　14,000円
　Oリング2つ　600円
出張費　2,600円
消費税　3,208円
合計　43,308円

今回は特に壊れていなかった給湯用混合弁も一緒に交換したのでこの金額ですが、片方だけだったら14,300円（＋消費税）安くなります。最悪、エコキュートの交換費用で30万円ぐらい考えていたので、4万円ちょっとで直ったのはありがたい限りです。

とはいえ、最初にも書きましたが10年経過すると給湯器系のトラブルが増えてくるので、次回の故障の時は買い替えかなーと思っています。

というわけで、三菱電気温水器ダイヤホットが壊れた、同じ状況の人のお役に立てば嬉しいです。

読みやすいように「見出し」を入れる

修理にかかった金額を掲載しておく

検索エンジンでの表示を確認する

今回のようなケースで、ユーザーが検索するであろう代表的なキーワード、「三菱」「ダイヤホット」「故障」でGoogle検索してみると、検索結果の1ページ目に表示されています。この検索結果から毎日100人ほど、ブログ記事を読んでくれています。

　同じ状況で困っているであろう人が1日100人もいて、少しでもその人たちのお役に立ったと思うとうれしくなりませんか？

● ねらったキーワードで検索して、表示順位をチェックする

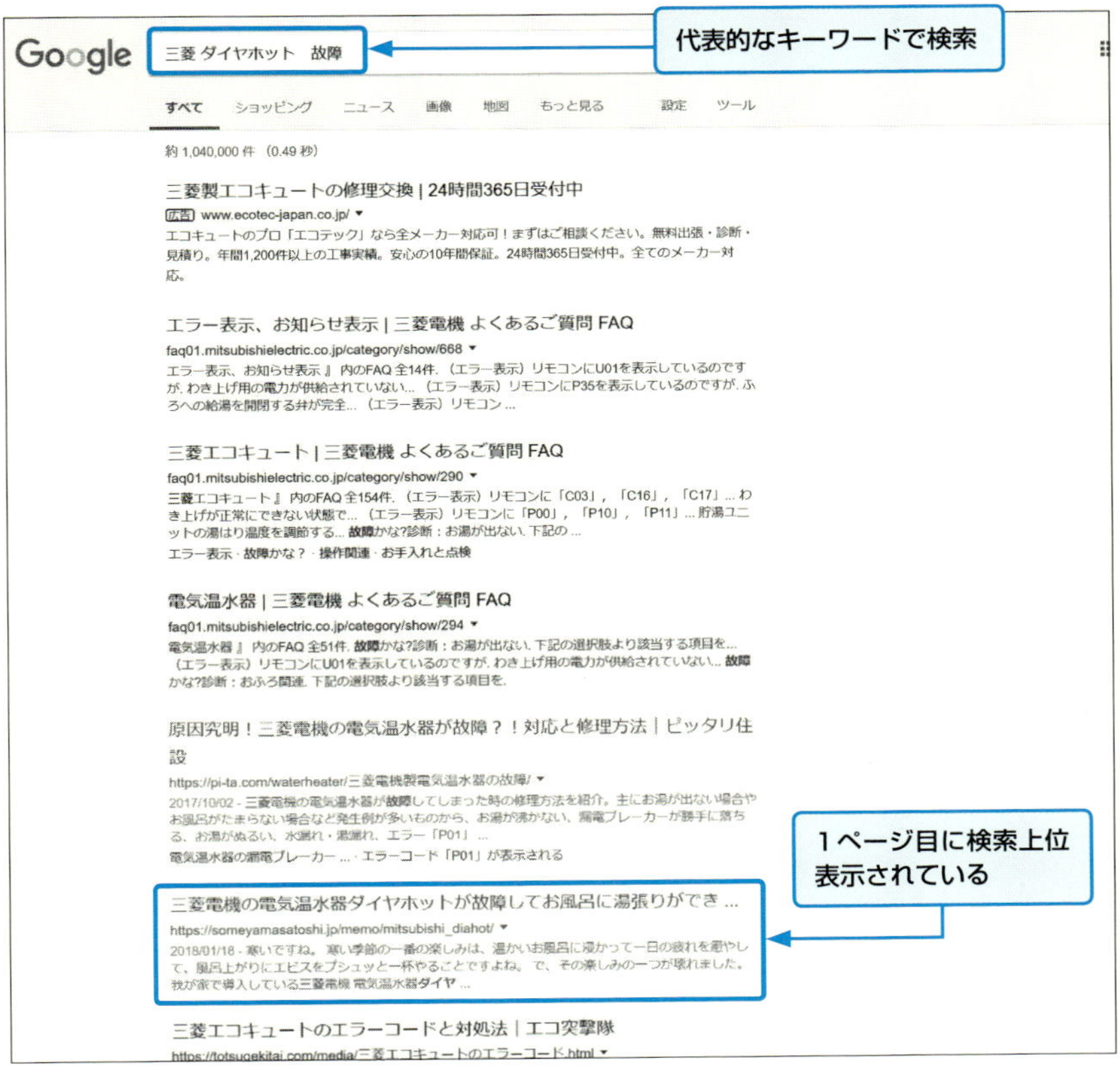

● 事例❷ カジュアルなカフェではなく、会社員が活用できるカフェを紹介している

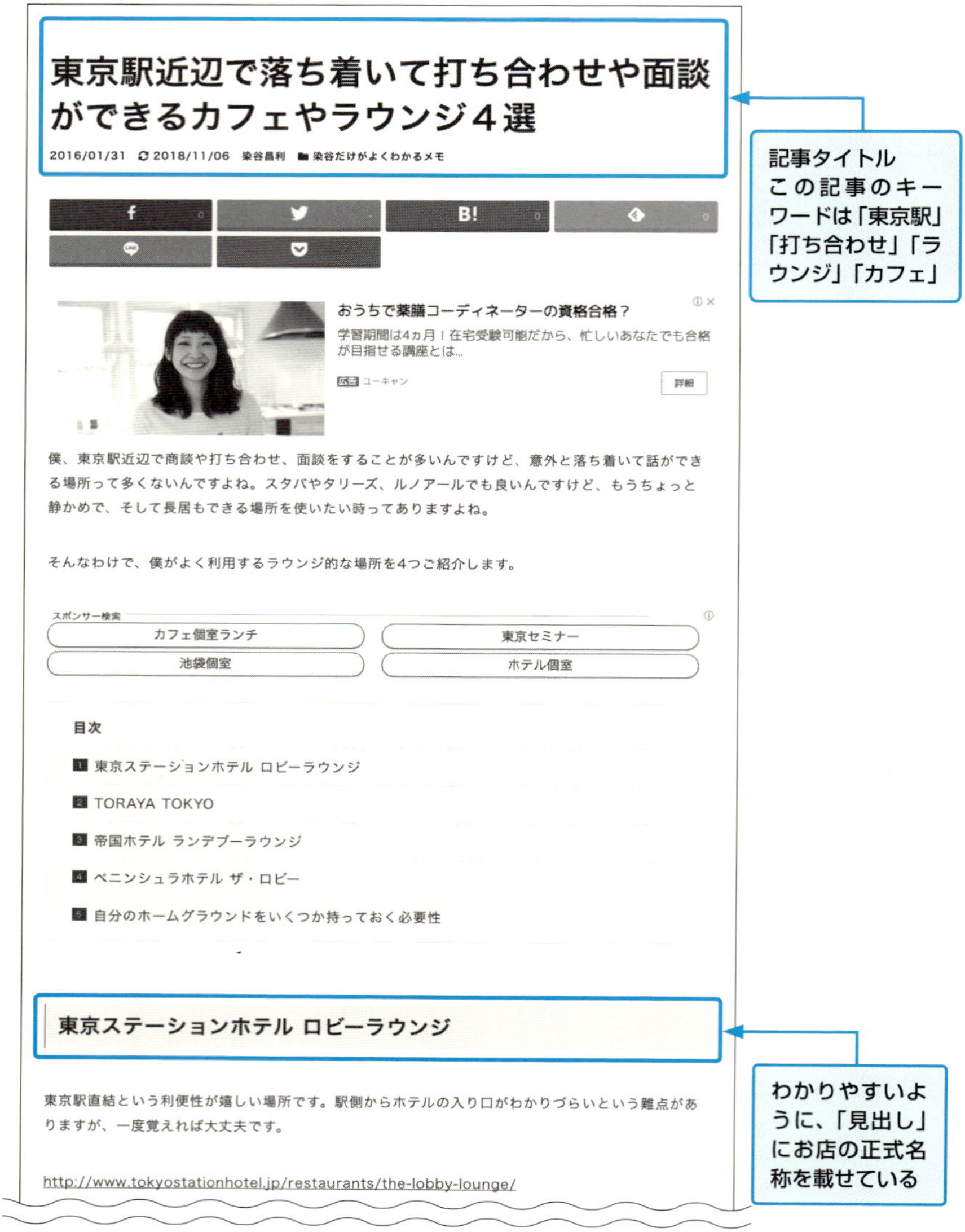
東京駅近辺で落ち着いて打ち合わせや面談ができるカフェやラウンジ４選
2016/01/31 2018/11/06 染谷昌利 染谷だけがよくわかるメモ
B!
おうちで薬膳コーディネーターの資格合格？
学習期間は4ヵ月！在宅受験可能だから、忙しいあなたでも合格が目指せる講座とは...
広告 ユーキャン
詳細
僕、東京駅近辺で商談や打ち合わせ、面談をすることが多いんですけど、意外と落ち着いて話ができる場所って多くないんですよね。スタバやタリーズ、ルノアールでも良いんですけど、もうちょっと静かめで、そして長居もできる場所を使いたい時ってありますよね。
そんなわけで、僕がよく利用するラウンジ的な場所を4つご紹介します。
スポンサー検索
カフェ個室ランチ
東京セミナー
池袋個室
ホテル個室
目次
1 東京ステーションホテル ロビーラウンジ
2 TORAYA TOKYO
3 帝国ホテル ランデブーラウンジ
4 ペニンシュラホテル ザ・ロビー
5 自分のホームグラウンドをいくつか持っておく必要性
東京ステーションホテル ロビーラウンジ
東京駅直結という利便性が嬉しい場所です。駅側からホテルの入り口がわかりづらいという難点がありますが、一度覚えれば大丈夫です。
http://www.tokyostationhotel.jp/restaurants/the-lobby-lounge/
記事タイトル この記事のキーワードは「東京駅」「打ち合わせ」「ラウンジ」「カフェ」
わかりやすいように、「見出し」にお店の正式名称を載せている

ここのホットコーヒーは一杯1,300円とちょっと高く感じるかもしれませんが、お願いすれば無料でおかわりが注がれますので、長時間の面談などを行う場合は逆にリーズナブルな感じです。

Wi-Fiも飛んでおり、ウェイターに聞けばパスワードを教えてくれますので、パソコンで仕事をしたい時も重宝します。

ただ、時間帯によっては混んでいるので待ちが発生する場合もあります。

コーヒーの値段やお店の雰囲気、打ち合わせにあると便利なWi-Fiの有無などを載せておく。お店の許可をもらえれば店内や、料理、ドリンク類の写真を載せるのもあり。
また、公式サイトのリンクや、住所、アクセス方法なども載せておくと親切な記事になる

TORAYA TOKYO

東京ステーションホテルの2階にあります。こちらも行き方がわかりづらいので
ンホテルラウンジの近くにあるエレベーターで二階に上がって、東京駅丸の内
場所に出てキョロキョロすれば見つけられます。

http://www.tokyostationhotel.jp/restaurants/toraya/

非常に落ち着いたカフェで、1,000円弱でスイーツセットも楽しめます。東京ステーションホテルのロビーラウンジが混んでいる場合でも、TORAYA TOKYOは空いていることが多いです。なお予約もできるので、絶対に席を押さえておきたい場合は前もって連絡しておくことをお薦めします。

帝国ホテル ランデブーラウンジ

東京駅というより有楽町駅か日比谷駅なんですが、帝国ホテルのラウンジもお薦めです。帝国ホテルだけあって、本当に落ち着いた雰囲気で話ができますし、自分がハイソサエティーな人間になった気分にもなれます。

ランデブーラウンジ・バー | 帝国ホテル 東京 | 銀座・日比谷・有楽町エリア
開放的な空間でゆったりとお過ごしいただけるバー・ラウンジです。お待ち合わせやご歓談にご利用ください。季節のケーキ、サンドイッチ、アフタヌーンティーなどの軽食や…
www.imperialhotel.co.jp

東京ステーションホテルと同様に、ランデブーラウンジのホットコーヒー（約1500円）もおかわり自由で、油断してるとわんこそばのように注がれます。

東京ステーションホテルと同様にWi-Fiも飛んでおり、ウェイターに聞けばパスワードを教えてくれます。

ペニンシュラホテル ザ・ロビー

こちらも帝国ホテルと同じく、最寄りは有楽町駅か日比谷駅ですね。

東京の「ザ・ロビー」 でのアフタヌーンティー　| ザ・ペニンシュラ東京

ペニンシュラ東京のペニンシュラ伝統のアフタヌーンティー に関する情報。ドレスコード、営業時間、所在地、電話番号などの情報が含まれています。

tokyo.peninsula.com

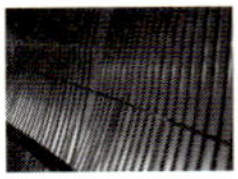

ラウンジ自体も非常に落ち着いていて使い勝手も良いのですが、ペニンシュラは風水理論を取り入れて運気を考えた立地や設計が成されているので、パワースポット的な意味合いでもお薦めです。コーヒーも1,500円程度です。

ペニンシュラも東京ステーションホテルや帝国ホテルと同様にWi-Fiも飛んでいますので、ウェイターに確認しましょう。最近はホテルのラウンジはWi-fiが使えるのが一般的ですね。

自分のホームグラウンドをいくつか持っておく必要性

僕は自宅が埼玉なので、都内で打ち合わせとなるとクライアントの会社に行くか、どこか適当な喫茶店などで打ち合わせする場合が多いんですね。

で、場所ってやっぱり重要だと思うんです。ガヤガヤした慌ただしい場所で話すのと、しっとりと落ち着いた場所で打ち合わせるのとでは精神的な余裕も変わってくるんですよ。別に今回ご紹介した4箇所が最高というわけではありませんが、自分が落ち着けるホームグラウンド的な場所を持っておくことで、仕事の効率って上がると思うのでぜひ自分にあったスポットを探してみてくださいね。

3 事例② グルメレポート

「東京駅近辺で落ち着いて打ち合わせや面談ができるカフェやラウンジ４選（**https://someyamasatoshi.jp/memo/tokyo_lounge/**）」

「東京駅」「打ち合わせ」「ラウンジ」や「東京駅」「打ち合わせ」「カフェ」で**Google**検索すると、１ページ目に表示されています（１５５、１５６頁参照）。この記事もダイヤホットと同様に、１日１００人ほどの読者が訪れてくれます。

このように、読者が検索しそうなキーワードを意識しながら記事を書くことで、安定的なアクセスを見込むことができるようになります。

●「東京駅　打ち合わせ　ラウンジ」での検索結果

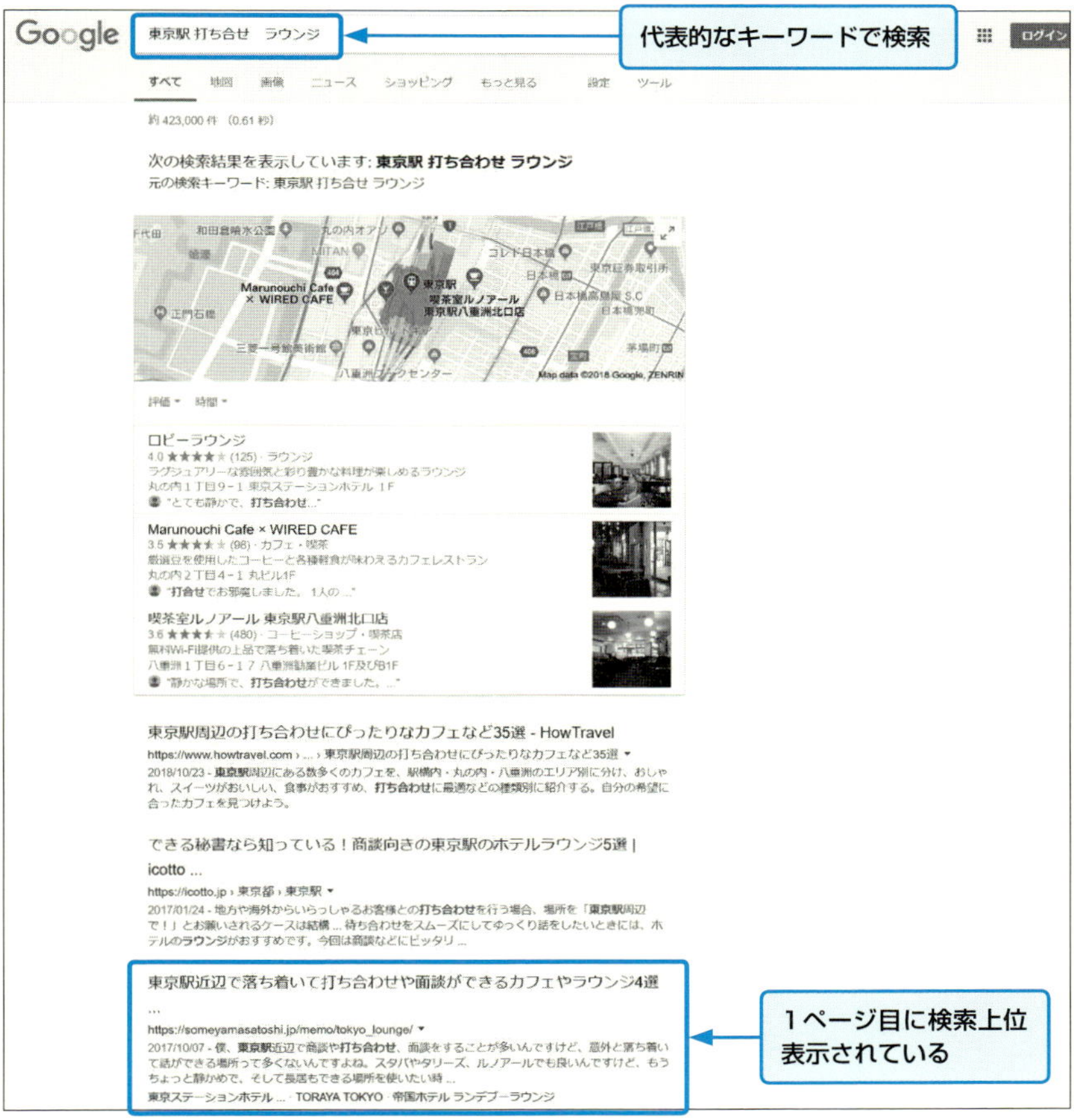

●「東京駅　打ち合わせ　カフェ」での検索結果

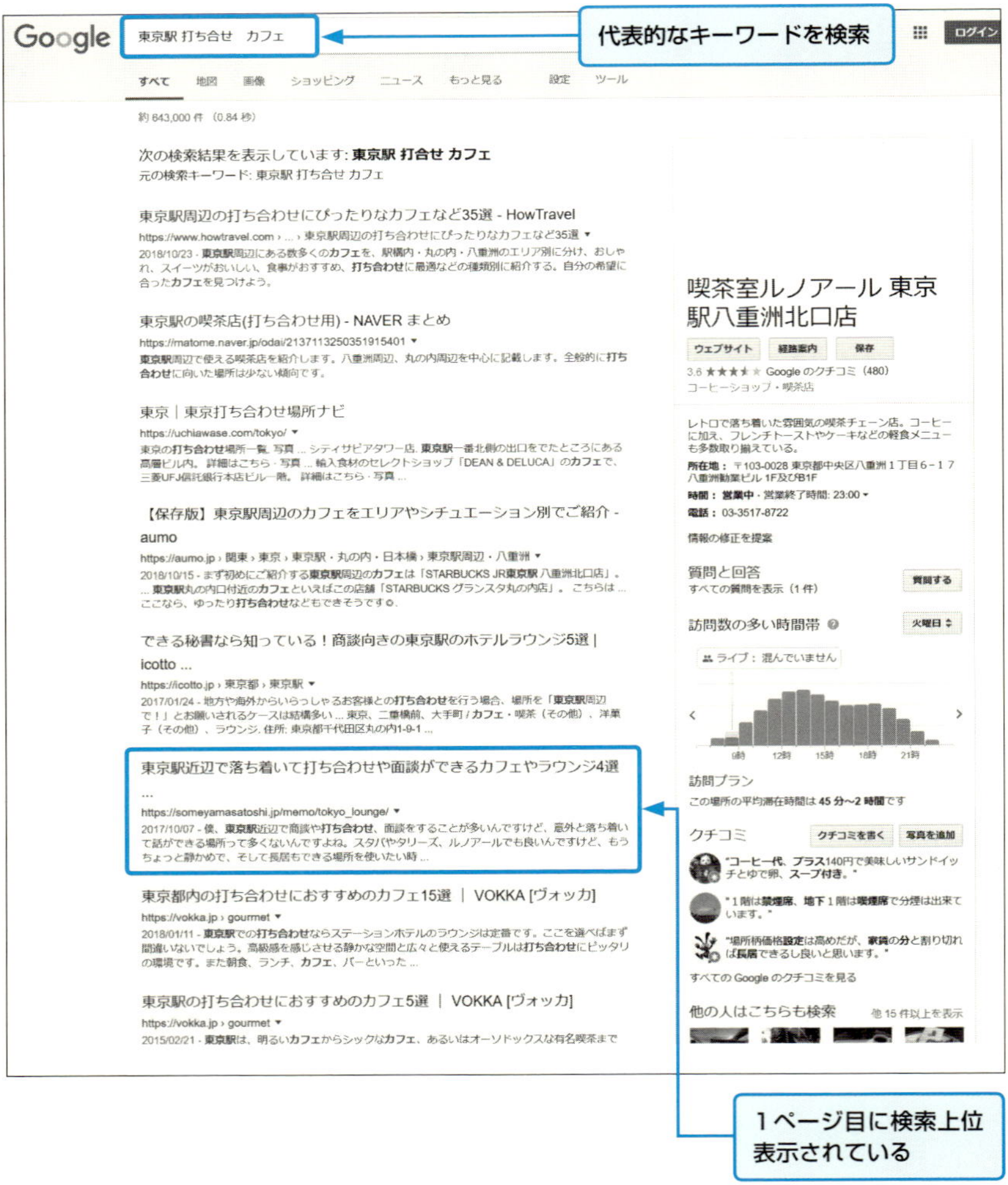

Google
東京駅 打ち合せ　カフェ
代表的なキーワードを検索
ログイン
すべて　地図　画像　ショッピング　ニュース　もっと見る　設定　ツール
約 643,000 件 （0.84 秒）
次の検索結果を表示しています: 東京駅 打合せ カフェ
元の検索キーワード: 東京駅 打ち合せ カフェ
東京駅周辺の打ち合わせにぴったりなカフェなど35選 - HowTravel
https://www.howtravel.com › ... › 東京駅周辺の打ち合わせにぴったりなカフェなど35選
2018/10/23 - 東京駅周辺にある数多くのカフェを、駅構内・丸の内・八重洲のエリア別に分け、おしゃれ、スイーツがおいしい、食事がおすすめ、打ち合わせに最適などの種類別に紹介する。自分の希望に合ったカフェを見つけよう。
東京駅の喫茶店(打ち合わせ用) - NAVER まとめ
https://matome.naver.jp/odai/2137113250351915401
東京駅周辺で使える喫茶店を紹介します。八重洲周辺、丸の内周辺を中心に記載します。全般的に打ち合わせに向いた場所は少ない傾向です。
東京｜東京打ち合わせ場所ナビ
https://uchiawase.com/tokyo/
東京の打ち合わせ場所一覧. 写真 ... シティサピアタワー店. 東京駅一番北側の出口をでたところにある高層ビル内。 詳細はこちら · 写真 ... 輸入食材のセレクトショップ「DEAN & DELUCA」のカフェで、三菱UFJ信託銀行本店ビル一階。 詳細はこちら · 写真 ...
【保存版】東京駅周辺のカフェをエリアやシチュエーション別でご紹介 - aumo
https://aumo.jp › 関東 › 東京 › 東京駅・丸の内・日本橋 › 東京駅周辺・八重洲
2018/10/15 - まず初めにご紹介する東京駅周辺のカフェは「STARBUCKS JR東京駅 八重洲北口店」。... 東京駅丸の内口付近のカフェといえばこの店舗「STARBUCKS グランスタ丸の内店」。 こちらは ... ここなら、ゆったり打ち合わせなどもできそうですね。
できる秘書なら知っている！商談向きの東京駅のホテルラウンジ5選｜icotto ...
https://icotto.jp › 東京都 › 東京駅
2017/01/24 - 地方や海外からいらっしゃるお客様との打ち合わせを行う場合、場所を「東京駅周辺で！」とお願いされるケースは結構多い ... 東京、二重橋前、大手町 / カフェ・喫茶（その他）、洋菓子（その他）、ラウンジ. 住所: 東京都千代田区丸の内1-9-1 ...
東京駅近辺で落ち着いて打ち合わせや面談ができるカフェやラウンジ4選 ...
https://someyamasatoshi.jp/memo/tokyo_lounge/
2017/10/07 - 僕、東京駅近辺で商談や打ち合わせ、面談をすることが多いんですけど、意外と落ち着いて話ができる場所って多くないんですよね。スタバやタリーズ、ルノアールでも良いんですけど、もうちょっと静かめで、そして長居もできる場所を使いたい時 ...
東京都内の打ち合わせにおすすめのカフェ15選 ｜ VOKKA [ヴォッカ]
https://vokka.jp › gourmet
2018/01/11 - 東京駅での打ち合わせならステーションホテルのラウンジは定番です。ここを選べばまず間違いないでしょう。高級感を感じさせる静かな空間と広々と使えるテーブルは打ち合わせにピッタリの環境です。また朝食、ランチ、カフェ、バーといった ...
東京駅の打ち合わせにおすすめのカフェ5選 ｜ VOKKA [ヴォッカ]
https://vokka.jp › gourmet
2015/02/21 - 東京駅は、明るいカフェからシックなカフェ、あるいはオーソドックスな有名喫茶まで
喫茶室ルノアール 東京駅八重洲北口店
ウェブサイト　経路案内　保存
3.6 Google のクチコミ（480）
コーヒーショップ・喫茶店
レトロで落ち着いた雰囲気の喫茶チェーン店。コーヒーに加え、フレンチトーストやケーキなどの軽食メニューも多数取り揃えている。
所在地： 〒103-0028 東京都中央区八重洲１丁目６－１７ 八重洲勧業ビル 1F及びB1F
時間： 営業中・営業終了時間: 23:00
電話： 03-3517-8722
情報の修正を提案
質問と回答
すべての質問を表示（1 件）
質問する
訪問数の多い時間帯
火曜日
ライブ： 混んでいません
9時　12時　15時　18時　21時
訪問プラン
この場所の平均滞在時間は 45 分～2 時間です
クチコミ
クチコミを書く　写真を追加
"コーヒー代、プラス140円で美味しいサンドイッチとゆで卵、スープ付き。"
"1 階は禁煙席、地下 1 階は喫煙席で分煙は出来ています。"
"場所柄価格設定は高めだが、家賃の分と割り切れば長居できるし良いと思います。"
すべての Google のクチコミを見る
他の人はこちらも検索
他 15 件以上を表示
１ページ目に検索上位表示されている

5時限目

YouTube実習室

動画をつくってみよう

動画なんて、ちゃんと撮ったことないけど大丈夫かな？
動画って撮るのも編集するのも意外と簡単なんです。

01 スマホで動画をつくってみよう

1 スマホで撮って、そのまま編集

ここからは実際に撮影をして編集をして、YouTubeにアップするところまでやっていきましょう。

動画づくりのスタートは、映像や写真など動画のもとになる素材を用意することです。そして、映像や写真の撮影ができる機材を用意します。撮影ができる機材で、身近にあるものといえば、次の3つです。

- ビデオカメラ
- デジタルカメラ・一眼レフカメラ
- スマートフォン（タブレット）

それぞれメリットもデメリットもありますが、ここではオールラウンドプレイヤーで使いやすいスマートフォンで撮影していきます。スマートフォンを使うからといっても、撮影テクニックや設定はビデオカメラやデジタルカメラでも使えるものです。

ここで覚えたことはいろいろと応用できるので、基礎力をつけていきましょう。

スマートフォンには、ほかの機材にないとても便利な点があります。それは「**撮影してすぐに、動画データをどこかに動かすことなく、スマートフォンの中でそのまま編集できる**」ことです。この便利さと手軽さは、動画をつくろうという気持ちを持続させてくれます。

撮ったらそのまま編集。この気軽さで、どんどん動画をつくっていきましょう。

2 お勧めのスマートフォン編集アプリ

スマートフォンで編集するときは「編集アプリ」を使用します。編集アプリはたくさんの種類があるので、どれを使うか悩むところですが、ここでは機能もよく、

● **VivaVideo Pro**

https://play.google.com/store/apps/details?id=com.quvideo.xiaoying.pro

iOS（**iPhone**など）、**Android**ともに使用できる「**VivaVideo Pro**」という編集アプリを使用します。

iPhoneなら、**Apple**の公式アプリとして「**iMovie**」という編集アプリが有料でありますが、**VivaVideo Pro**に比べて、フリーで使用できる音楽が少なかったり、挿入できる文字の種類が少なかったり、制約も多いのが難点です。

VivaVideo Proには、無料版と有料版があります。無料版は使用制限がありますし、有料といっても４００円未満なので、使い勝手を考えたら最初から有料版を購入することをお勧めします。

3 スマホ用撮影小物で目立つ動画をつくってみよう

スマートフォンの普及にあわせて、スマートフォン用の撮影に使える小物もたくさん販売されています。これらの小物を上手に使うことで、手ブレがなくなったり、手持ちでは撮ることができないような映像が撮れたりします。

プロ仕様の動画になるスマホ用撮影小物

スマートフォン用三脚 koolertron スマートフォンビデオリグ https://www.amazon.co.jp/dp/B07MRFSHN4 	スマートフォンの魅力は手のひらサイズで持ち運びがいいところ。それだけに手で持って撮影するとスマートフォンが揺れて手ブレの原因となる。 固定の位置からの映像でいいのであれば、スマートフォンを三脚に固定して使用するのがお勧め。スマートフォン専用の三脚もたくさんあるが、横にカメラを振るパンや縦に動かすチルトの性能はあまりよくない。これを助けてくれるのが、一般的なカメラ用の三脚にスマートフォンをつけることができる三脚用アタッチメント。これがあれば、スムーズなスライド映像などが簡単に撮影することができるようになる
スタビライザースティック DJI Osmo Mobile 3 https://www.dji.com/jp/osmo-mobile-3 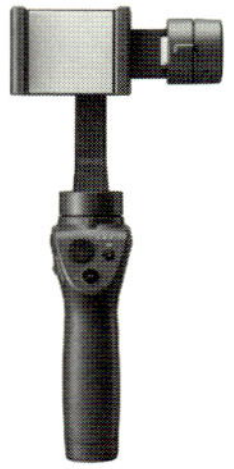	スタビライザーは安定装置という意味で、その意味のとおり、このスティックにスマートフォンをつけると、歩きながら撮影しても手ブレした映像にならず、まるで空を飛んでいるような映像を撮ることができる。スマートフォンの魅力は、サイズの小ささと手軽さ。この魅力を最大限に活かした映像が撮れると、ほかの人より一歩抜き出た映像が撮れる。この撮り方を最大限にサポートしてくれるのがスタビライザースティック。イベントを紹介する動画、モデルルームを紹介する動画、商品の細部にまで近づいて説明するような動画と、いろいろなシーンで活用できる。特に商品を説明するアフィリエイト動画では、見ている人に手ブレによるストレスを与えることなく、商品のさまざまなところを紹介できる

02 パソコンで動画をつくってみよう

1 パソコンならテレビ通販番組も再現できる

スマートフォンの編集は手軽で便利ですが、映像のラインが1ラインしかないため、映像に別の映像を被せたり、ロゴを被せたり、映像を重ねる編集ができません。

これに対してパソコンの編集ソフトには、複数の映像ラインを使って、映像に映像を重ねていくテレビのような編集ができるソフトもたくさんあります。このソフトを使えば、テレビ通販のように商品の映像に文字を挿入したり、2つの映像を使って商品を説明したり、常にブログのURLを表示したりと、さまざまな情

● ひとつの画面にいろいろな情報を盛り込める

報をひとつの画面の中に映し出すことができるようになります。スマートフォンの手軽さに加えて、より本格的に伝える方法もマスターすれば鬼に金棒、「**アフィリエイトに誘導することを意識すると、〝クオリティの高い動画〟〝さまざまな問いあわせ誘導方法を含んだ動画〟が効果を発揮**」するので、パソコンソフトでの編集にぜひチャレンジしてみてください。

2 お勧めのパソコン編集ソフト

パソコンの編集ソフトもたくさんの種類がありますが、ここでは**Adobe Premiere Elements 2019**（以下、**Premiere Elements**）をご紹介します。

Premiere Elementsは複数の映像ラインの編集ができることに加え、多くのプロが使用している**Adobe Premiere Pro**から、一般の人が使用しやすい機能をピックアップしてきたソフトなので、慣れてくると本当にテレビ並みの映像がつくれるようになります。よりクオリティの高い動画にもチャレンジできるよう、最初からこのソフトで慣れていくようにしましょう。

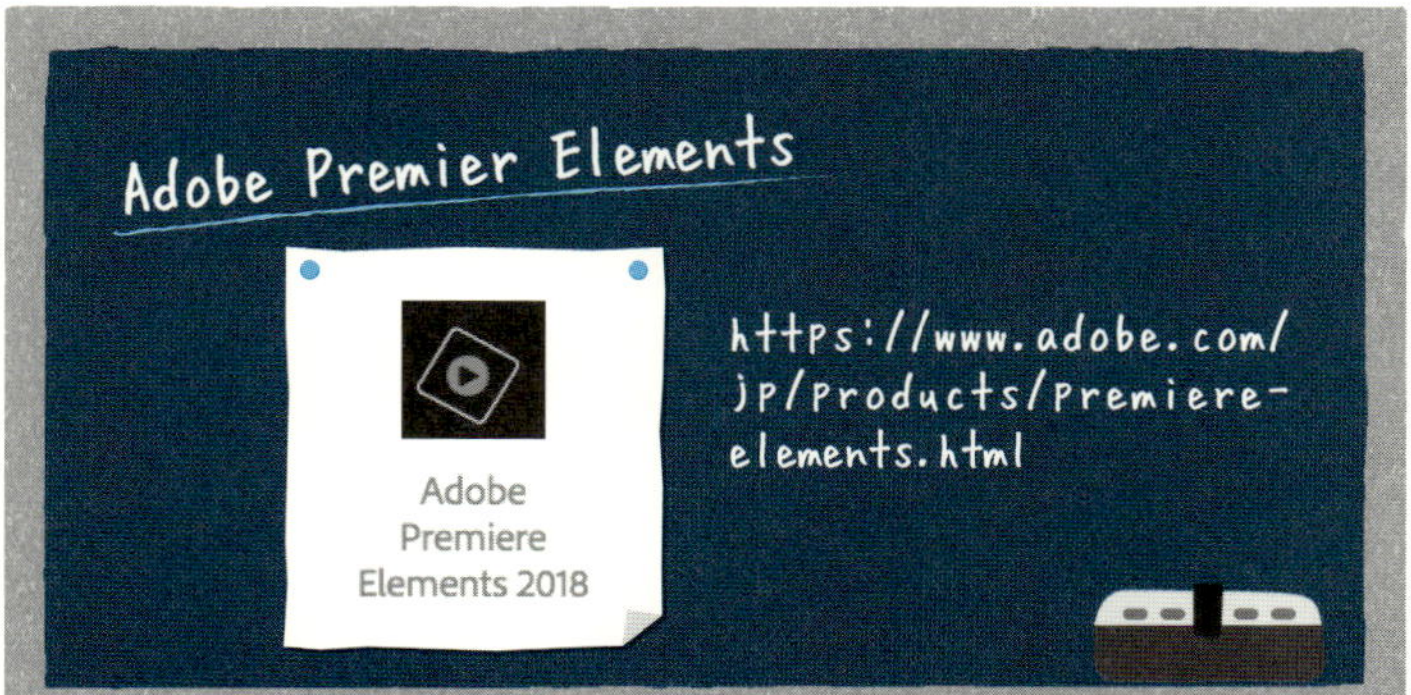

● Premiere Elements の使い方

STEP 1 Premiere Elements を起動したら、「メディアを追加」から、編集したい素材を選んで読み込む

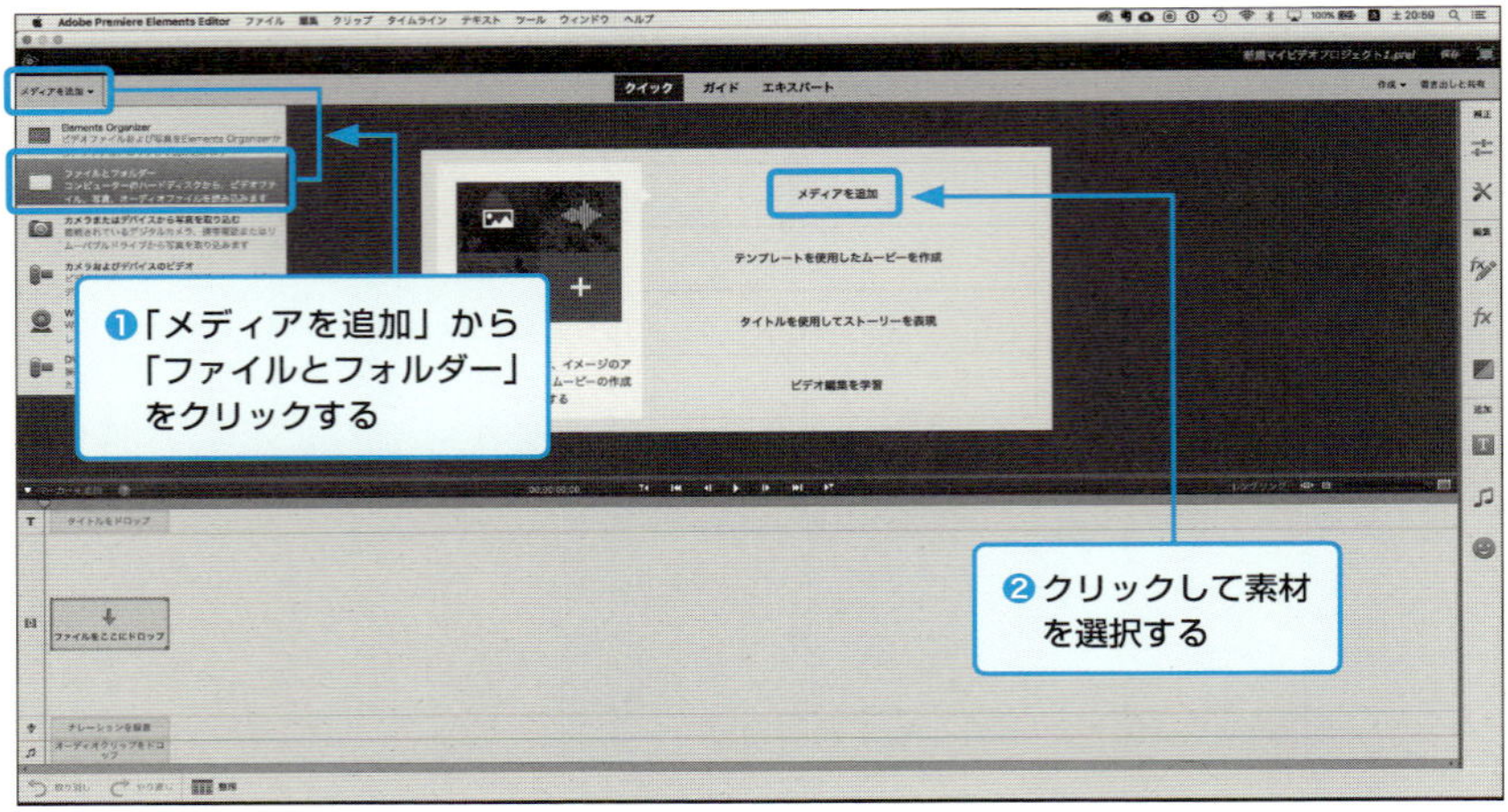
❶「メディアを追加」から
「ファイルとフォルダー」
をクリックする
❷クリックして素材
を選択する

STEP 2 素材が読み込まれると、そのままタイムラインに組み込まれる

Premiere Elements は、簡単な編集をする「クイック」と素材をオーバレイする（被せる）など高度な編集ができる「エキスパート」と、2 つの表示方法が選択できる。

クイック

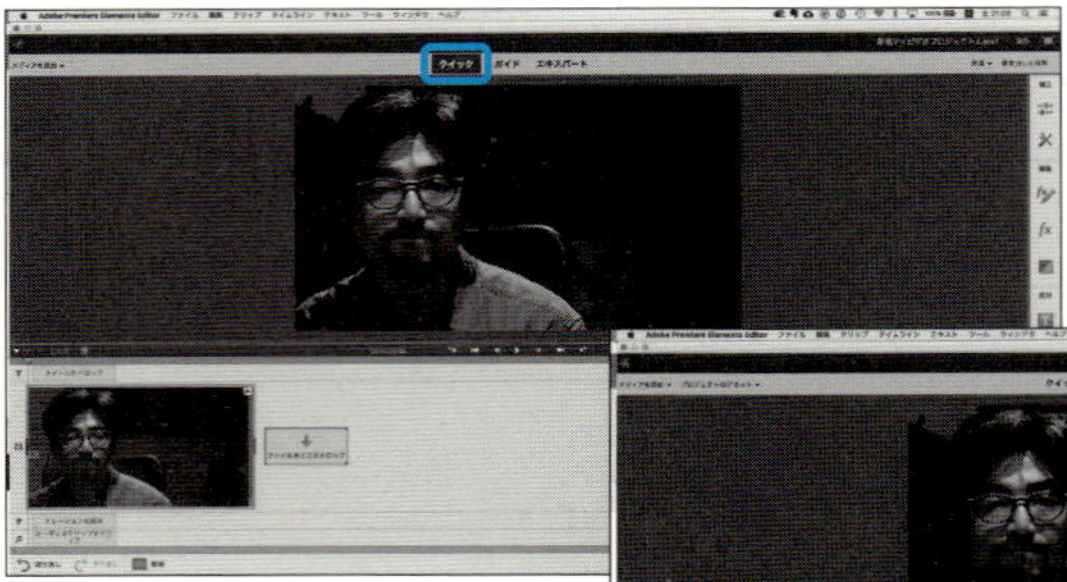

エキスパート

STEP 3 動画を分割する場合は、分割したい場所で表示されるハサミボタンをクリックすると分割できる

分割した動画を削除したい場合は削除したい動画を選択して右クリックすると「削除」もしくは「削除し間隔を詰める」で削除できる。

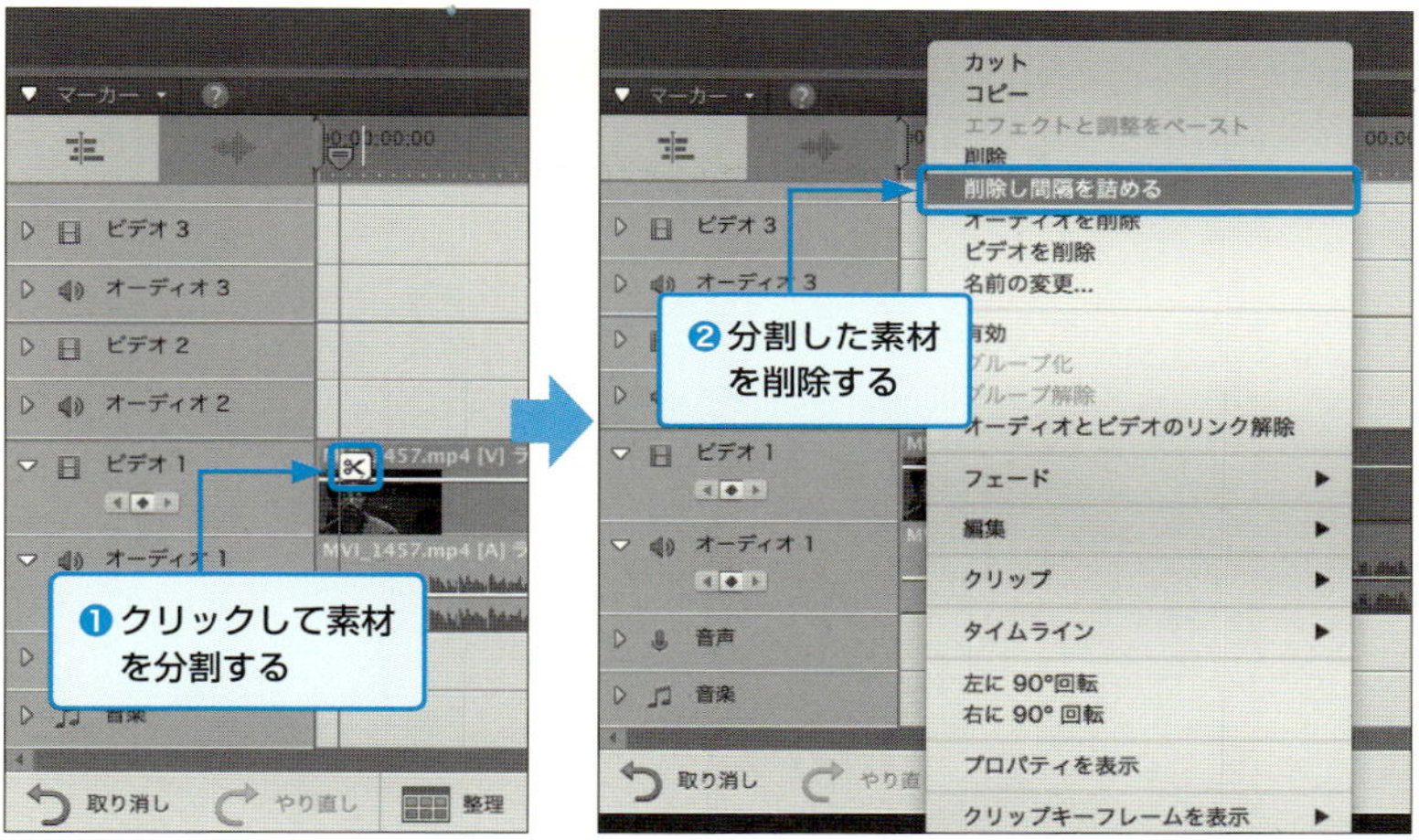

STEP 4 動画の編集が終わったら、動画を書き出して保存する

保存は右上部の「書き出しと共有」をクリックすると書き出し設定の画面がポップアップする。

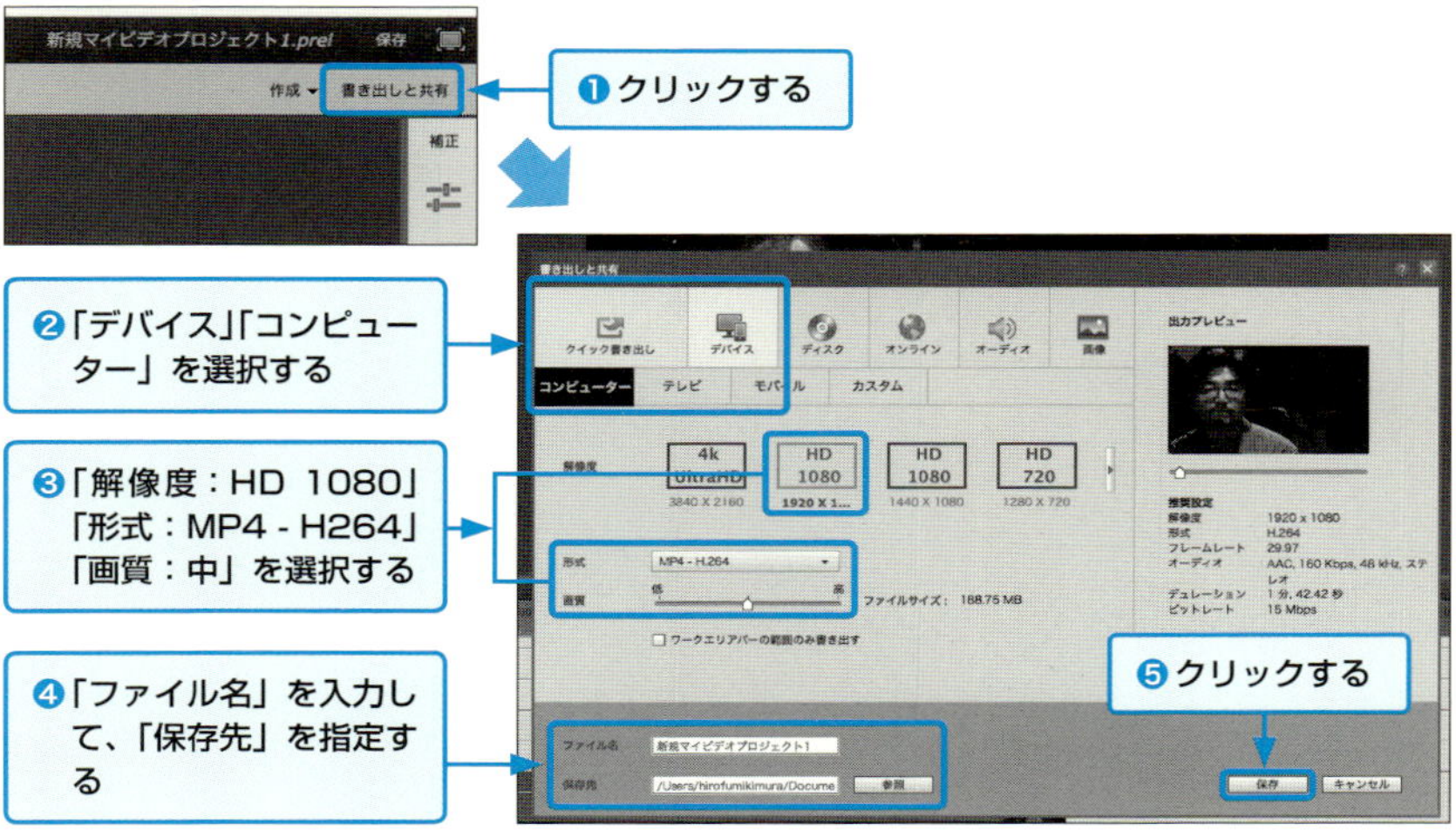

ここでは**Premiere Elements**を使ってお話ししましたが、動画編集ソフトはどのソフトでも考え方は同じで、ボタンや名称が違うだけです。無料で試用できるソフトも多いので、自分にあったソフトを選んでチャレンジしてみましょう。

3 機材がわかれば撮影は怖くない

❶ 撮影用カメラの選び方

アフィリエイトへとつながる動画は、カッコよかったり機能性がわかったりと、見た人がほしいと思えるような動画を効率的につくることが結果につながります。そのために大切なのが、「**〝何を使って撮るか〟という機材選び**」です。何しろさまざまな目的や用途にあわせてたくさんの機材があって、値段が高いからといって自分にいいわけでもないし、ほかの人が使っているからといっていいわけでもありません。ここではアフィリエイトに使う動画を前提に、その機能と目的からお勧めの撮影用カメラを紹介していきます。

またここ数年は、さまざまな使用目的にあわせた特殊なカメラがどんどん安価で発表され、私たちも入手しやすくなっています。一般的なカメラ以外でもアフィリエイトに使えるカメラがあるので、ご紹介します。特殊なカメラを使って一般的なカメラでは撮れない動画を撮れば、訴求力が高まることは間違いありません。

● 主な撮影用カメラ

ビデオカメラ 	Good 誰でも簡単に撮れるように設定されているので、フォーカスの調整なども簡単で撮影に失敗がない。ハードディスク内蔵型や大容量のSDカードに対応した機種も多く、長時間撮影できる Bad 誰でも簡単に撮影できるようオートフォーカス設定がしっかりしているため、画面のすべてにピントがあい、迫力のないのっぺらな映像になってしまう
デジタルカメラ 	Good 写真撮影をメインとした機材なので、レンズがよく細かい設定もしやすい。特にレンズを交換できる一眼レフやミラーレス一眼タイプだと、用途に応じてレンズを交換することで、ぼけ味をつけた深度（立体感）のある映像を撮ることができる Bad 細かい設定ができることの裏返しで、正しい設定も難しくなる。また、30分を超える長い時間の連続撮影できる機種はほとんどない
スマートフォン 	Good いつも持っているスマートフォンなので、手軽に撮影ができる。サイズが小さく取り回しがいいので、さまざまな角度から撮影することができる Bad 取り回しがいい分、手ブレした映像になりやすい。ズームなど、撮影しながら使用する機能が使いにくい
アクションカメラ 	GoProに代表される、小型で身につけたり自転車など乗り物につけたりすることができるカメラ。使用している臨場感を出したいときにお勧め。乗り物など動いているものに取りつける撮影向き。広角（左右上下、通常のカメラより広い範囲が撮影できる）のため商品の1点に集中して紹介するような動画には向いていない
360°カメラ 	RICOHのTHETAなど、広角レンズと画像解析で360°視野の映像を撮影できるカメラ。不動産物件や観光地など、360°すべてを見てもらいたいときに効果的
ドローン 	説明する必要もないほど普及してきたドローン。ドローンは重さが200グラムを超えると航空法の規制対象になるので、屋外での使用が難しいが、DJIのTELLOなど、200グラム未満のトイドローン（おもちゃドローン）であれば、航空法の規制を受けず使用できる。航空法以外にもさまざまな規制があるので、外で飛ばすときは各関係機関に確認が必要

それぞれのカメラの特徴を理解することで、用途に応じたカメラを選べば表現方法が大きく広がります。撮り方についてもこれからお話ししていくので、何をどう伝えたいかを考えながらカメラを選んでみましょう。

② 照明やクロマキーの選び方

あなたが映像を撮影する場所はかぎられてくると思います。自宅などだと、写ってはいけないものがどうしても写り込んでしまったり、明かりが暗くてきれいな映像にならなかったりしがちです。この悩みを解決するのが撮影用照明器具やクロマキー（171頁参照）といった撮影グッズです。ここでは、撮影しやすい環境にするグッズをご紹介します。

ここで知っておいてほしいのが、「**照明機材はひとつではなく2つ以上準備する**」ということです。照明をひとつだけ人や物に向けると、光の反対側に影ができてしまいます。そういう演出ということならカッコいいのですが、一般的には影がつくと、硬い暗い動画になってしまいます。

これを防ぐ方法が、「**左右両方から照明をあてる**」方法です。照明を一方からあてると光の反対に影ができます。反対からも光をあてると先ほどの影がなくなり、商品や人物がくっきりと浮かびあがるように明るくなります。

この対応をするためには2つ以上の照明器具が必要になります。

アマゾンや楽天で、「ＬＥＤ照明　ビデオ」といった検索ワードで検索すると、いろいろな商品が出てくるので参考にしてください（次頁参照）。

● アマゾンで「LED照明　ビデオ」と検索した例

4 撮影用の照明機材

自宅や会議室で映像を撮影すると、どうしても映像が暗くなってしまいます。これは自宅の部屋でも会議室などの施設でも、部屋全体を明るくする目的の照明になっているからです。動画を撮影するときは、商品など目的物をはっきりさせることが必要ですが、目的物も周囲も同じような光の加減になってしまうので暗く見えてしまうわけです。

　これを解決するには撮影用に照明を準備して、商品だけをスポットでライティングして明るくしてあげることになります。照明器具類はカメラほどメジャーではないので、どんなものがあるかもわからない人が多いと思います。ここでは撮影に使える照明機材のうちメジャーなものをご紹介します（下図参照）。

● あるとできあがりがグッと変わる撮影グッズ

LED照明 	撮影用の照明器具も、LEDに対応したものが多く出てきました。さらにネット通販を通じて、安価に撮影用照明機器が購入できるようになってきています。これらをうまく使えば、安価にプロ並みの動画がつくれるようになります。 LED照明器具はAmazonなどネット通販サイトで１万円未満でも発売されていますので、気になる方はチェックしてください
ライト ボックス 	小さな物を撮るときは、周囲に光がまんべんなくあたるように設計された撮影ボックスを検討するのもいいでしょう。極小の撮影スタジオといった感じのこのボックスは、多くが白色の箱でできていて、光が全体に分散してボックス内が明るくなるように設計されています。 この中に商品を入れると、とても魅力的に写すことができます。指輪や小物など、比較的小さなものを撮影する動画を考えているときはこの撮影ボックスを使用することがお勧めです

5 背景を自由に変えることができるクロマキー

ニュースの天気予報のコーナーで、よく天気図の上にお天気キャスターが重なった映像を見ます。これは天気図の映像と人の映像を合成してつくっています。この技術をクロマキーといいます。

天気予報の絵でお話しします（下図参照）。

クロマキーをするためには、人物を映像から切り抜いて天気図に載せないといけません。そのために切り取りやすいように背景が単色（主に緑）のところで撮影をします。この単色にするために背景に敷くスクリーンを「**クロマキースクリーン**」といいます。

このクロマキースクリーン、**Amazon**などネット通販サイトで1万円程度で販売されていたりします。スマートフォンの編集ソフトでは難しいですが、パソコンの編集ソフトにはクロマキー編集対応したものも多

● クロマキーを使うと映像がプロっぽくなる

うまくかぶせるコツは、キーカラーをはっきりさせることなので、照明を使って、影が出ないように満遍なく同じ色になるよう、背景シートを設置して撮影します。

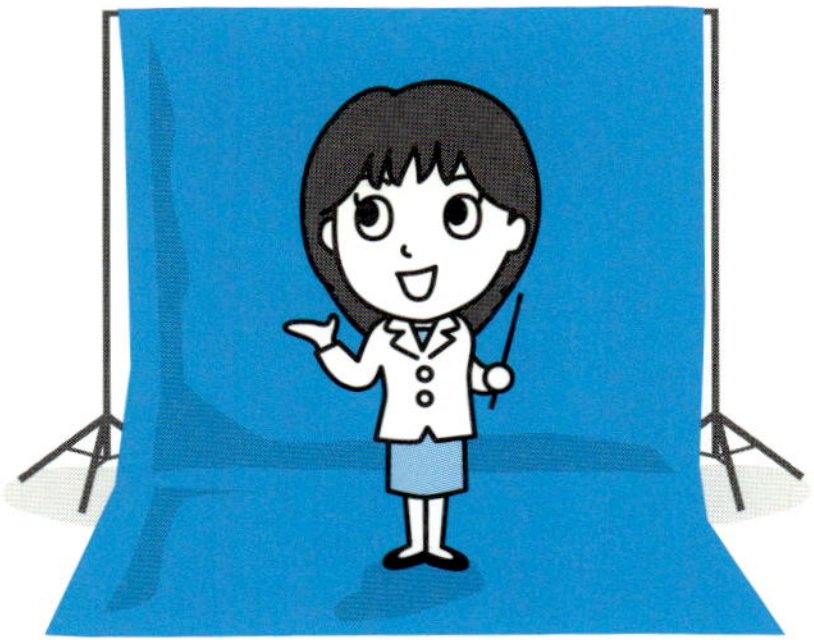

グリーンやブルーなど、特定の色をキーカラーにして映像の一部を透明にし、そこに別の映像をかぶせて合成する方法です。

いので、クロマキー撮影ができる機材をそろえれば、背景を変えたクロマキー動画をつくることができます。

また自宅で部屋が散らかっているときでも、クロマキースクリーンを必要なときだけ準備して、自宅の部屋が映らないように背景（バックドロップといいます）として使用することもできます。

うまく活用すれば、どんなところでも撮影しやすい環境づくりのツールにもなります。

6 マイクの選び方

「動画では映像以上に〝音〟を大切に」しなくてはいけません。動画を見たとき、映像はアバウトに記憶しているだけなので、髪型が少し変わったくらいでは気づかなかったりもします。ところが、音については少しでも異音や雑音が入ると、そこにピンと神経が注がれます。そのため、「**映像がよくても音が悪いと、見ている人に不快感を与えてしまう**」のです。こうならな

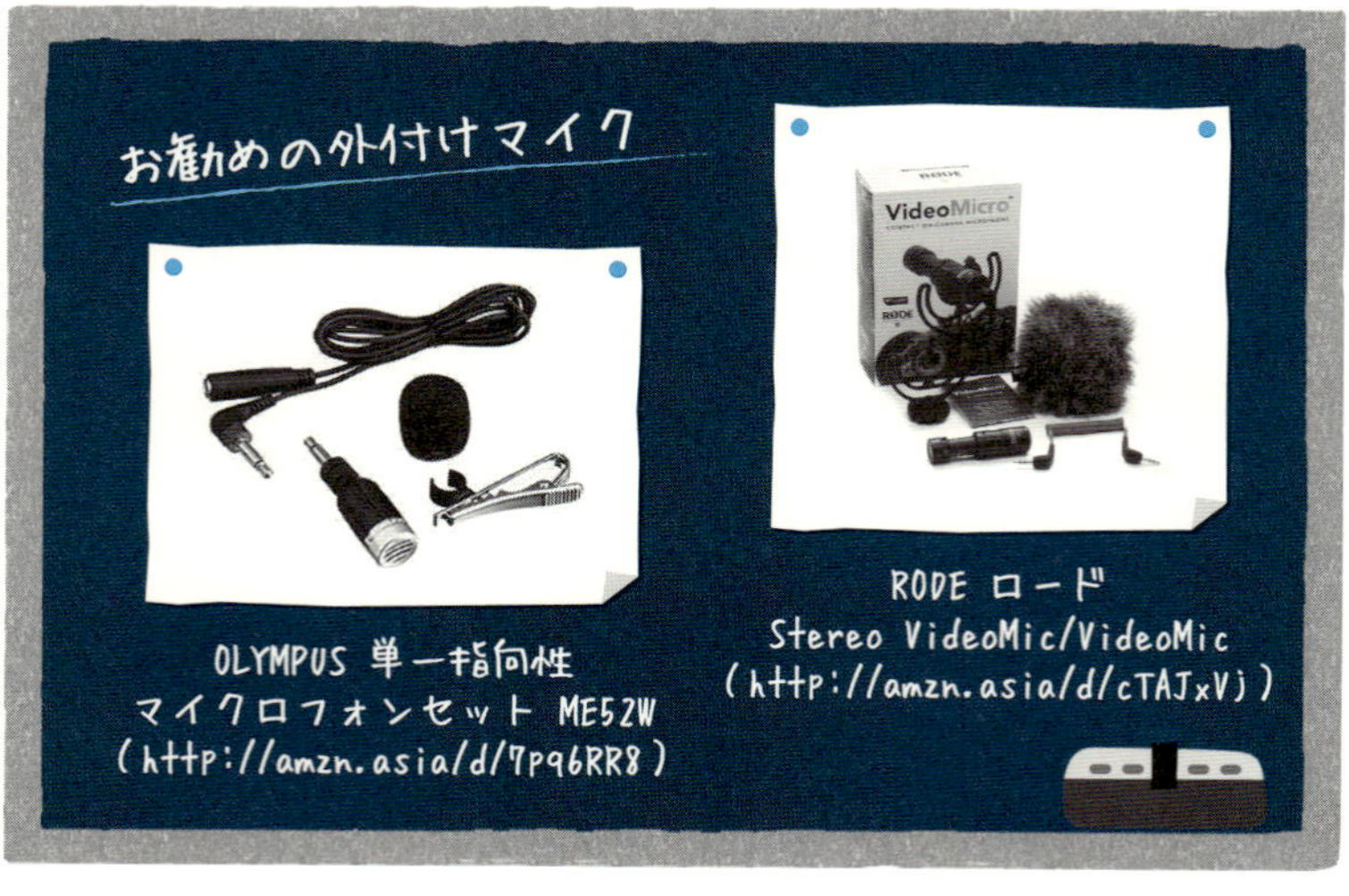
お勧めの外付けマイク
OLYMPUS 単一指向性
マイクロフォンセット ME52W
（http://amzn.asia/d/7p96RR8）
RODE ロード
Stereo VideoMic/VideoMic
（http://amzn.asia/d/cTAJxVj）

いためには、録音するためのマイクにこだわることが大切です。**「マイクには音を拾う方向と幅があって、これを〝マイクの指向性〟といいます」**。

ビデオカメラもスマートフォンももともと内蔵されているマイクは、誰でも扱いやすいように幅広い範囲で音を拾うようになっています。そのため周囲の雑音を拾ってしまったり、話している人の声が聞き取りにくかったりすることがあるわけです。この状態を解消するのがビデオカメラやデジタルカメラで撮影するときに使用したい、**「外付けのマイク」**です。

たとえば、マイクが向いている方向の音だけ拾うマイク（単一指向性といいます）をスマートフォンにつけることで、正面の音だけを拾って撮影することができます。こうすることで、映像に映っている人の声をしっかりと録音した映像にすることができます。

少しのこだわりで、格段に伝わりやすい動画になるので、マイクにはぜひこだわってください。

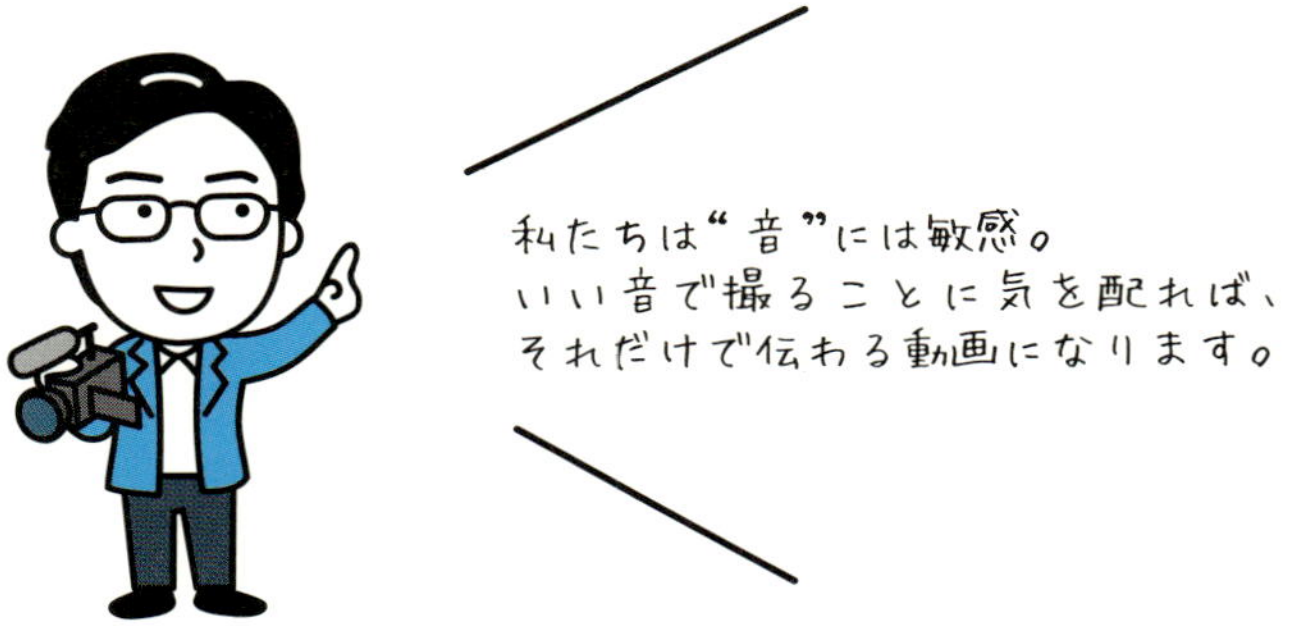
私たちは“音”には敏感。
いい音で撮ることに気を配れば、
それだけで伝わる動画になります。

03 伝えるストーリーを考えてみよう

1 ストーリー構成を考えてみよう

「動画視聴者に商品の購入や申し込みをしてもらうためには、ただ動画を撮るのではなく、ゴールに向けてストーリーの展開をつくっていくことが大切」です。

❶ 動画の長さを何分にして、どこで何をするか考える

動画、特にYouTubeをはじめとするウェブ動画は、すき間時間に見られることが多いので、長い動画は敬遠されがちです。それだけにできるだけ短く伝えることが大切になります。

「**ウェブ動画のコツは、短いネタを積みあげてひとつの動画にしていく**」ことです。「**ひとつのネタを90秒の時間を基準に考えれば、わかりやすい動画に**」なります。

たとえば、ジューサーミキサーの使用動画であれば、商品本体のデザインを見せるのに90秒、

ミキサーに野菜などを入れるのに90秒、ミキサーが動いているところを見せるのに90秒、完成したジュースを飲んだ感想に90秒。これで4つのネタ区切りで合計6分の動画ができあがります。実際には、ここまできっちりと時間を区切る必要はないので、5分でも4分でもかまいません。ここは**「細かい時間にとらわれるより、テンポよくを意識」**すれば大丈夫です。ネタもこのように区切ると、どう伝えるか何を伝えるかが考えやすくなり、動画がつくりやすくなります。

❷ 画面をいろいろと切り替えると視聴者は飽きない

自分一人で動画を撮ると、どうしてもひとつのカメラでずっと撮影してしまうので、見ている人には画面が変わらない退屈な動画になってしまいます。これでは伝わるものも伝わりません。これを防ぐためにやってほしいことは、**「場面を分けて撮影する」**ことです。先述したように、動画は90秒くらいの短いネタを積みあげてつくるといいので、ひとつのネタごとに自分をアップにしていた画を少し引いて商品も見えるようにするとか、撮る場所をリ

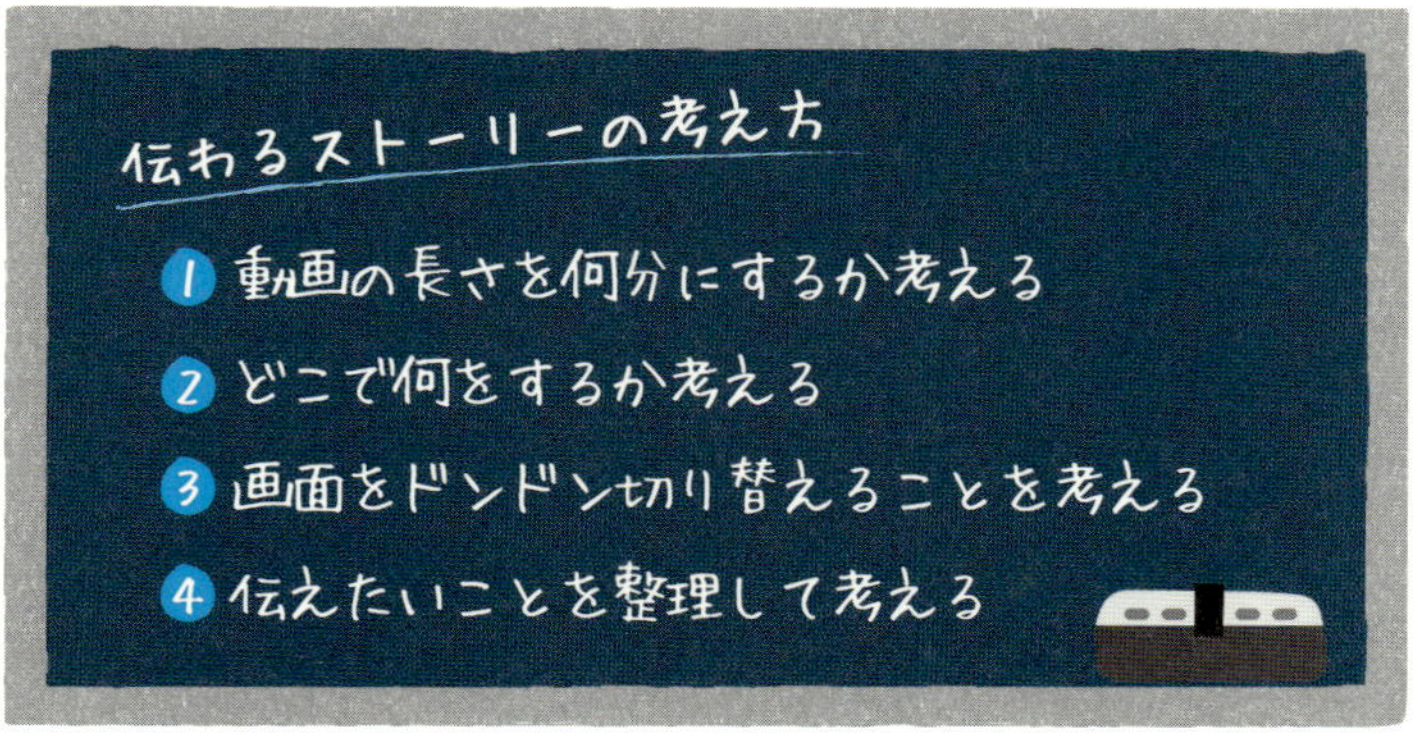
伝わるストーリーの考え方
1 動画の長さを何分にするか考える
2 どこで何をするか考える
3 画面をドンドン切り替えることを考える
4 伝えたいことを整理して考える

ビングから台所に変えるとか、パッと見てわかるような画の転換が多くあると、見ている人が飽きずに動画を見ることができます。もちろん話のところどころに商品の写真などを差し込むのもありです。「**何かしら画を変えていくことで、リズムをつけていくことを考える**」と、伝わる動画ができあがります。

❸ 伝えることを整理しておこう

動画を撮ってみるとわかるのですが、言い忘れたことがあとからあとからどんどん出てきます。これにあわせて何度も何度も動画を撮り直していると疲れてしまいます。そうならないように、動画を撮る前に何をどう話すかをしっかり考えておくようにします。

とはいえ、慣れていないと台本を棒読みしてしまうことになるので、心の込もっていない話し方になってしまいます。棒読みにならないためにも、大まかな〝流れ〟を紙にまとめておくようにします。

テレビなどプロの現場では、詳細な台本だけでなく、大まかな流れをまとめた構成台本というものがあります。「**何をいつどのように話すかが大まかにわかっていると、伝えなくてはいけないことを忘れることも少なくなって、効果的に伝わるストーリー展開で話を進めていくことができる**」ようになります。撮ることを繰り返すより、準備の段階で構成を考える。これは動画制作を効率的に行うコツなので、内容をまとめてから撮影するクセをつけましょう。

構成表サンプル

【タイトル】 セミナー事業説明動画		日付 2019 年 1 月 13 日 No.
TIME	イメージ	参考・ナレーション・テロップなど
00:00 00:15		オープニング 司会A 「今日は、来月私たちのセミナーに登壇いただく○○さんにインタビューさせていただきます」
00:15 01:00		登壇者紹介 司会A 「それでは早速ですが、○○さんのご登場です！」 ○○さん 「よろしくお願いします」
01:00 02:30		セミナー説明 ○○さん 「セミナーでは中小企業に活気を与えるある会社の取り組みをご紹介しながら……」 （1分30秒のセミナーの内容をご紹介）
02:30 03:30		エンディング 司会A 「セミナーのお申し込みや詳しい資料は、動画の説明欄にあるURLをクリックしてお問いあわせページからお申し込みください」

04 構図を考えてみよう

動画を撮る際に考えたいのが、どのように動画の「画《え》」をつくっていくかです。自分の後ろに観葉樹や額縁を入れたり、机の上にコーヒーのマグカップを置いてみたり、花を置いて華やかにしてみたり、いろいろと風景をつくることができると思います。これを構図といい、「**構図を考えることは、動画を撮るうえでとても大切な作業**」です。ここでは、伝えたいことが最大限伝わるための構図のつくり方について考えてみましょう。

1 人が主役か商品が主役か考えてみよう

動画は情報を伝えるための手段です。それだけに、動画の主役についてもしっかり考えましょう。「**商品を紹介する動画は商品を中心に**」撮りたいですね。ただ、「**商品を説明しているあなたが目利きとして動画の主役だとしたら、商品よりあなたがしっかり映ったほうがいい**」かもしれません。

これはブログも同じです。コンテンツが大切なのか、コンテンツを書いているあなたが重要なのか。主役を何にするかで、視聴者も読者も変わってきます。動画もブログもコンテンツが増えていくにつれ、視聴者や読者の求めているものが見えてくるようになるので、ニーズにあわせた見せ方ができるといい結果につながります。

「**やってはいけないのは、商品だけを映して、人がまったく出てこない動画**」です。人が出てこないで商品だけを映す動画は、とても無機質で殺風景なものになってしまいます。言い換えると、温度を感じない動画になってしまうのです。「**より伝わる動画にするためには、あなたが〝ぜひ使ってみてください〟など、視聴者に話しかけるのがベスト**」です。

映像に出るのが恥ずかしかったりNGだとしたら、ナレーションにしてイラストに話をさせてもかまいません。「**ボーカロイド**」をはじめ、匿名でも人を動かすことができるしくみがたくさんあります。「**何かしら〝人に伝わる動画にする〟ことは、何を伝えるにも大切なこと**」なのです。

VTuber《ブイチューバー》（バーチャルYouTuber）も人気

自分が動画に出演する代わりに、アバター（自分の分身のイラスト）を使用して動画を制作するケースも増えています。バーチャル（Vertual）な出演者の動画なので、バーチャルYoutuberやVTuberといわれています。

2 背景を工夫しよう

繰り返しになりますが、動画では背景がとても大切です。なぜこれほど繰り返すのかというと、本当に多くの動画が、背景に対してまったく配慮していないのです。これは「伝える」ということでは、とてももったいないことです。背景が変わるだけで、どれだけの情報を同時に伝えることができるのかがわかると、もったいなさが理解できるはずです。

いろいろな動画を見ていると、壁など真っ白な背景で映している動画が本当に多いことに気づきます。主役だけを映さなくてはと、真面目な人ほど背景に何もない白壁を選んでしまいがちです。

でもジューサーやミキサーなら、キッチンで実際に使った映像のほうがリアリティーが出ます。それなら背景はキッチンにするのがベストです。食後に食べるサプリならダイニングテーブルで、どこでも気軽に摂れるというサプリなら公園で、このように言葉で説明しなくても、雰囲気で伝えることで視聴者に使っている感じを伝えることができます。

「撮影背景もしっかり考えられるように、どこで撮るのかも、撮影前に構成台本に足しておきましょう」。プロがかかわるテレビや舞台でも、「香盤表《こうばんひょう》」と呼ばれる、どこでどう撮るかを紙に書いたものが実際に使われています。

「背景を考えることはかっこよくいうと〝演出〟」です。伝わる動画にするためにあなた流の演出を考えてみましょう。

3 五感に訴える撮り方を考えよう

動画は、❶視覚と❷聴覚に訴えかけられる効果的な伝え方ですが、本書ではさらに一歩進んで、五感に訴えられるように、❸味覚、❹嗅覚、❺触覚にも伝わる動画を考えてみましょう。

「❶目」で「❺触覚」を伝える

次の例のようにすると、いずれも「**見せることで触覚を意識**」させています。

- **お勧めの柔軟剤で洗濯した毛布を手で押して、ふわっと跳ね返ってくる映像**
- **無農薬の卵で黄味に弾力があり、スプーンで押してもスプーンを押し返そうとする映像**
- **枕に顔を埋めて、ふわふわの枕の中に顔がしずんでいく映像**

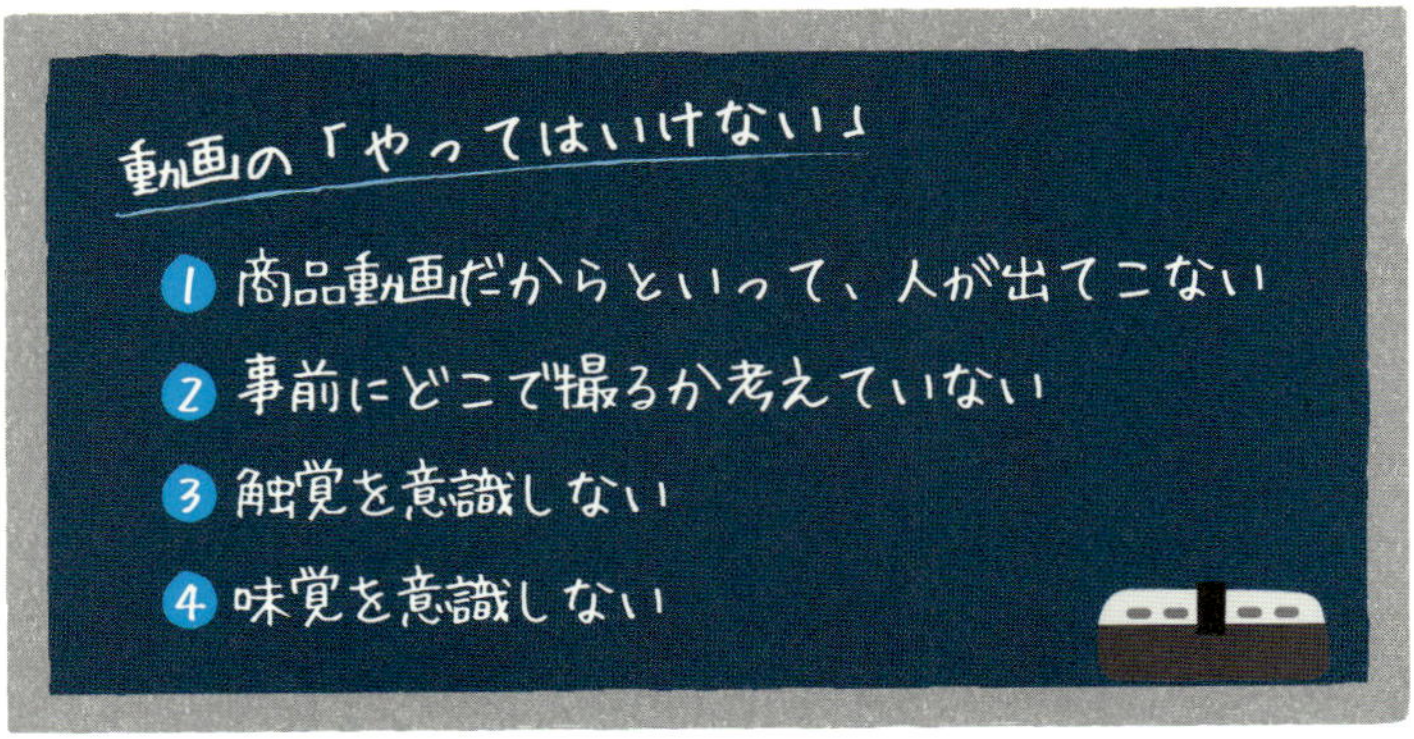
動画の「やってはいけない」
1 商品動画だからといって、人が出てこない
2 事前にどこで撮るか考えていない
3 触覚を意識しない
4 味覚を意識しない

「②音」で「③味覚」を伝える

味覚は舌で味わうものですが、「**料理は目で味わう**」という言葉もあるように、味覚は映像でも伝えることができます。もちろん視覚だけでなく、音で聴覚に訴えても味覚を伝えることができます。次の例は、いずれも音で味覚を刺激しています。

- **餃子を焼いているフライパンの蓋を開くと、ジュッと水蒸気が一気に沸き立つ音**
- **熱い鉄板に肉をのせたときのジューっという音**
- **冷たいドリンクが、ドクドクドクと音をたててグラスに注がれる音**

このように「**視聴者に与える感覚まで考えられると、とても伝わる動画になる**」ので、ただ撮るのではなく、五感を刺激するように、視聴者の目の前にあるように、伝えられる動画を目指してみましょう。

05 商品レビュー動画を撮ってみよう

ではここで、ブログ記事をサポートする動画として、「商品レビュー動画」をつくってみましょう。商品とひと言でいっても形のあるものないもの、ゲームから食べものまでさまざまなものがありますが、ここでは2つの動画にチャレンジしてみましょう。

1 「ゲーム実況動画」をつくってみよう

ゲームのレビューは文章だけでなく、実際に見てもらうとすごくわかりやすいですよね。友だちのプレイを見て、そのゲームがほしくなるような気持ちを動画で表現できれば最高です。ゲーム実況動画の多くはゲームが主役なので、人物は登場せず声のナレーションだけだったり、自分の分身のイラストに出演させるバーチャルYouTuberといわれるやり方を使います。**「バーチャルYouTuberは専用のソフトを通して自分をアニメ化して中継したり、録画したりするしくみで、最近人気です」**。ここでは声のナレーションを入れて実況動画にチャレンジしてみましょう。

● ゲーム実況動画の撮り方

準備する機材

ゲーム中継用ヘッドセット

ゲーミングヘッドセット
(http://amzn.asia/d/e01YNR6)

録画用キャプチャーボード

I-O DATA HDMI キャプチャーボード
GV-HDREC (http://amzn.asia/d/giBXY9W)

STEP 1 録画用キャプチャボードを接続する

ゲーム機とテレビをつなぐ HDMI ケーブルの間に録画用キャプチャボードをセットする。ゲーム機からの HDMI ケーブルを録画用キャプチャーボードの HDMI 入力端子に、録画用キャプチャーボードの HDMI 出力端子からの HDMI ケーブルをテレビの HDMI 入力端子に接続する。

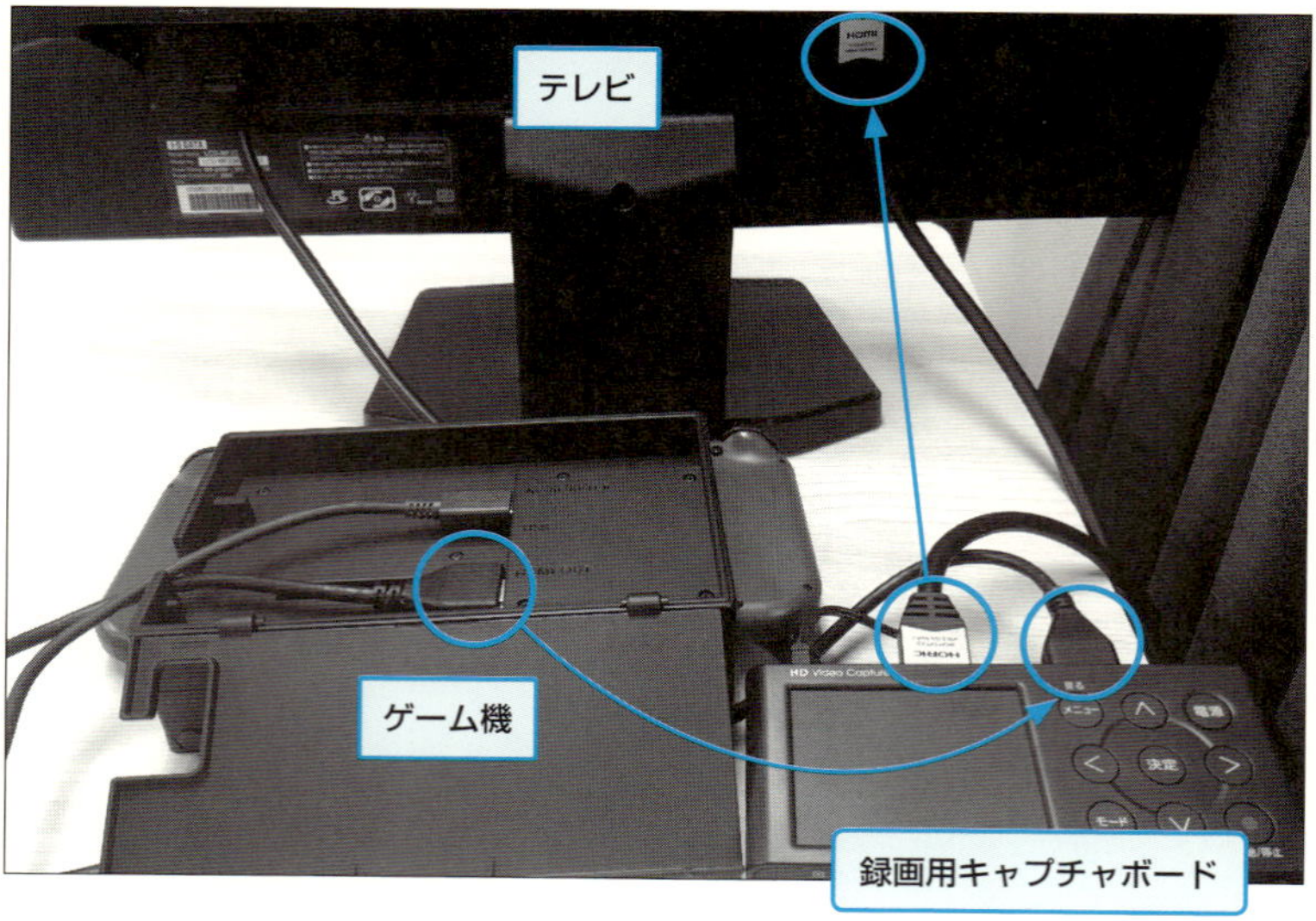

STEP 2 ゲーム中継用ヘッドセットを接続する

録画用キャプチャーボードのヘッドセット端子にヘッドセットの端子（ミニピン）を差し込む。録画後の編集時にナレーションを入れる場合は、この作業は不要。

STEP 3 保存用 SD カードをセットする

保存用の SD カードを録画用キャプチャーボードにセットする。SD カードは録画用キャプチャーボードによって使用できる種類に制約があるので、必ず取扱説明書を確認して使用できる SD カードを使用する。SD カードをこの機器ではじめて使用するときは、カードの初期化を忘れずにやる。

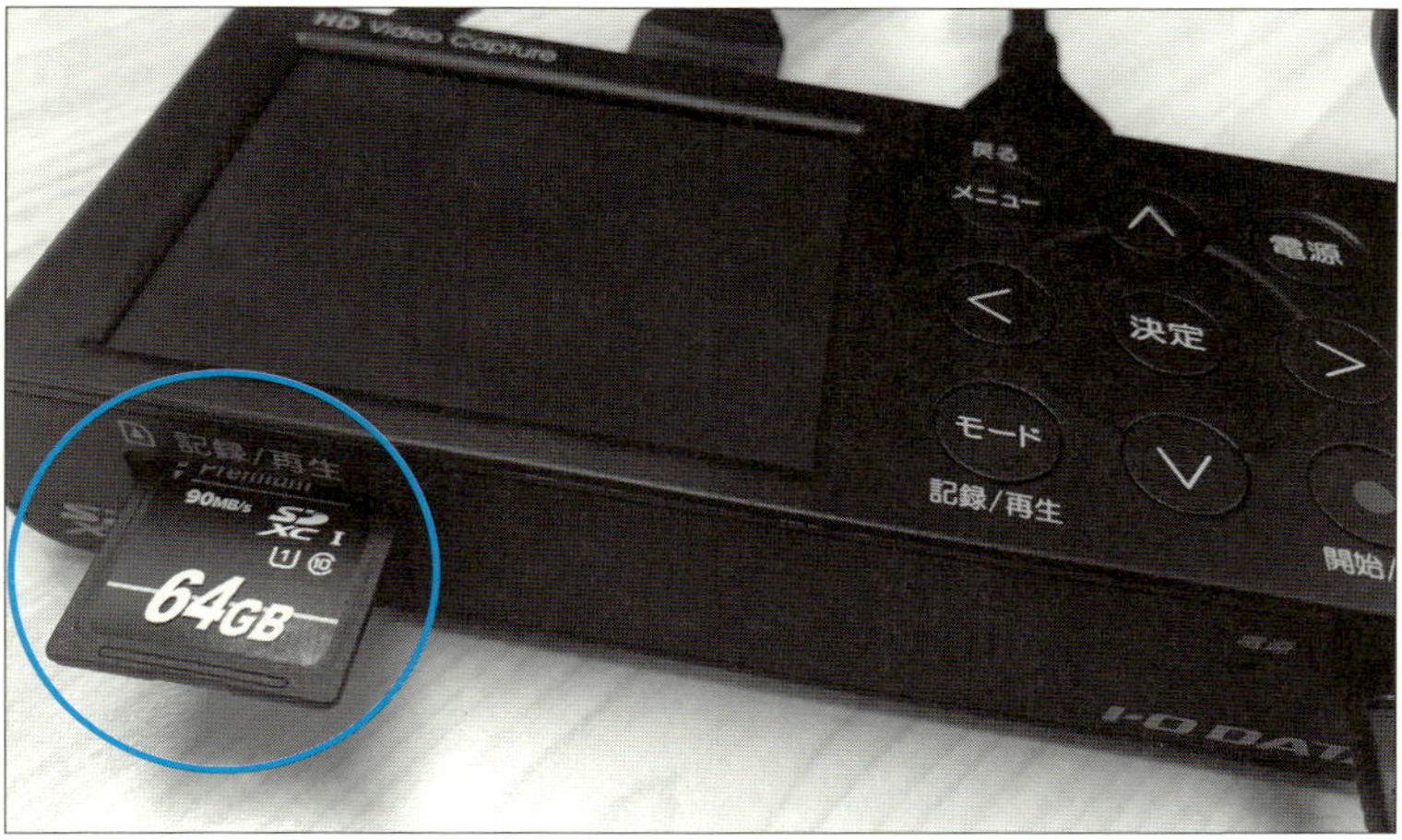

STEP 4 ゲームの電源を入れる

ゲームの電源を入れると、録画用キャプチャーボードを通したゲーム映像がテレビに映る。

STEP 5 録画する

録画用キャプチャーボードの録画ボタンを押すと録画がはじまる。

STEP 6 録画データの取り出し

録画を終えたらSDカードを取り出して、データ（mp4形式）をパソコンに移す。

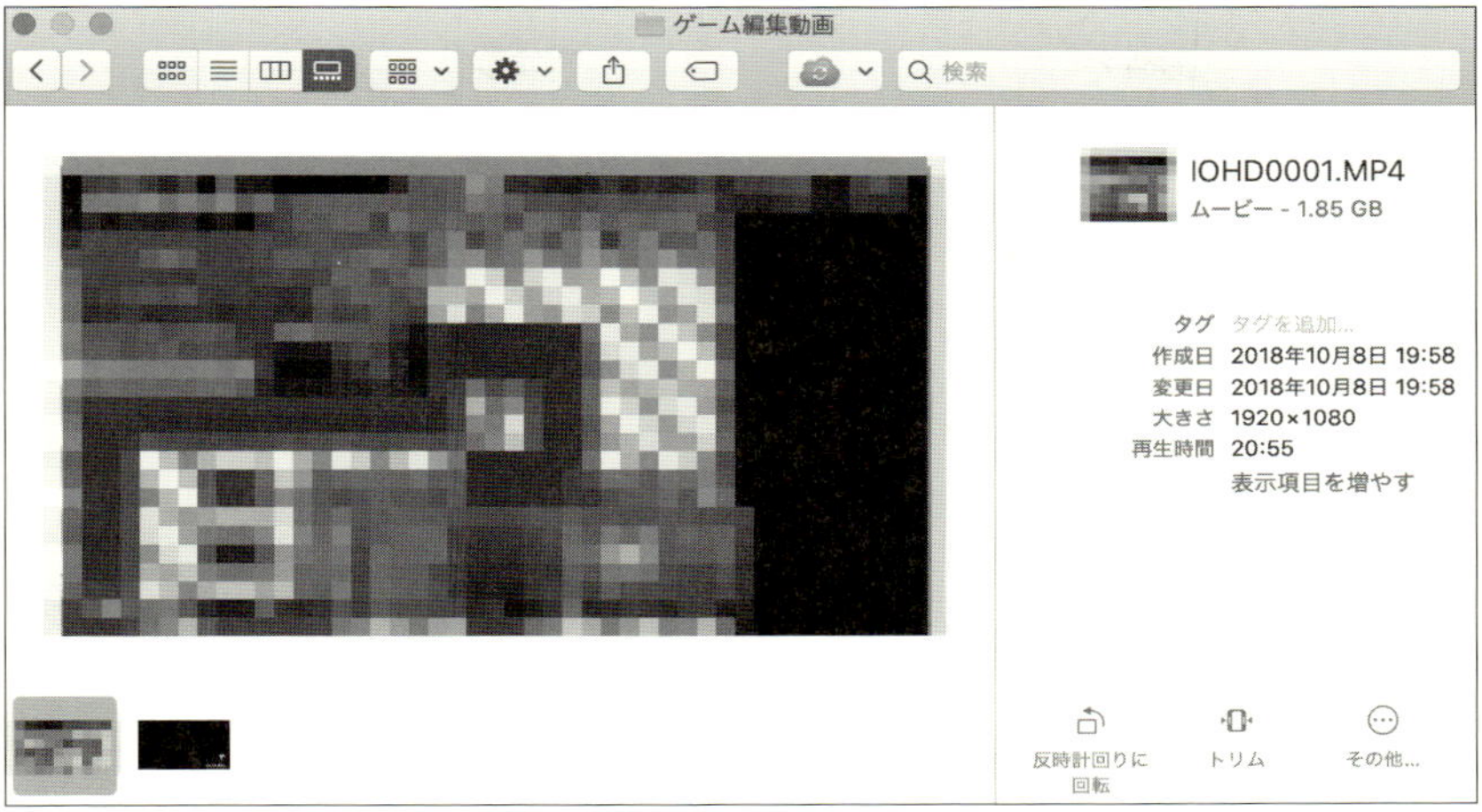

STEP 7 通常の映像と同じように編集していく。

2 「試してみる動画」をつくってみよう

モノを購入する前に一度試しに使うことができたら、性能やサイズ、使い勝手がわかって、安心して購入することができます。

読者や視聴者の立場からは、情報は多ければ多いほど、そのサイトで購入を決めやすくなります。商品のわからないことや不安なことなど、見る人がほしいと思える情報にしっかりフォーカスしながらつくってみましょう。

ここではバターコーヒーをつくる際に使用する「**MCTオイルを紹介する動画**」にチャレンジしてみましょう。

● 商品レビュー動画の撮り方（食材編）

準備する食材

・コーヒー　・バター　・MCT オイル　・泡立て器

STEP 1 オープニングを撮る

自己紹介とバターコーヒーの説明をしながら食材の説明につなげる。

STEP 2 食材を紹介する

使用する食材を紹介する。このとき、紹介したい主役の食材（MCT オイル）を前に突き出すなど、目立つように紹介する。

MCT
食べるオイル
MCT
食べるオイル
MCT
主役の食材は突き出して
アピールする

STEP 3 調理する

もとになるコーヒーを机の上に出す。コーヒーは主役ではないので、さらっと進める。バターもここでは主役ではないので、あまり時間をかけずに説明する。

MCT
食べるオイル
MCT
食べるオイル
主役ではない食材は
さらっと流す程度で

STEP 4 メインを調理する

「ここで！」とワンクッション入れて、場の雰囲気を切り替えてから MCT オイルを取り出す。しっかりと MCT オイルの説明をしながらコーヒーに注ぐ。

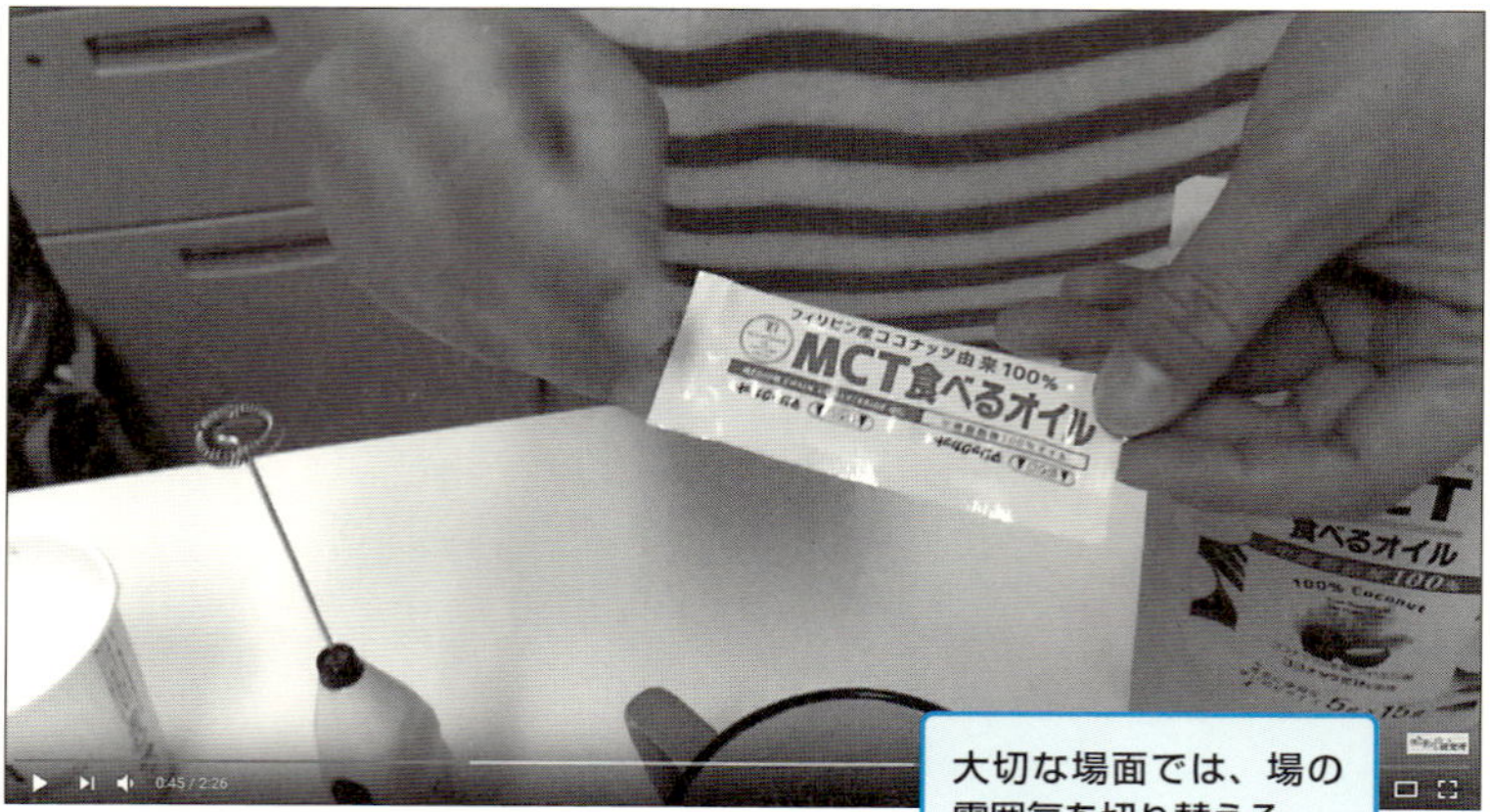

大切な場面では、場の雰囲気を切り替える

STEP 5 泡立て器で泡立てて、バターコーヒーをつくる

このとき、動画のアクセントになることと、泡立て器で簡単につくれることをイメージしてもらえるように、泡立て器に近づいた映像を撮っておく。コツはその場で撮るだけでなく、あとから改めて撮影すること。この映像をいくつかつなげることでイメージが伝わりやすい動画になる。

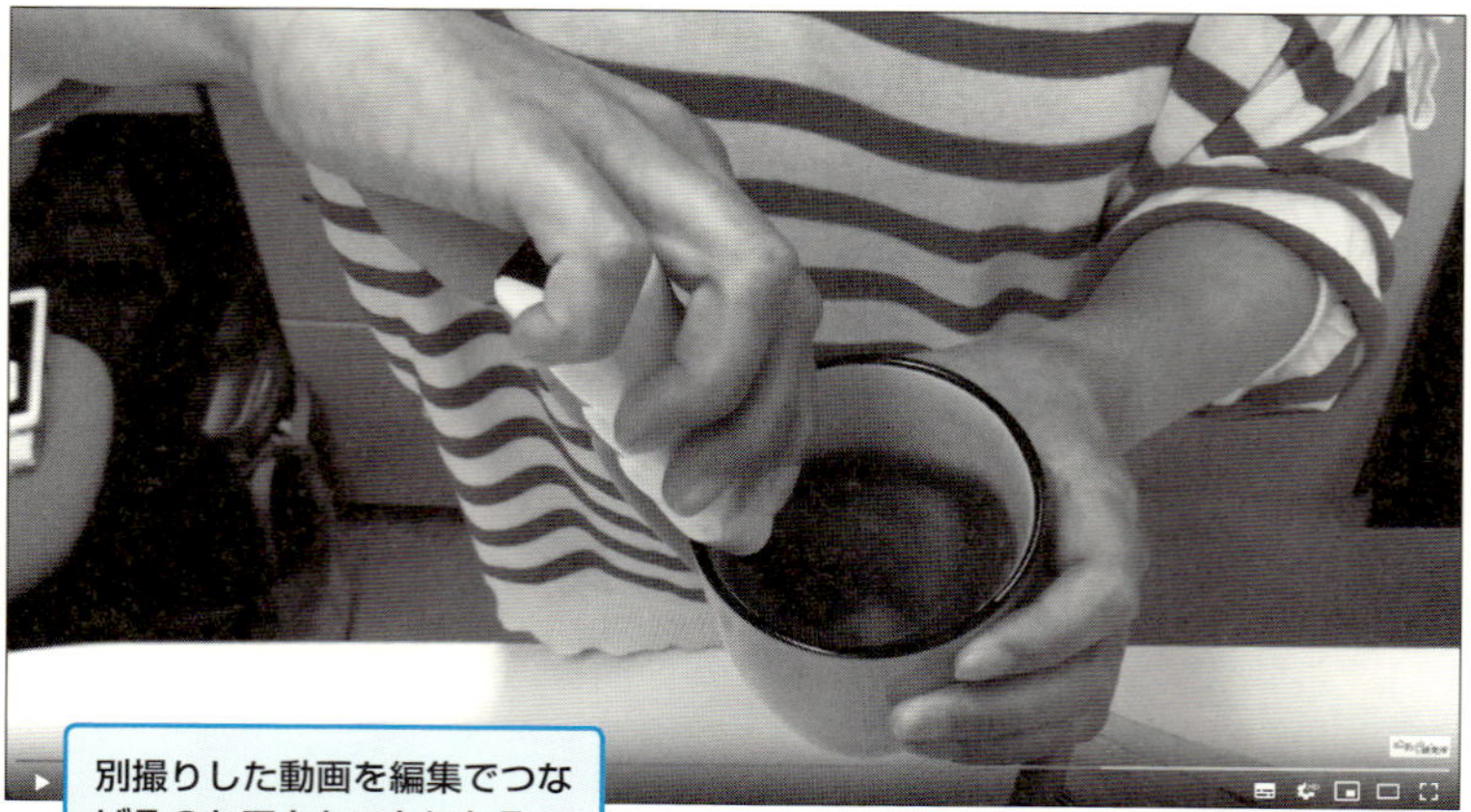

別撮りした動画を編集でつなげるのもアクセントになる

STEP 6 できあがったバターコーヒーを映す

ここで大切なのは、実際にできあがったバターコーヒーを飲むこと。

できあがったバターコーヒーがゴールではなく、美味しいバターコーヒーをゴールにすることで、味覚や嗅覚まで伝えることができる。

実際に飲んだり食べたりするのが大切

STEP 7 最後に動画のまとめをする

動画ではその場所の空気感を伝えることができないので、動画の最後は視聴者にやってほしいことをハッキリと伝えて終わるようにする。

飲んだあと「美味しい！」を表現することを忘れない

06

あのちょっとおしゃれなYouTube動画の撮影テクニック

1 やっぱり、かっこいい動画を撮ってみたい！

「YouTubeやWeb動画では伝えることが一番の目的なので、とことん映像のクオリティにこだわる必要はありません」とお話ししてきましたが、とはいえ視聴者に楽しんでもらったり心地よく見てもらうためにはクオリティや工夫が必要です。ここでは、Webでちょっと気になるおしゃれな動画や迫力のある動画はどうやって撮っているんだろう？　という疑問にお答えします。伝える動画が撮れるようになったら、今度はちょっとかっこいい動画、と進んでいきましょう。

2 あのおしゃれな「料理動画」の撮影テクニック

料理のつくり方動画で、つくっている過程を上から俯瞰で撮っていたり、斜め横からアップで撮っている、おしゃれな動画を見かけます。

料理をつくっている途中のまな板の上の作業や美味しそうにできていくフライパンの中を、見てもらえたらかっこいいですよね。

そんな動画はどうやって撮っているのかというと、カメラを上から覗き込むように設置すれば、簡単に撮れてしまいます。では、具体的なやり方を見ていきましょう。

❶ 撮影テクニック 料理動画編

用意するもの

- スマートフォン
- スマートフォン ホルダー
（例 スマートフォン & タブレット スタンド or ホルダー）

カメラ（スマートフォン）のセッティングのしかた

スマートフォンホルダーにスマートフォンを挟んで、ホルダーのクリップでキッチンのどこかにクリップで止めれば、簡単に上からカメラを吊るした状態で収録できます。プロの現場では天《てん》吊《っ》りカメラと呼ばれますが、あなたもこれで簡単に天吊りカメラをつくることができます。

スマートフォンホルダーをクリップさせる場所がないときは、こんな方法も試してみましょう。

市販のキッチンハンガーやつっぱり棒でクリップできるところをつくります。キッチンハンガーやつっぱり棒は、キッチンと横の壁に取りつけるだけでなく、キッチンと天井のように縦に設置することもできるので、設置しやすい方法と撮りやすい場所を探してみましょう。

ところが、アイランドキッチンのように、スマートフォンホルダーやつっぱり棒が設置しにくいキッチンもあります。こういうときは、カメラのアングルを自由に変化させられる三脚（**例** **Velbon VS-5400Q**）や楽器を演奏するときに使ったりする、「二つ折れのマイクスタンド」なら、カメラのアングルを見せたい位置に設置しやすくなります。

撮影している画像を見てみたいときはどうする？

スマートフォンを天吊りにするとカメラにどう映っているのか確認しづらくなります。それでも、どうやって映っているのか、確認してみたいですよね。**Zoom**などのWebミーティングサービスを使って、確認することができます。やり方は、パソコンやタブレットを用意して、撮影してい

● あのおしやれな「料理動画」はこうやって撮っている

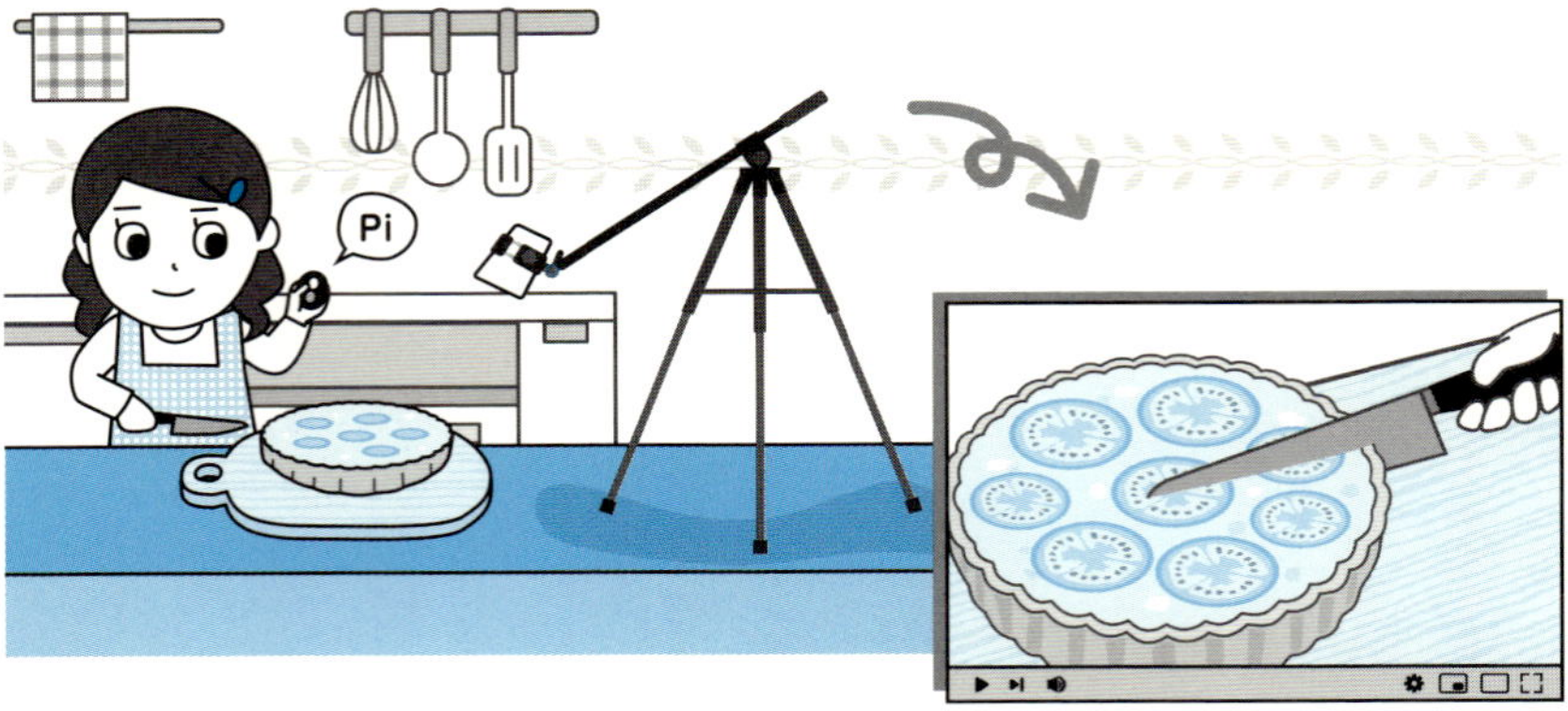

るスマートフォンとパソコンをつないで目の前に置くだけです。この方法なら、プロが撮影現場でモニターを使ってチェックしながら撮影しているのと同じように動画を撮ることができます。

❷ 編集テクニック 料理動画編

料理動画を見ていると、煮込んでいるところとか、発酵させているところとか、早送りされる動画があります。この早送りを盛り込んだ映像が、またカッコいいんです。やり方はとても簡単で、撮った動画をそのままスマートフォンで、**VivaVideo Pro**（159頁参照）を使って編集するだけです。撮った動画を4倍速までスピードを速めたりできるので、テンポのいい料理のつくり方動画ができあがります。

3 あのおしゃれな「室内動画」（360度動画）の撮影テクニック

❶ 撮影テクニック 室内動画編

不動産会社の物件紹介動画などで、スムーズに左から右にカメラがパンしたり、下から上へ部屋中を舐めるように紹介するおしゃれな動画をよく見かけます。

グルッとスムーズにパンしている、室内や床から天井へスーッと目線が移動するおしゃれな映像を見てもらえたらかっこいいですよね。

そんな動画はどうやって撮っているのかというと、360度カメラというカメラを使うと、簡単に撮れてしまいます。では、具体的なやり方を見ていきましょう。

用意するもの

- 360度カメラ（例 RICOH THETA）
- 三脚

カメラのセッティングのしかた

三脚に360度カメラをセットして、撮りたい部屋の真ん中を意識して設置します。室内をおしゃれに撮影する際、映像に撮影している人が映ってしまうと興ざめしてしまいます。そうならないように、カメラをリモート（wifiなどでコネクト）で撮影するようにします。室内をグルッと撮影するようなときは、カメラを三脚に固定して10秒以上撮影しておくと、あとから編集で使いやすい素材になります。

● あのおしゃれな「室内動画」はこうやって撮っている

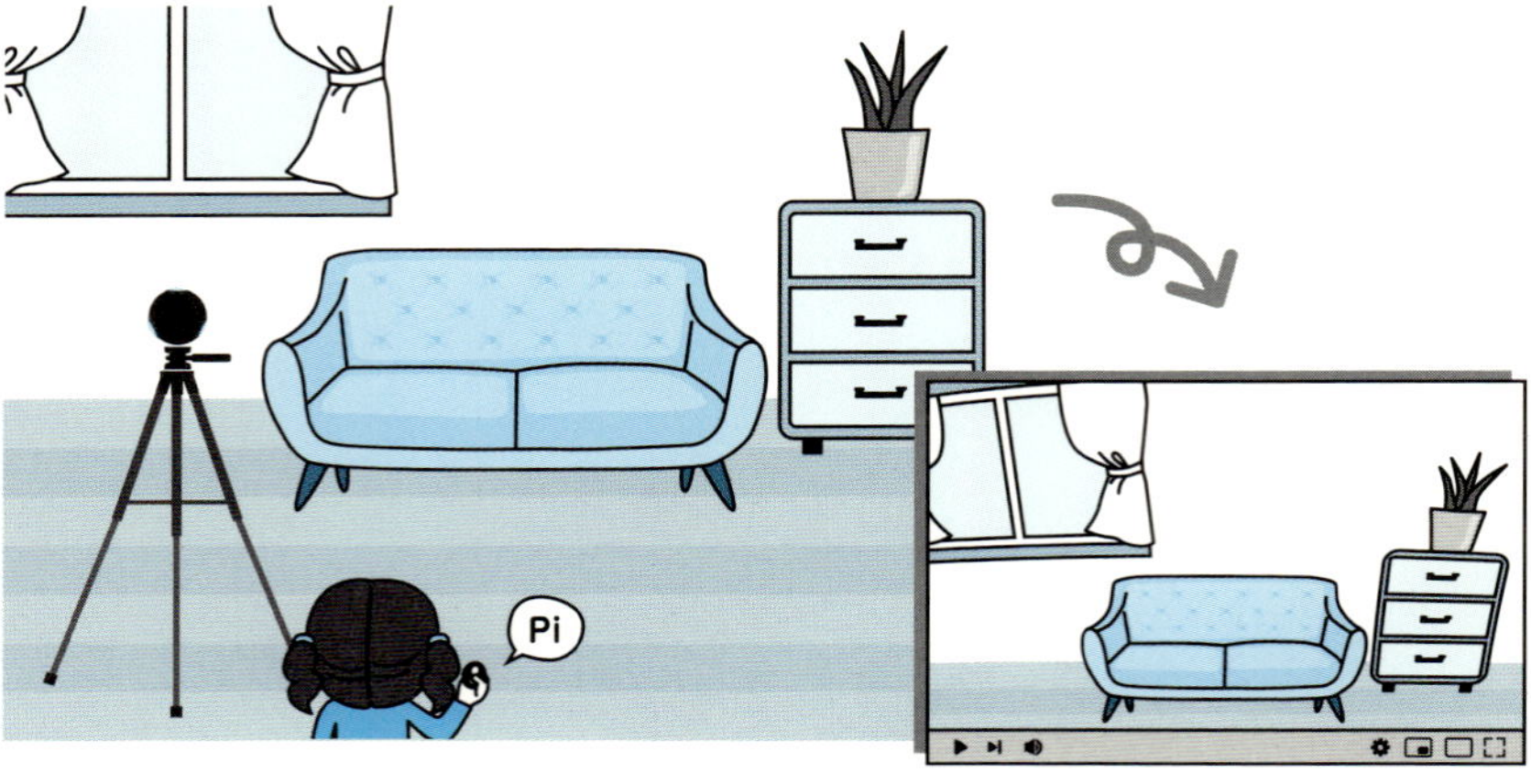

臨場感を出す応用テクニック

部屋を実際に使用している感覚を動画で表現できると、臨場感あふれる動画になって素敵です。この臨場感あふれる動画にするために、意識したいのが目線の高さです。
たとえば、浴室を撮るときは三脚を低めにセットすると、シャワーが高い位置に見えたりして、視聴者がバスタブに入ったときと同じ目線で疑似体験をさせることができます。

② 編集テクニック 室内動画編

３６０度カメラで撮影した動画データは、映像編集ソフトでは編集できない場合もあります。そんなときは、カメラに専用の編集ソフトが付属しているはずなので、それを使って編集します。

例
- 編集ソフト THETA+（対応機種：RICOH THETAシリーズ全機種）
- THETAで撮影した３６０度動画の編集ができるスマートフォン用編集アプリ（https://theta360.com/ja/about/application/edit.html）

4 あのおしゃれな「景色を見せる動画」（タイムラプス景色動画）の撮影テクニック

素晴らしい景観や街並みを撮影した映像で、ギュギュギュッと時間が早く流れていく、おしゃれな動画を見かけます。街の喧騒や、リアルタイムで時間が進行すると動画を見ている人が退屈してしまうような景色なども楽しいものにしてしまいます。

そんな動画はどうやって撮っているのかというと、タイムラプス機能を使えば、簡単に撮れてしまいます。では、具体的なやり方を見ていきましょう。

❶ 撮影テクニック 景色を見せる動画編

用意するもの

- スマートフォンもしくはGoProなどタイムラプスや低速度撮影ができるもの
- スマートフォン ホルダーやGoProホルダー

（例 スマートフォン ＆ タブレット スタンドorホルダー）

カメラ（スマートフォン）のセッティングのしかた

スマートフォンホルダーにスマートフォンを挟んで、ホルダーのクリップで景色が見えやすい位置に設置すればＯＫです。タイムラプスは手ブレすると見づらい動画になるので、しっかり固定するようにします。

カメラ（スマートフォン）のタイムラプス設定の注意点

タイムラプスはコマ撮りをして、そのコマを凝縮して時間を短縮した動画にするしくみです。1コマ1コマ撮るので、コマ撮りの次のコマを撮影するまでの時間を長くすればするほど、時間を短縮した動画をつくることができます。ただこの設定は難しいので、**iPhohe**では短い時間で撮影しても長い時間で撮影しても、自動で30秒ほどのタイムラプス動画になる設定になっています。**GoPro**（タイムラプスができない機種もあるので注意してください）の場合、説明書で倍速設定できるおおよその時間が表記されています。

● **あのおしゃれな「景色を見せる動画」はこうやって撮っている**

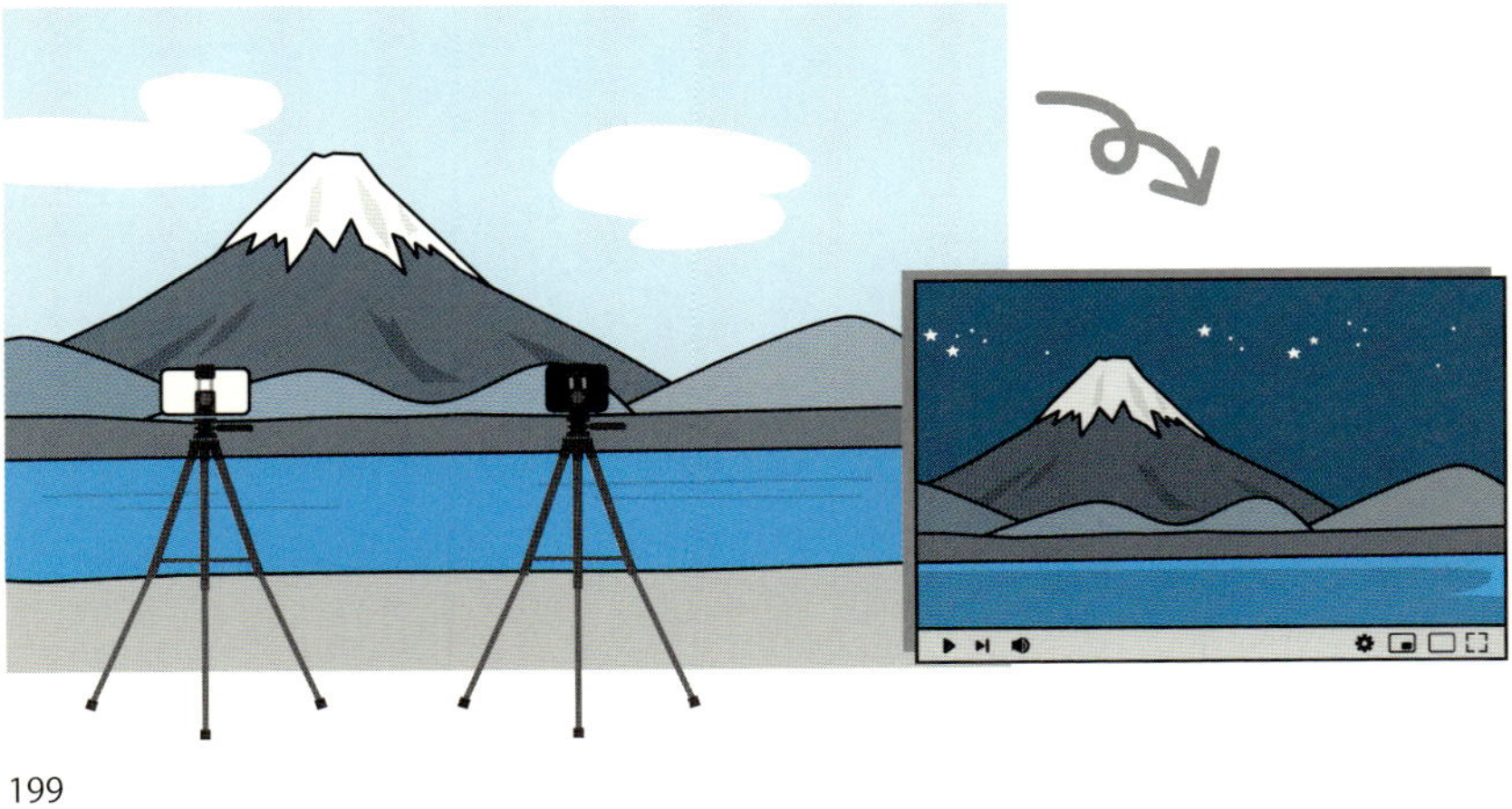

② 編集テクニック　景色を見せる動画編

タイムラプスで撮影した動画は、カメラ内で通常の動画と同じフォーマットに変換されるので、通常の動画と同じように編集できます。

5 あのおしゃれな「近くから遠くに空高く離れる動画」（ドローン）の撮影テクニック

ドローンを使った撮影でも、自分の周辺からだんだんと遠くへ、そして高度を上げて広く景色を見せる、おしゃれな動画を見かけます。自分がいる場所をよりわかりやすく表現できるとともに、通常では見ることができない景色を見せることができる素晴らしいテクニックです。

① 撮影テクニック　近くから遠くに空高く離れる動画編

用意するもの

- ドローン（例 DJI SPARK）

ドローン（DJI SPARK）のセッティングのしかた

ドローンのコントローラーを使って、ドローンを後方上方へ向けてコントロールすると、自分の周辺からだんだんと遠くへ、そして高度を上げて広い景色を見せるように撮影できます。**DJI SPARK**など、ジェスチャーモードを搭載しているドローンなら、手の動きでドローンを後方上方へ飛ばすことができるので、簡単に自分から引いて天高く上がっていく画《え》を撮影することができます。

② 編集テクニック 近くから遠くに空高く離れる動画編

ドローンで撮影された動画は、スマートフォンがコントローラーになる機種であればスマートフォンに転送することもできます。また、ドローンにセットしたSDカードなどからパソコンに取り込むこともできます。取り込んだあとは、スマートフォンでもパソコンでも編集ソフトで編集することができます。

● あのおしゃれな「近くから遠くに空高く離れる動画」はこうやって撮っている

6 あの迫力のある「ドライブ動画」の撮影テクニック

海岸沿いのワインディングロードを走っている車から見ている景色が流れる、おしゃれな動画を見かけます。そんなドライブの気持ちよさを伝えられる疑似体験動画が撮れたら、かっこいいですよね。

そんな動画はどうやって撮っているのかというと、ドライブレコーダーの録画機能を使えば、簡単に撮れてしまいます。では、具体的なやり方を見ていきましょう。

❶ 撮影テクニック ドライブ動画編

用意するもの

- ドライブレコーダー

ドライブレコーダーのセッティングのしかた

ドライブレコーダーは車両フロントの景色を広角で録画しているので、設置したドライブレコーダーの動画がそのまま使用できます。

少し凝った応用テクニック

ドライブレコーダーだと、正面もしくは背面の動画だけになってしまいます。車の横の景色を撮影したいときや車にドライブレコーダーがついていないときは、**GoPro**などのウエラブルカメラを使います。ウエラブルカメラは車に取りつけるキットもたくさん販売されているので、撮りたい構図にカメラを設置することができます。

2 編集テクニック ドライブ動画編

ドライブレコーダーで撮影された動画は、**microSD**カードなどからパソコンに取り込むことができます。取り込んだあとは、スマートフォンでもパソコンでも編集ソフトで編集することができます。

● あの迫力のある「ドライブ動画」はこうやって撮っている

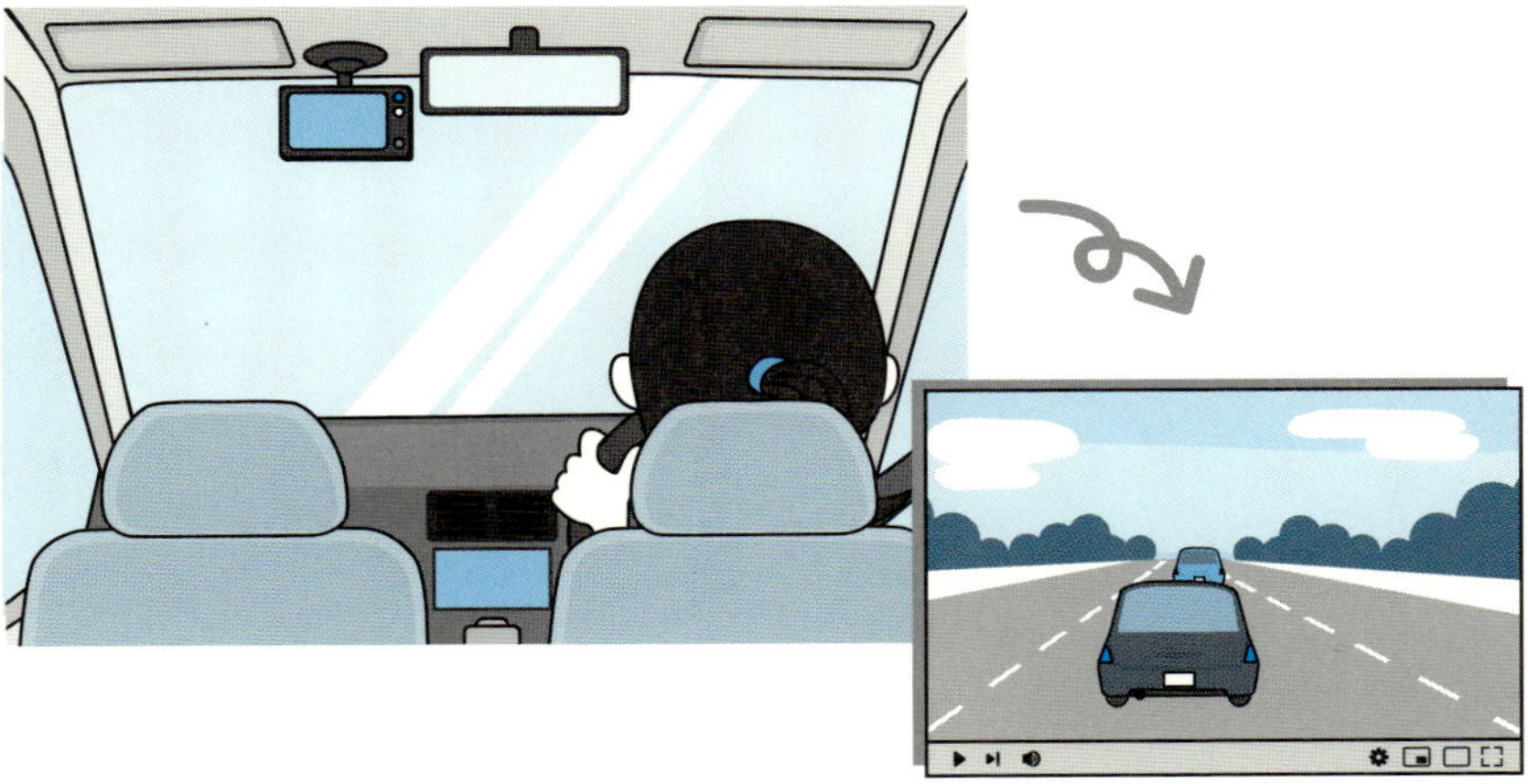

7 あの迫力のある「電車動画」の撮影テクニック

「世界の車窓から」というテレビ番組を見たことがありますか。番組の中でたまに使われる電車の先頭車両から進行方向を捉えたのと同じような、おしゃれな動画を見かけます。

電車で旅している臨場感と、風景が織りなす絶妙の雰囲気が人気の動画です。ただ多くの場合、一般客として電車に乗りながらの撮影になるので、ほかの乗客に迷惑をかけずに見やすい動画をどう撮るかが大切になります。

そんな動画はどうやって撮っているのかというと、運転席と区切っているガラス窓にスマートフォンをぴったりと設置すれば、簡単に撮れてしまいます。では、具体的なやり方を見ていきましょう。

❶ 撮影テクニック 電車動画編

用意するもの

- スマートフォン（もちろんビデオカメラや一眼レフでも撮影できますが、あまり大掛かりにならないようにスマートフォンで撮ってみましょう）

スマートフォンのセッティングのしかた

電車の中から撮影するので、周囲の人の迷惑を考えて三脚やホルダーを持ち込むことはせず、スマートフォンで撮るようにします。

そうはいっても、見ている人のストレスになるのは手ブレです。カメラが手ブレしないよう、運転席と区切っているガラス窓にスマートフォンをぴったりとつけて撮影するようにします。この方法なら手ブレもしないですし、ガラス窓に自分の姿が反射して映り込むこともありません。

② 編集テクニック 電車動画編

電車動画を見ていると、駅と駅の間や、単調な風景が延々と続くようなシーンでは、スッと早送りされる動画があります。この早送りを盛り込んだ映像が、またカッコいいんです。やり方はとても簡単で、撮った動画をそのままスマホで、**VivaVideo Pro**（159頁参照）を使って編集するだけです。撮った動画を4倍速までスピードを速めたりでき、テンポよく駅間を移動する電車動画が編集できます。

● あの迫力のある「電車動画」はこうやって撮っている

8 あの迫力のある「アクション動画」の撮影テクニック

サーフィンだったり、スキージャンプだったり、なかなか体験できない景色は動画として最高のネタです。なかなか体験できない景色をきれいに撮っている、おしゃれな動画を見かけます。そんな動画はどうやって撮っているのかというと、アクションを邪魔せずにその模様を撮影できるウエラブルカメラを使えば、簡単に撮れてしまいます。では、具体的なやり方を見ていきましょう。

1 撮影テクニック アクション動画編

用意するもの

- ウエラブルカメラ（GoProなど）
- ウエラブルカメラホルダー

ウエラブルカメラのセッティング

ウエラブルカメラはアクションに応じて邪魔にならないように頭に取り付けるホルダー、胸に取りつけるホルダー、バイクのハンドルに取りつけられるホルダーと、さまざまなホルダーが販売されています。撮りたい動画のためにどこにウエラブルカメラを設置したいかを考えてホルダーも準備するようにします。

❷ 編集テクニック アクション動画編

ウエラブルカメラはSDカードなど記録メディアで動画を抽出しやすいしくみになっているので、記録メディアからパソコンに取り込むことができます。

● あの迫力のある「アクション動画」はこうやって撮っている

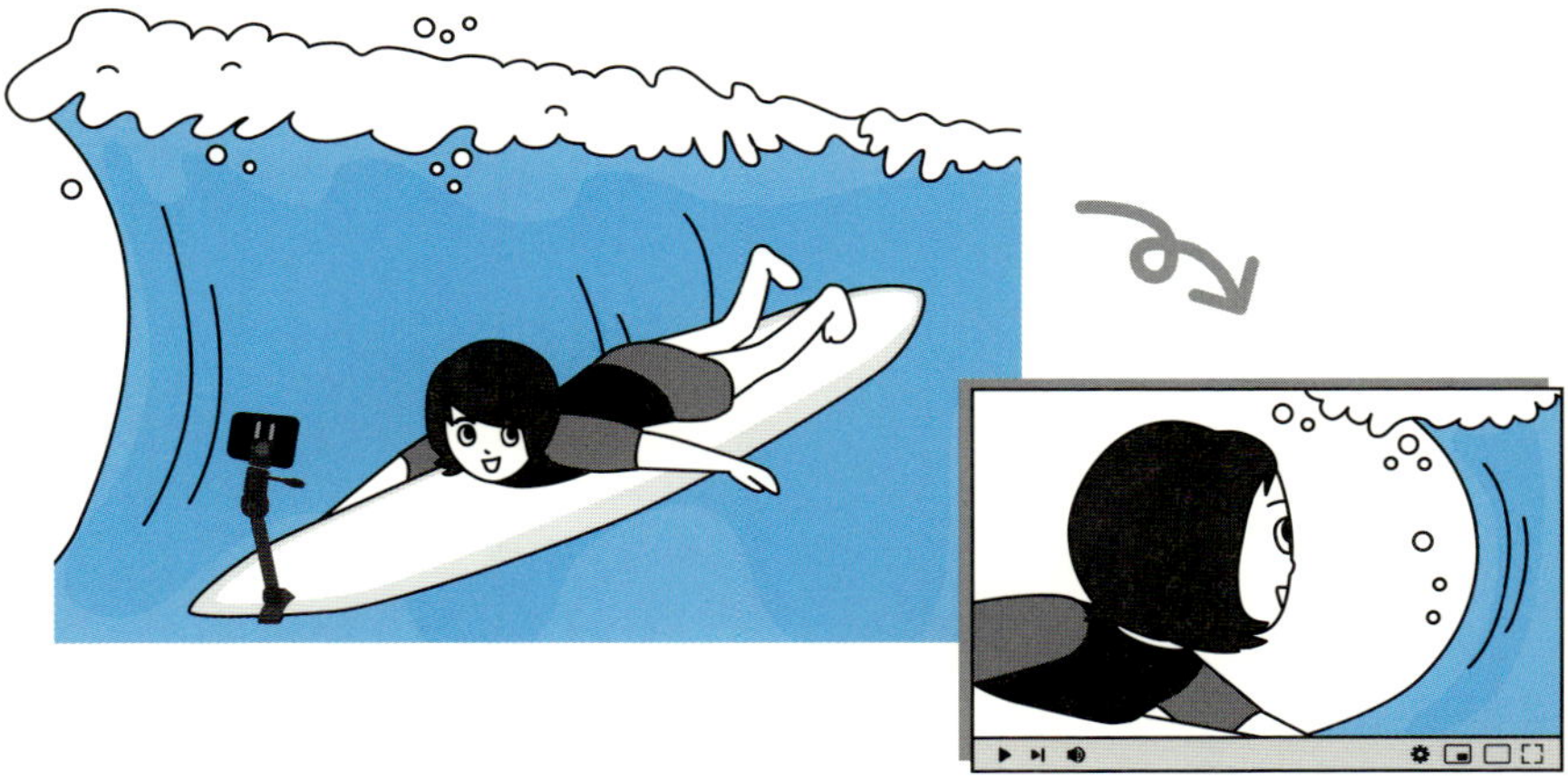

9 あのおしゃれな「楽器演奏動画」の撮影テクニック

有名な曲のカバーをしている動画で、歌っている人の顔が微妙に見えないものや、ギターやピアノとコラボをしたり複数名で歌ったりする、おしゃれな動画を見かけます。

自分の演奏や歌声を世に発表したいだけでなく、楽器の弾き方をレクチャーしたり、楽器を使って発信したいことはさまざまです。いずれの場合も音をいかにキレイに収録できるかがポイントです。

そんな動画の音録りはどうやっているのかというと、ギターやマイクをミキサーにつなげば、簡単に録れてしまいます。では、具体的なやり方を見ていきましょう。

❶ 撮影テクニック 楽器演奏動画編

用意するもの

- 楽器（エレキギターなど、アウトプット端子のあるもの。アウトプットジャックのない楽器は、マイクをできるだけ楽器の音が出るところに近づけて収録する）
- ミキサー（兼オーディオデバイス）

楽器（ギター）の音の録り方

ここではギターを使った動画を見ていきます。ギターのアウトプットジャックからの音はアンプで音を増幅させなければいけないので、そのままビデオカメラに取り込んで録音することができません。そのため、まずミキサーに音を入力します。ミキサーで音を増幅させたあとに、ミキサーのアウトプットからビデオカメラの音声端子に音を入力します。

自分の声も同時に録音したいとき、ライブ配信したいときの応用テクニック

自分の声を楽器と一緒に録音したいとき ミキサーにマイクを加えて、自分の声と楽器の音をミキシングしてからアウトプットしてビデオカメラに録音します。

ライブ配信をしたいとき **パソコンで録画したいとき** 音声をパソコン用の信号に変換してくれるオーディオデバイス機能を持ったミキサーを使うと、ミキサーからUSBで音声がアウトプットされ、パソコンで録音したり、ライ

● あのおしゃれな「楽器演奏動画」はこうやって撮っている

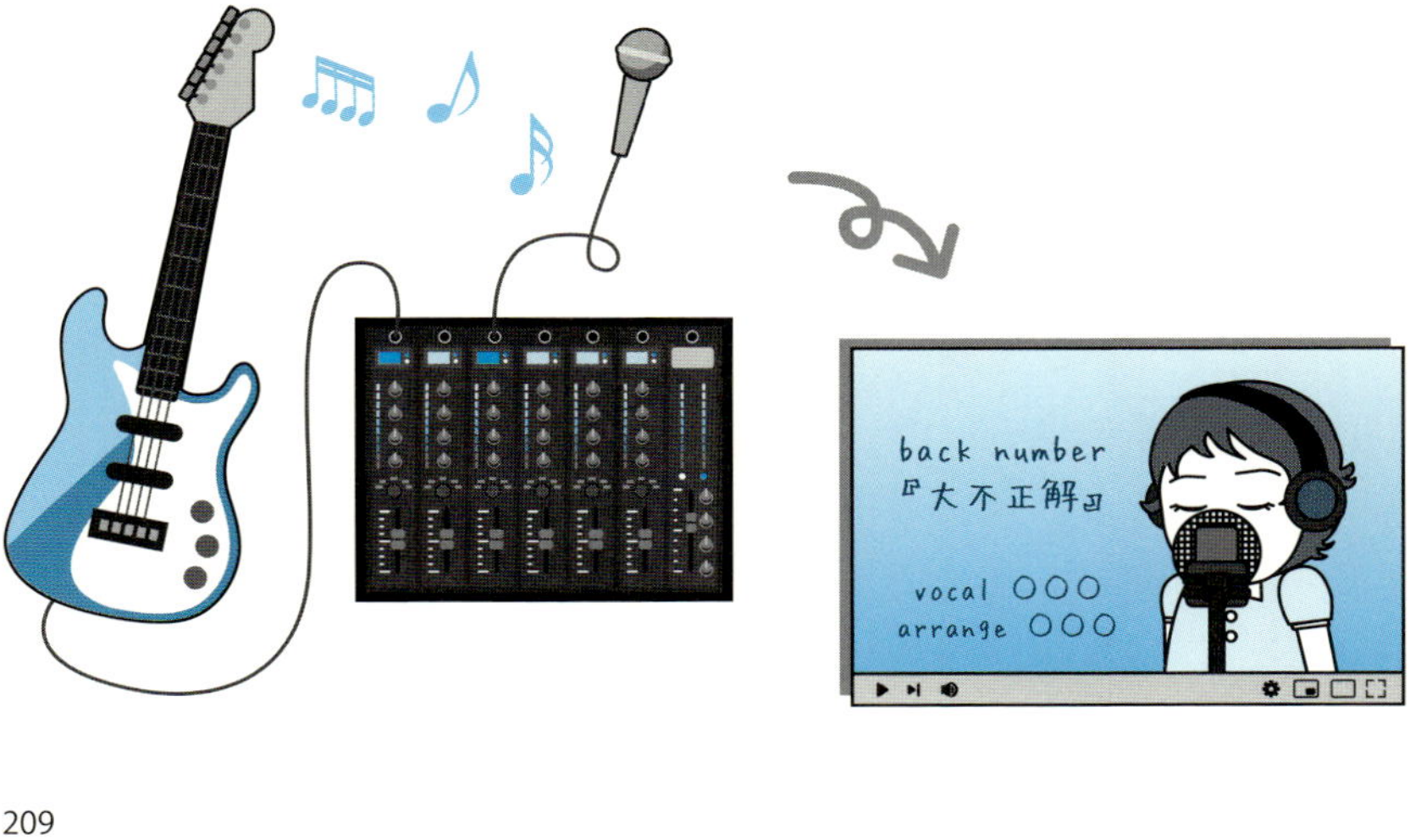

ブ配信につなげることができます。

❷ 編集テクニック 楽器演奏動画編

楽器演奏の動画で気をつけたいのは、あたりまえですが音質です。録画時もオーディオインターフェイスを使って、雑音が入ったりしないようにしていますが、編集時にも音には敏感に対応しましょう。パソコンの編集ソフトなら、音の音量バランスを設定できる機能がついているものも多く、編集でも音質を向上させることができます。さらに、ノイズといわれるサーっと入り続けるような嫌な音も、エフェクトといわれるさまざまな種類の自動調整機能で解消させることができます。

ほかにもイコライザーなど音の微調整ができる機能など、音質はこだわればこだわるほど編集でもいろいろな調整ができるのでチャレンジしてみてください。

動画編集ソフトでもいろいろな音質調整ができるんです。

07 YouTubeチャンネルを活用する

1 検索用にキーワードを埋め込もう

ブログで**YouTube**動画を活用する方法として、次の2つがあります。

❶ ブログの文章を補完するサポートコンテンツ
❷ YouTube動画自体が多くの人に見られることで、ブログへの訪問者を増やす

ここでは、❷の「**YouTubeにアップした動画が多くの人に届く**」ことを考えてみましょう。

YouTubeで動画の視聴者が増えるタイミングを考えてみると、圧倒的に「**ある事柄が起きたときに検索されて動画がヒットする**」という傾向があります。これはブログも同じですが、先にコンテンツを用意しておいてヒットさせる「**待ち伏せ型**」のしくみです。

YouTubeで気をつけたいのは、ブログは記事なので書いた文章が検索の対象になりますが、「**動画には文章がないので、ただ動画をアップするだけでは検索にはヒットしない**」ということです。

では何が検索の対象になるかというと、次の3カ所にある文字情報です。

①タイトル ブログの記事と同じく、動画でもタイトルはとても大切な項目。見たくなるためには、「**サプライズ**」と「**投げかけ**」がポイント。「○○○で驚きの味に変えてみる」「その調理ちょっと待った！ これを試してみませんか」のようにタイトルを考えてみる

②説明欄 タイトルと同じく大切。動画の内容を書くことはもちろんだが、誘導したいブログページのURLを記載したり、自由にスペースを使うことができる。また検索でも大切なインデックスとなるので、検索を意識した文章の書き方をしなくてはいけない

③タグ 「タイトル」や「説明」と違って、視聴者には表示されないが、YouTube内では検索のためのキーワードとなるとても大切な役割を担っている。「タグ」には検索に直結するキーワードを入力するのがお勧め。動画の内容を端的に表すキーワードや名前、場所など、具体的な情報を入れるようにする

「タイトル」は入力しないとエラーになるので、どの動画にも必ずタイトルがついていますが、「説明欄」と「タグ」は入力しなくても動画をアップロードできるので、これらの情報を何も入力していない動画がたくさんあります。これでは検索に弱くなってしまうので、とてももったいないのです。

せっかくつくった動画です。**「〝説明欄〟にはブログのURLを書き、〝タグ〟には関連する用語をしっかり入力」**して多くの人に見られるようにしましょう。

● **YouTubeの動画アップロード後の情報入力画面**

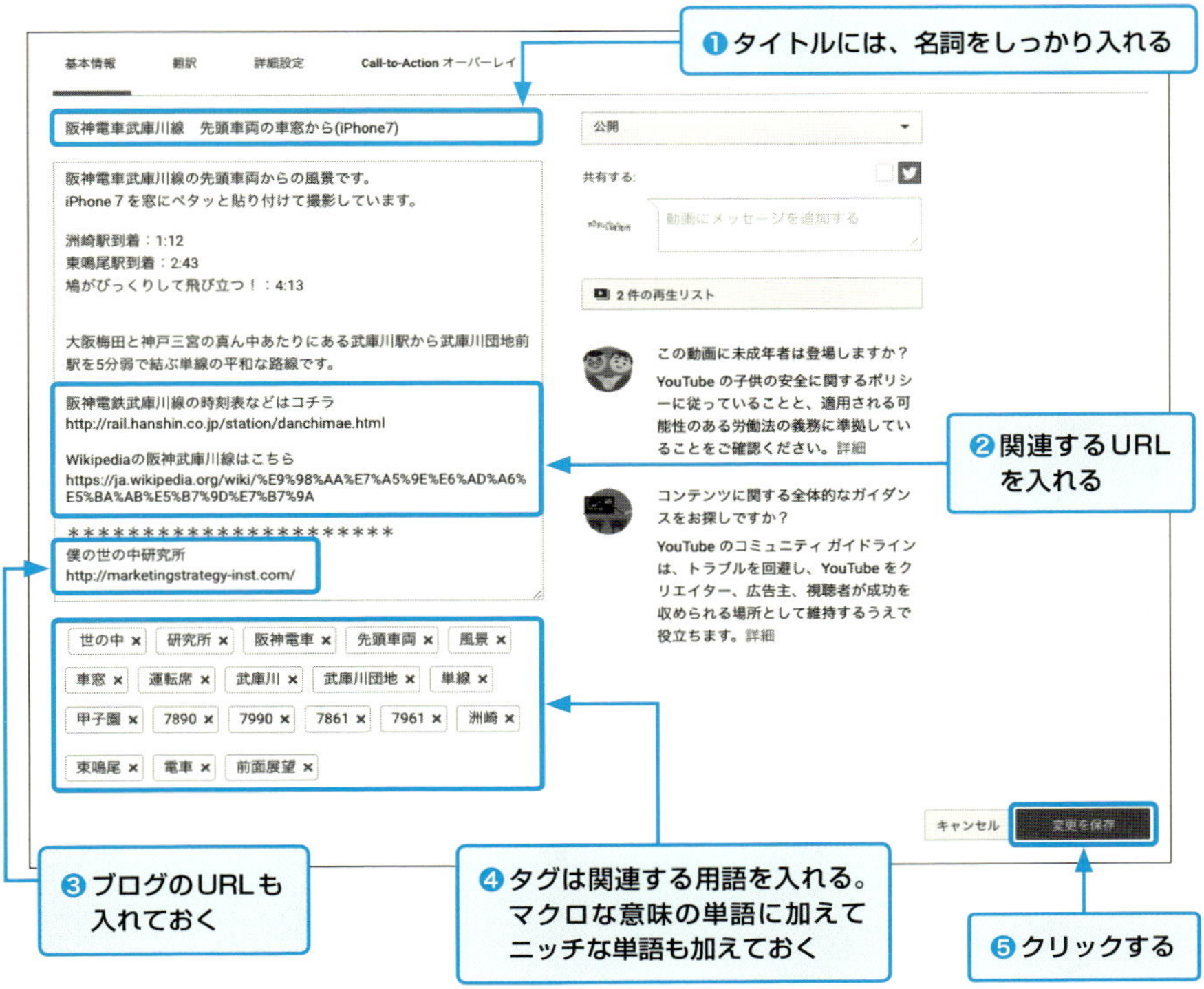

❶タイトルには、名詞をしっかり入れる
基本情報
翻訳
詳細設定
Call-to-Action オーバーレイ
阪神電車武庫川線　先頭車両の車窓から(iPhone7)
阪神電車武庫川線の先頭車両からの風景です。
iPhone 7を窓にペタッと貼り付けて撮影しています。
洲崎駅到着：1:12
東鳴尾駅到着：2:43
鳩がびっくりして飛び立つ！：4:13
大阪梅田と神戸三宮の真ん中あたりにある武庫川駅から武庫川団地前駅を5分弱で結ぶ単線の平和な路線です。
阪神電鉄武庫川線の時刻表などはコチラ
http://rail.hanshin.co.jp/station/danchimae.html
Wikipediaの阪神武庫川線はこちら
https://ja.wikipedia.org/wiki/%E9%98%AA%E7%A5%9E%E6%AD%A6%E5%BA%AB%E5%B7%9D%E7%B7%9A
****
僕の世の中研究所
http://marketingstrategy-inst.com/
世の中 研究所 阪神電車 先頭車両 風景
車窓 運転席 武庫川 武庫川団地 単線
甲子園 7890 7990 7861 7961 洲崎
東鳴尾 電車 前面展望
公開
共有する:
動画にメッセージを追加する
2件の再生リスト
この動画に未成年者は登場しますか？
YouTubeの子供の安全に関するポリシーに従っていることと、適用される可能性のある労働法の義務に準拠していることをご確認ください。詳細
コンテンツに関する全体的なガイダンスをお探しですか？
YouTubeのコミュニティ ガイドラインは、トラブルを回避し、YouTubeをクリエイター、広告主、視聴者が成功を収められる場所として維持するうえで役立ちます。詳細
キャンセル
変更を保存
❷関連するURLを入れる
❸ブログのURLも入れておく
❹タグは関連する用語を入れる。マクロな意味の単語に加えてニッチな単語も加えておく
❺クリックする

2 リンクを埋め込もう

YouTubeはチャンネルや動画など、いろいろなところにURLリンクを埋め込むことができます。

YouTubeチャンネル **YouTubeチャンネルには5つのリンクを張ることができる。特にひとつ目のリンクはチャンネルでも目立つところに表示されるので、ブログのURLを張るようにする**

動画 **動画の説明欄にもリンクを張ることができる。チャンネルのリンクは自分のブログやホームページへのリンクが前提になるが、説明欄のリンクはルールがないので、「自分のブログのトップページではなく該当記事のページだったり、商品であればメーカーの商品説明ページだったりと、どこにでもリンクを張ることができる」**

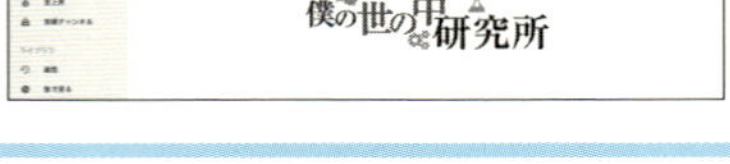

さらに上級になると、動画にリンクを張ることもできますが、まずはこのベーシックなリンクの張り方を確実にマスターしてください。

3 サムネイルを設定しよう

YouTubeに動画をアップロードすると、動画の中から自動的に3つのサムネイル（静止画）候補がつくられ、そのうちのひとつがデフォルトのサムネイルとして設定されます。サムネイルは動画の編集画面で簡単に変更できるので、自分の伝えたいイメージにあったものを設定しましょう。

3時限目の「03 **YouTube**チャンネルの設定と知っておきたいこと」でお話ししたように、**YouTube**チャンネルの認証が完了していれば、自動的に設定された3つのサムネイル以外に「**カスタムサムネイル**」をアップロードして設定することができるようになります。「**YouTuberの多くがこのカスタムサムネイルを使っているのは、カスタムサムネイルで視聴数が大きく変わる**」からです。パッと見て「見たい！」と思わせるためにはカスタムサムネイルはぜひチャレンジしたい項目です。

● ブラウザでアクセスしてサムネイルがつくれるサービス
Canva（https://www.canva.com/）

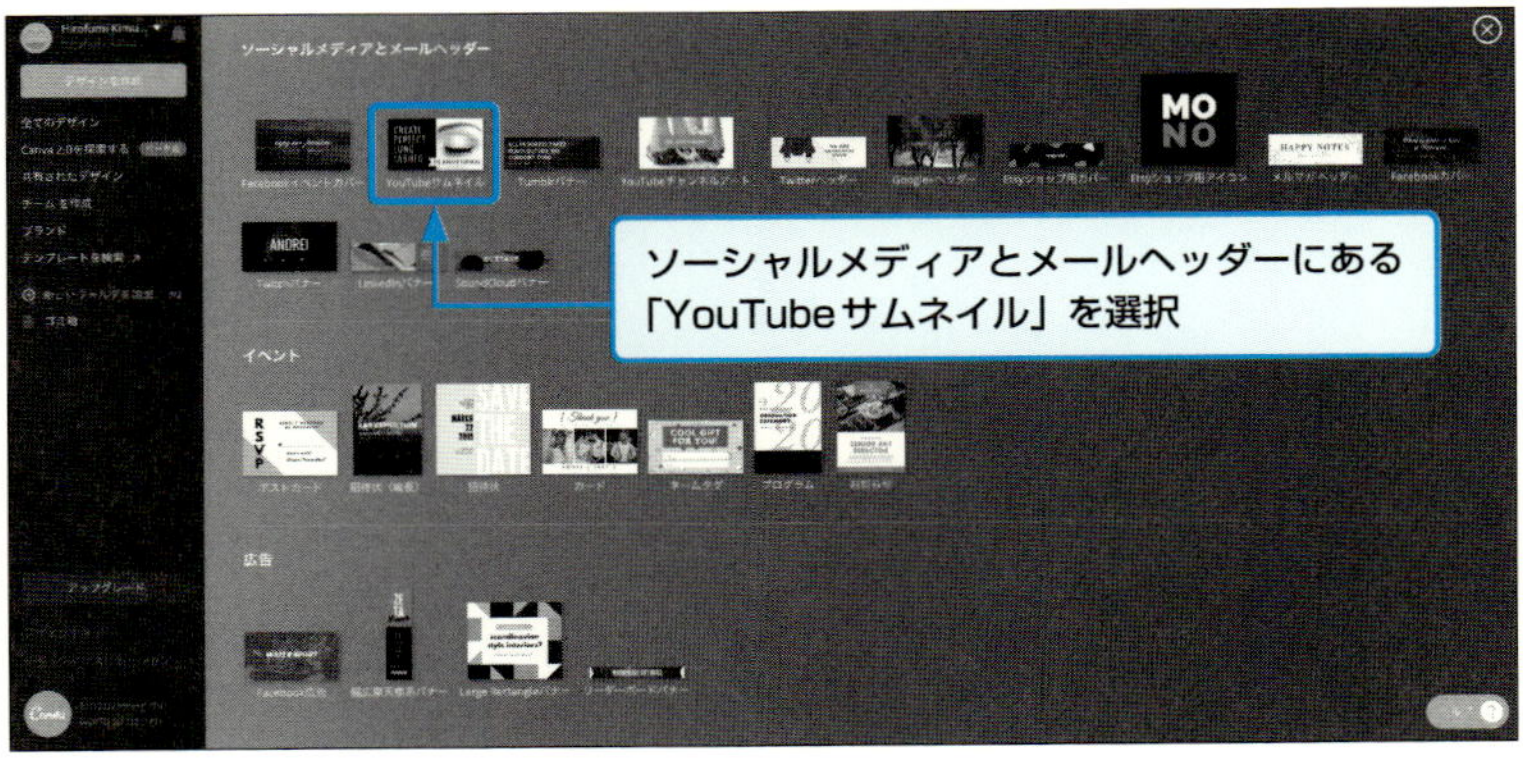
ソーシャルメディアとメールヘッダーにある「YouTubeサムネイル」を選択

08 動画をブログに貼りつけてみよう

1 YouTube動画は簡単にソースを書き出せる

YouTubeにアップした動画は、ブログに貼りつけられるように、HTMLソースを書き出せるようになっています。

2 動画だけでなくYouTubeチャンネルへも誘導しよう

ブログにYouTubeを貼りつけるときは、動画だけでなくYouTubeチャンネルへの誘導もしましょう。せっかくあなたのブログや動画を見にきてくれたのですから、ほかの動画も見てもらえるといいですよね。

そのためには動画1本を案内するのではなく、あなたの動画がまとまっているYouTubeチャン

STEP 1 プライバシー設定を確認する

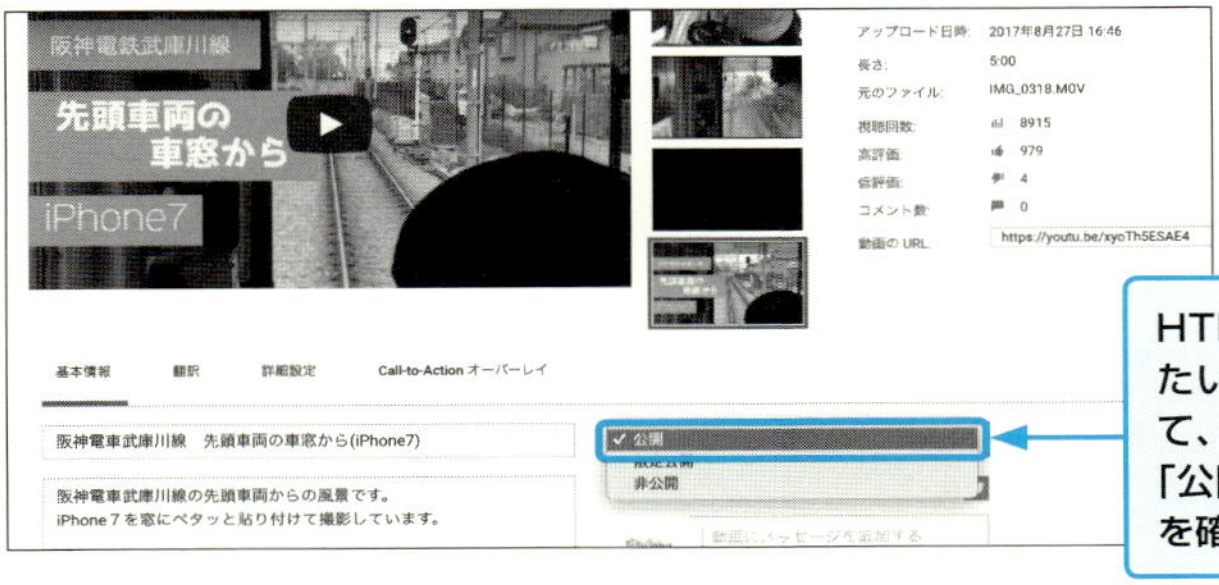

HTMLソースを書き出したい動画のページを開いて、プライバシー設定が「公開」になっていることを確認する

STEP 2 YouTubeチャンネルのリンクをコピーする

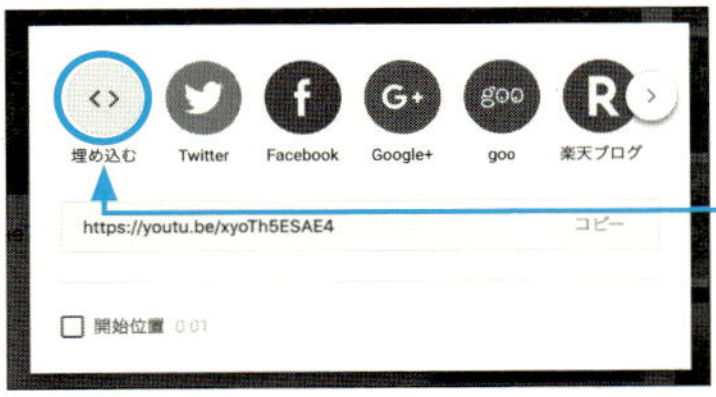

❶チャンネル名が表示されている場所の下にあるバーから「共有」をクリックして、共有欄の「埋め込む」をクリックする

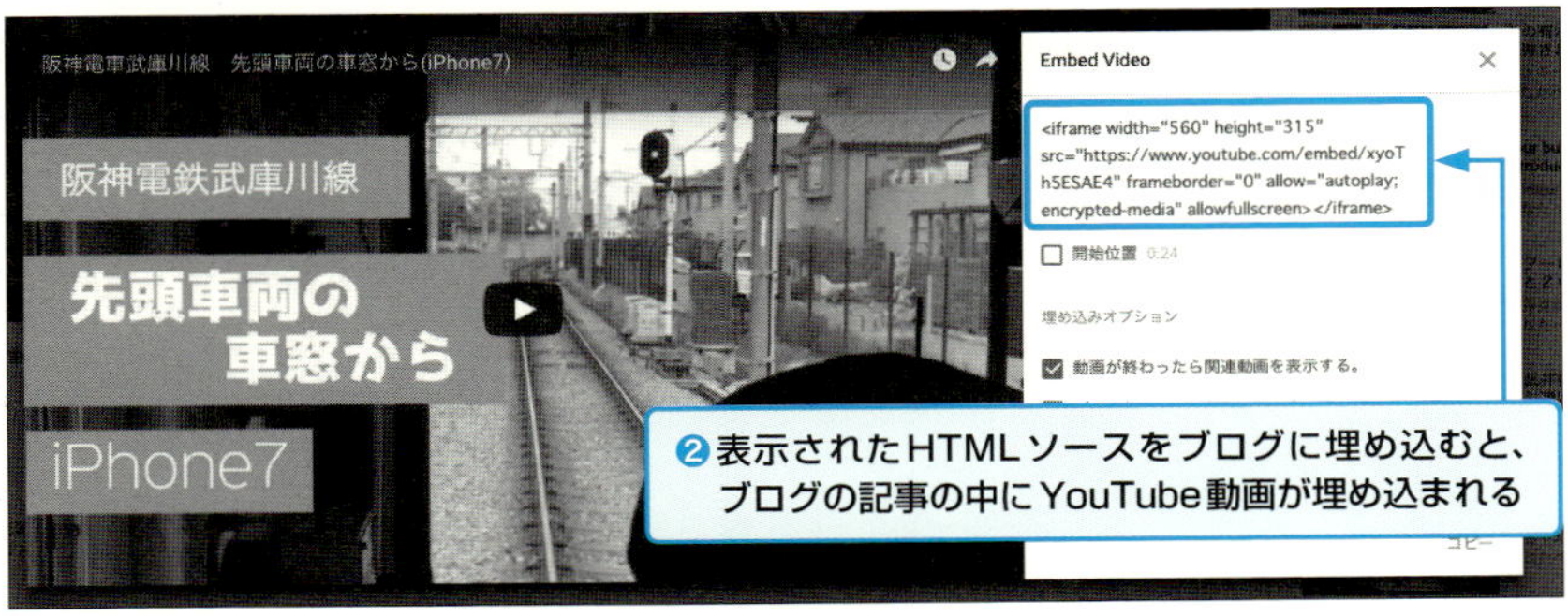

❷表示されたHTMLソースをブログに埋め込むと、ブログの記事の中にYouTube動画が埋め込まれる

ネルを見てもらうのがベストです。ほかの動画にも興味を持ってくれるかもしれません。やり方は簡単で、ブログの中に**YouTube**チャンネルのリンクを書き込んだり、**YouTube**チャンネルのバナーをつくって貼りつけたりするだけです。

あなたがつくった動画が何回も活躍してくれるように、**YouTube**チャンネルへの誘導は必ず行うようにしましょう。

09 YouTubeとアドセンスを連携させよう

1 アドセンスの連携を設定する

YouTube をブログのサポートツールとしてだけでなく、**YouTuber**のように動画自体をアフィリエイトツールとして使うためには**「パートナープログラム」**に参加しなくてはいけません。

パートナープログラムに参加すると、動画視聴による収益を受け取ることができるようになります。

ただパートナープログラムへの参加条件がとても厳しくなっているので、あなたが動画をどう活用したいか、よく考えてチャレンジするようにしましょう。

"YouTubeアドセンス"の
対象になるための条件が
厳しくなってしまった……。

● YouTube パートナープログラム参加申請手順

パートナープログラムの参加条件をクリアする前でも、事前に「収益受け取りプログラム」には申し込めるのでエントリーはしておく。

STEP 1 「クリエイターツール」から「チャンネル」の「ステータスと機能」にある「収益受け取り」の「有効にする」ボタンをクリックする。「収益化を申し込む」のウインドウがポップアップする

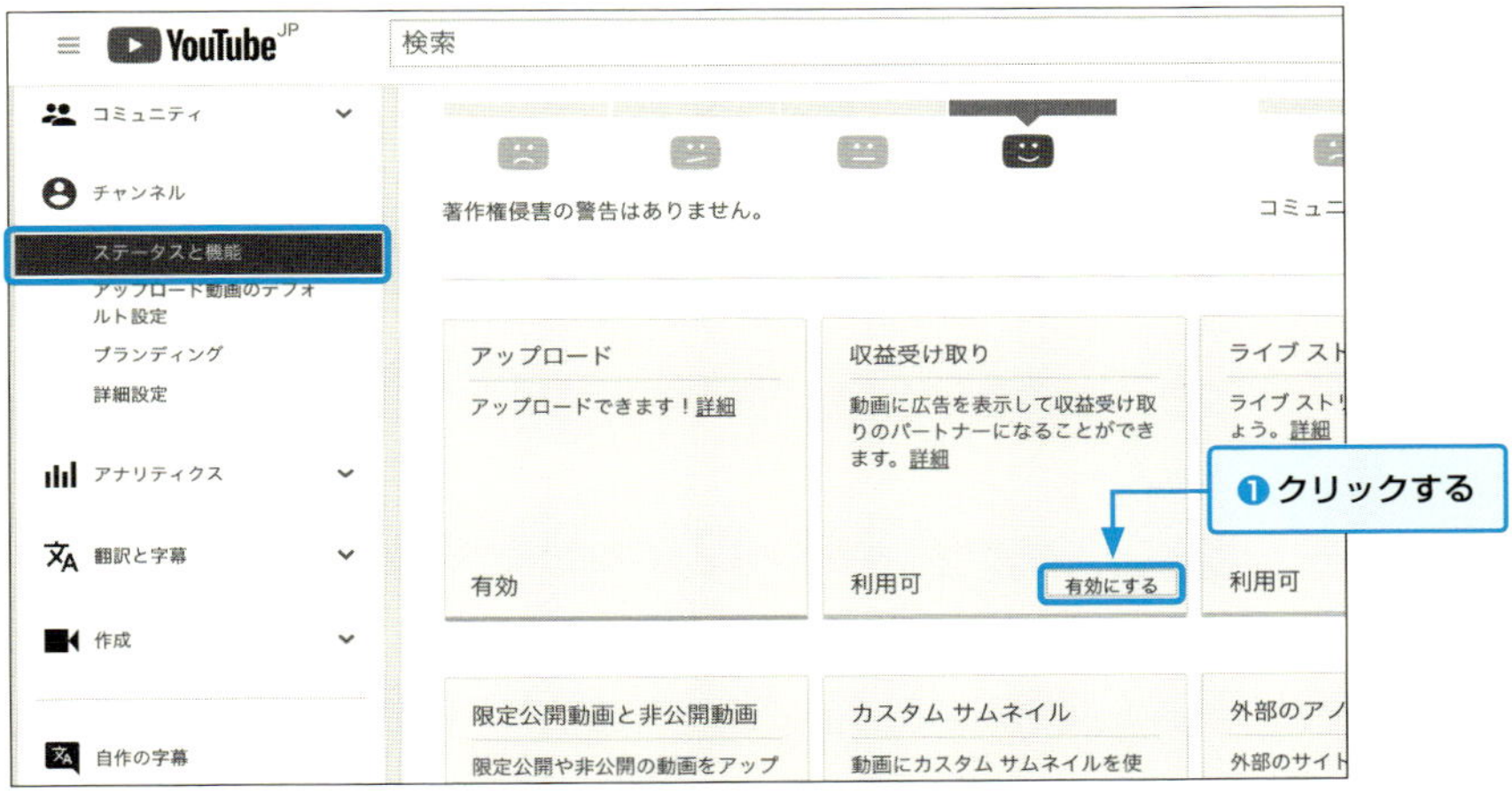
YouTube JP
検索
コミュニティ
チャンネル
ステータスと機能
アップロード動画のデフォルト設定
ブランディング
詳細設定
アナリティクス
翻訳と字幕
作成
自作の字幕
著作権侵害の警告はありません。
アップロード
アップロードできます！詳細
有効
収益受け取り
動画に広告を表示して収益受け取りのパートナーになることができます。詳細
利用可
有効にする
利用可
限定公開動画と非公開動画
限定公開や非公開の動画をアップ
カスタム サムネイル
動画にカスタム サムネイルを使
❶クリックする

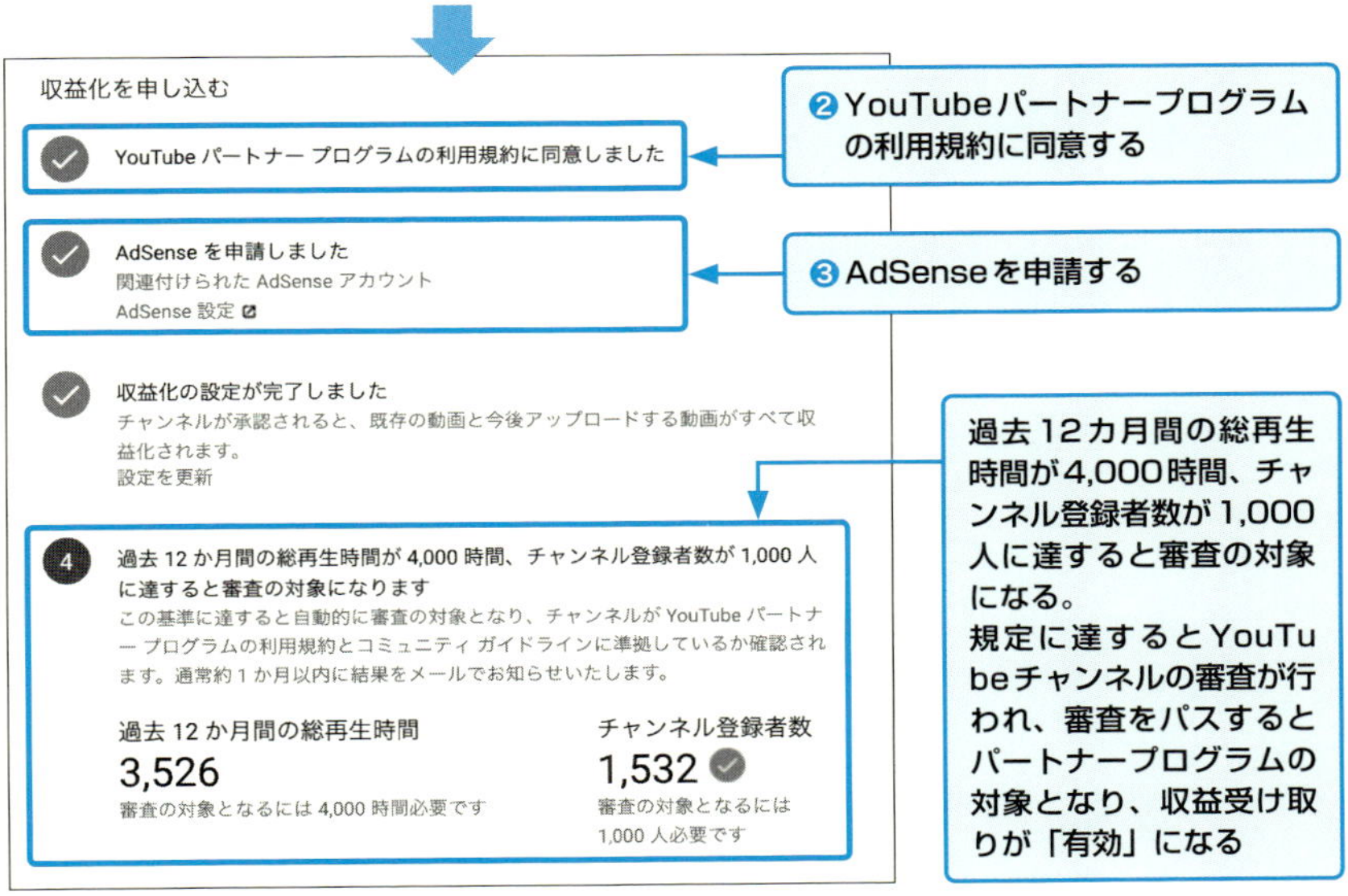
収益化を申し込む
YouTube パートナー プログラムの利用規約に同意しました
AdSense を申請しました
関連付けられた AdSense アカウント
AdSense 設定
収益化の設定が完了しました
チャンネルが承認されると、既存の動画と今後アップロードする動画がすべて収益化されます。
設定を更新
4
過去 12 か月間の総再生時間が 4,000 時間、チャンネル登録者数が 1,000 人に達すると審査の対象になります
この基準に達すると自動的に審査の対象となり、チャンネルが YouTube パートナー プログラムの利用規約とコミュニティ ガイドラインに準拠しているか確認されます。通常約 1 か月以内に結果をメールでお知らせいたします。
過去 12 か月間の総再生時間
3,526
審査の対象となるには 4,000 時間必要です
チャンネル登録者数
1,532
審査の対象となるには 1,000 人必要です
❷YouTubeパートナープログラムの利用規約に同意する
❸AdSenseを申請する
過去12カ月間の総再生時間が4,000時間、チャンネル登録者数が1,000人に達すると審査の対象になる。
規定に達するとYouTubeチャンネルの審査が行われ、審査をパスするとパートナープログラムの対象となり、収益受け取りが「有効」になる

2 アドセンスの条件を知ろう

YouTubeは動画をアップしただけでは広告収入を受け取れません。自分の動画が広告収入のもととなるためには、**YouTube**パートナープログラムに参加します。

ただ前述のとおり、この条件がとても厳しくなり、過去12カ月間の動画の総再生時間が4000時間以上あり、さらにチャンネル登録者が1000名以上という基準をクリアしなくてはいけなくなっています。

この条件は正直なところクリアするのは大変です。もちろんこの基準をクリアする人もたくさんいるので、チャレンジは旺盛にしてみましょう。

YouTube パートナープログラムは**Google AdSense**として運用されるので、自分の動画から収益を得られるようにするには、**Google AdSense**への登録と設定が必要になります（74頁参照）。こちらも忘れずに設定しておきましょう。

YouTubeパートナープログラムの条件をクリアするのはとても厳しいですが、とりあえず申請しておきましょう！

10 YouTubeアナリティクスで視聴者分析をしよう

1 どんな人が動画を見ているのか確認しよう

YouTubeにアップロードした動画がどのように見られているのか分析するために、YouTubeにもアナリティクス機能があります。Webサイトではおなじみのアナリティクスですが、YouTube版では、動画の再生時間、再生地域、視聴者の性別など、視聴状況を詳しく調べることができるようになっています。

動画の視聴率が極端に落ちている部分がわかったら、その部分をカット編集したり、もしくは動画が長すぎるのなら分割して2つの動画にしてみるといった対処ができます。視聴動向を把握することで、視聴者にあわせた対応を行うことができます。

視聴者の傾向がわかれば
動画もつくりやすい。

STEP 1 YouTube アナリティクスを表示する

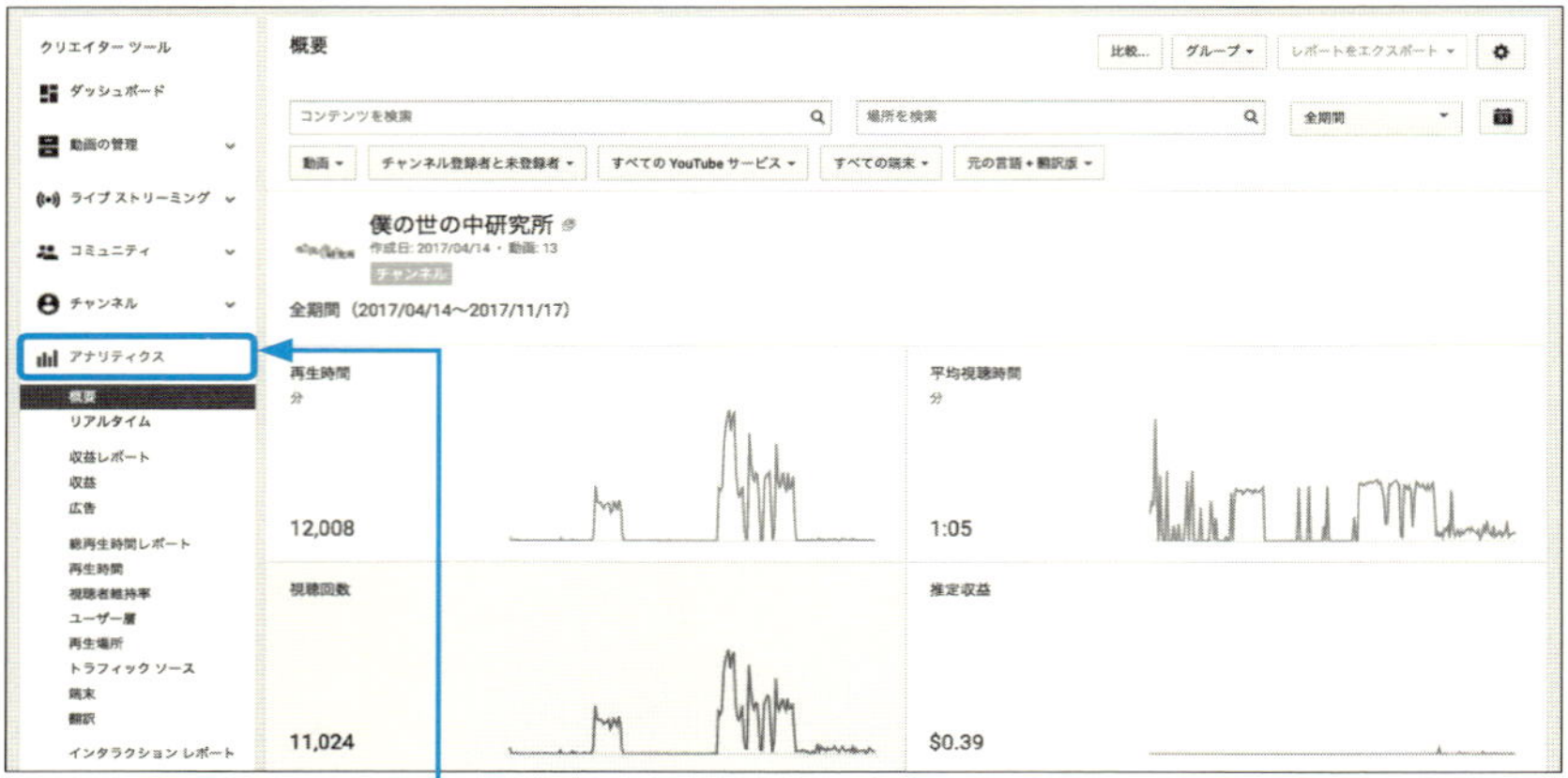

「クリエイターツール」ページの左側にあるタスクバーから「アナリティクス」の右の ⌄ をクリックする

STEP 2 最新の統計情報とレポートでチャンネルや動画のパフォーマンスを確認する

YouTube アナリティクスでは、総再生時間、トラフィックソース、ユーザー層などのさまざまなレポートの豊富なデータを利用することができる。

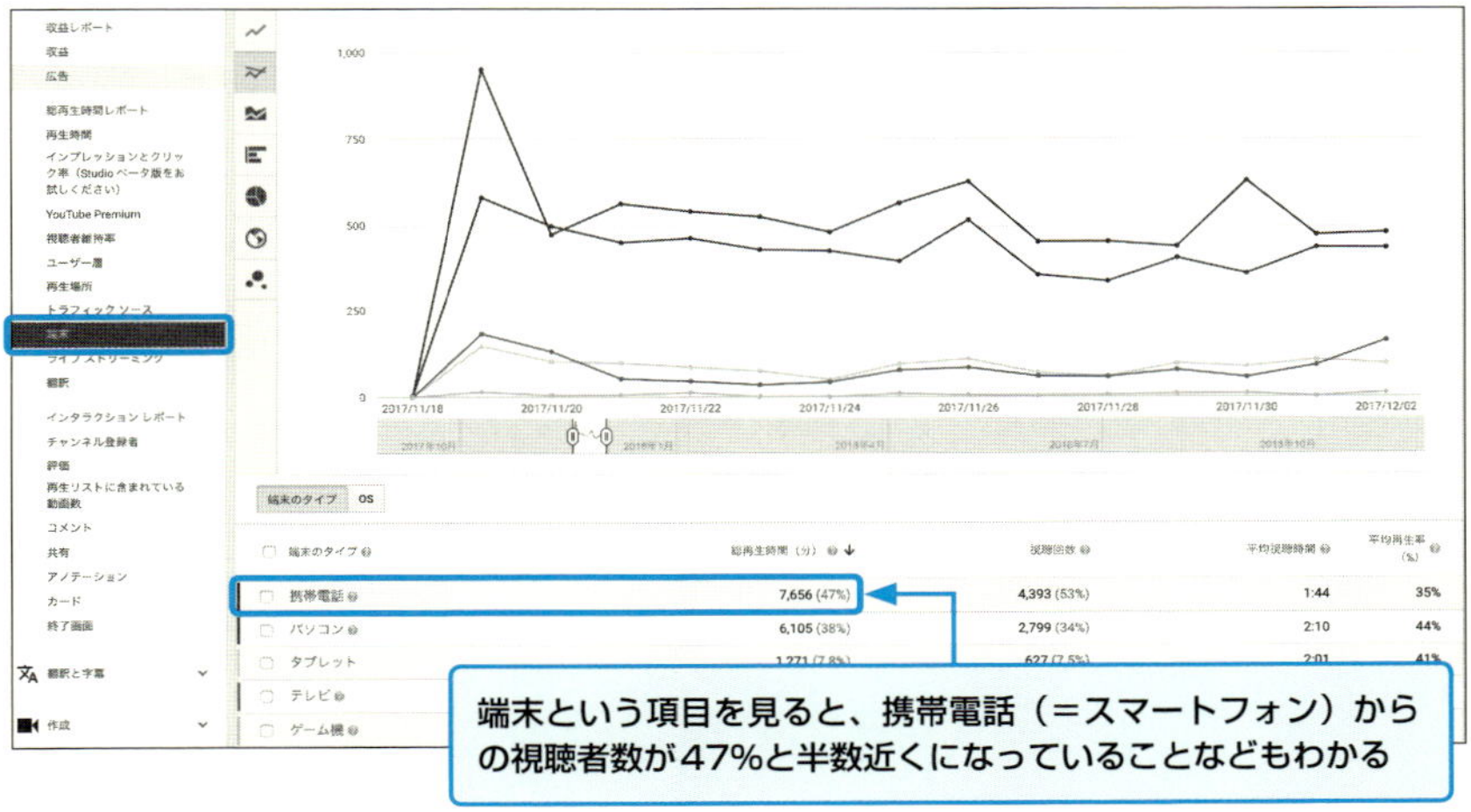
端末という項目を見ると、携帯電話（＝スマートフォン）からの視聴者数が47%と半数近くになっていることなどもわかる

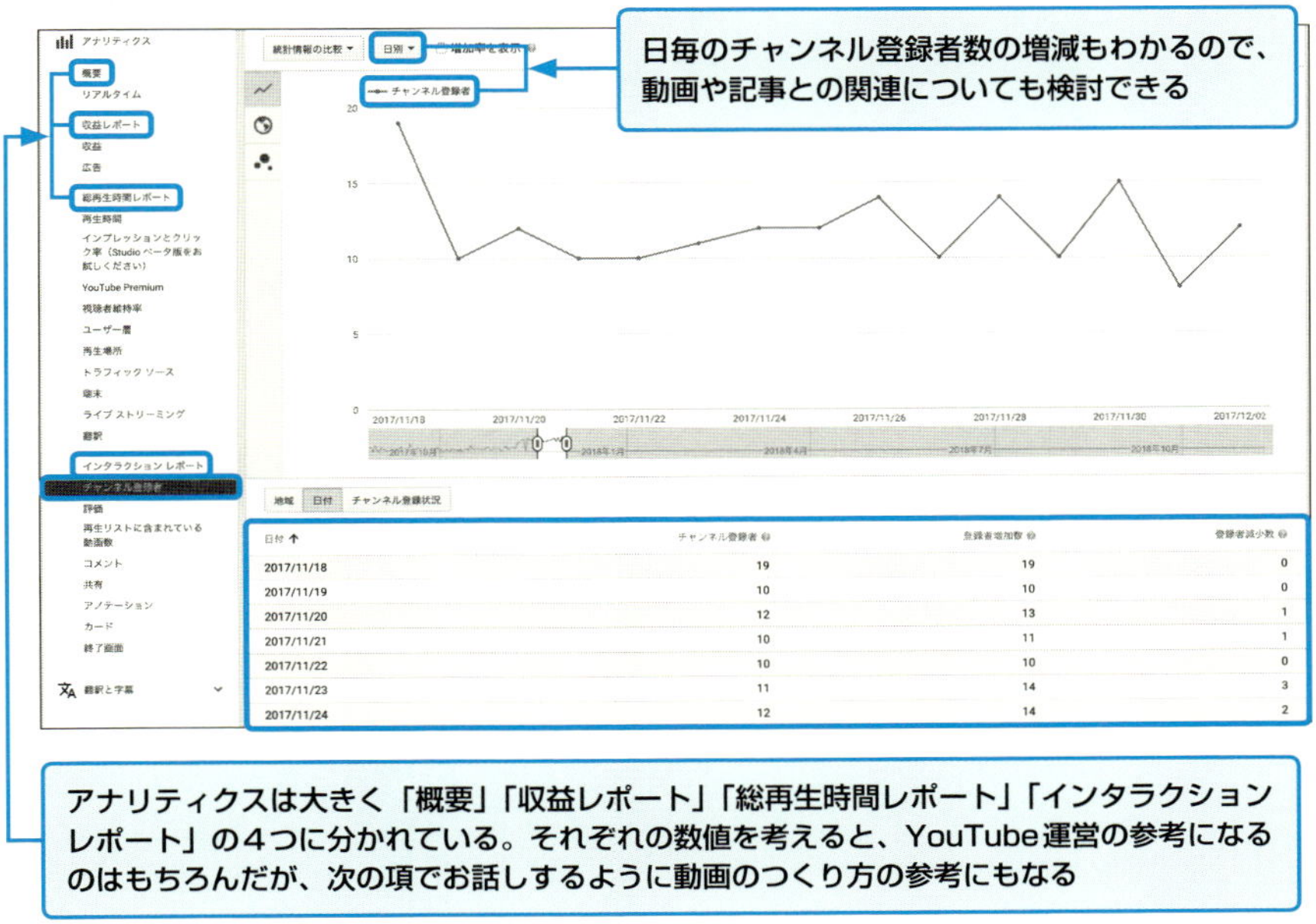
日毎のチャンネル登録者数の増減もわかるので、動画や記事との関連についても検討できる
アナリティクスは大きく「概要」「収益レポート」「総再生時間レポート」「インタラクションレポート」の4つに分かれている。それぞれの数値を考えると、YouTube運営の参考になるのはもちろんだが、次の項でお話しするように動画のつくり方の参考にもなる

2 動画が最後まで視聴されているか確認しよう

YouTubeアナリティクスの機能をいくつか見てきましたが、それ以外の項目で押さえておきたい項目があるので、見ておきましょう。

視聴者維持率といって、動画が視聴者にどれくらい見られたかを総再生時間や平均再生時間などで確認できます。「**チャンネル内の全動画の平均視聴時間と平均再生率**」も表示できますし、個別動画ごとの数値も確認することができます（次頁参照）。

「**動画ごとの場合は、プレーヤーで再生しながら動画の各時点での視聴者維持率を確認することができる**」ので、どこで視聴率が落ちているのかを確認することができ、動画の構成を考えるときにとても役に立ちます。

がんばってつくった動画ですし、がんばって書いたブログに貼りつける動画です。正しく設定して多くの人に見てもらい、さらにその動画がどう見られているかを知り、次の動画やブログ記事につなげていきましょう。

あなたのコンテンツが、読者にとって本当に必要で大切なものになるための仕掛けにしっかり対応しましょう。そうすれば10年経っても読まれる記事、見られる動画になっていきます。

STEP 1 視聴者支持率を表示する

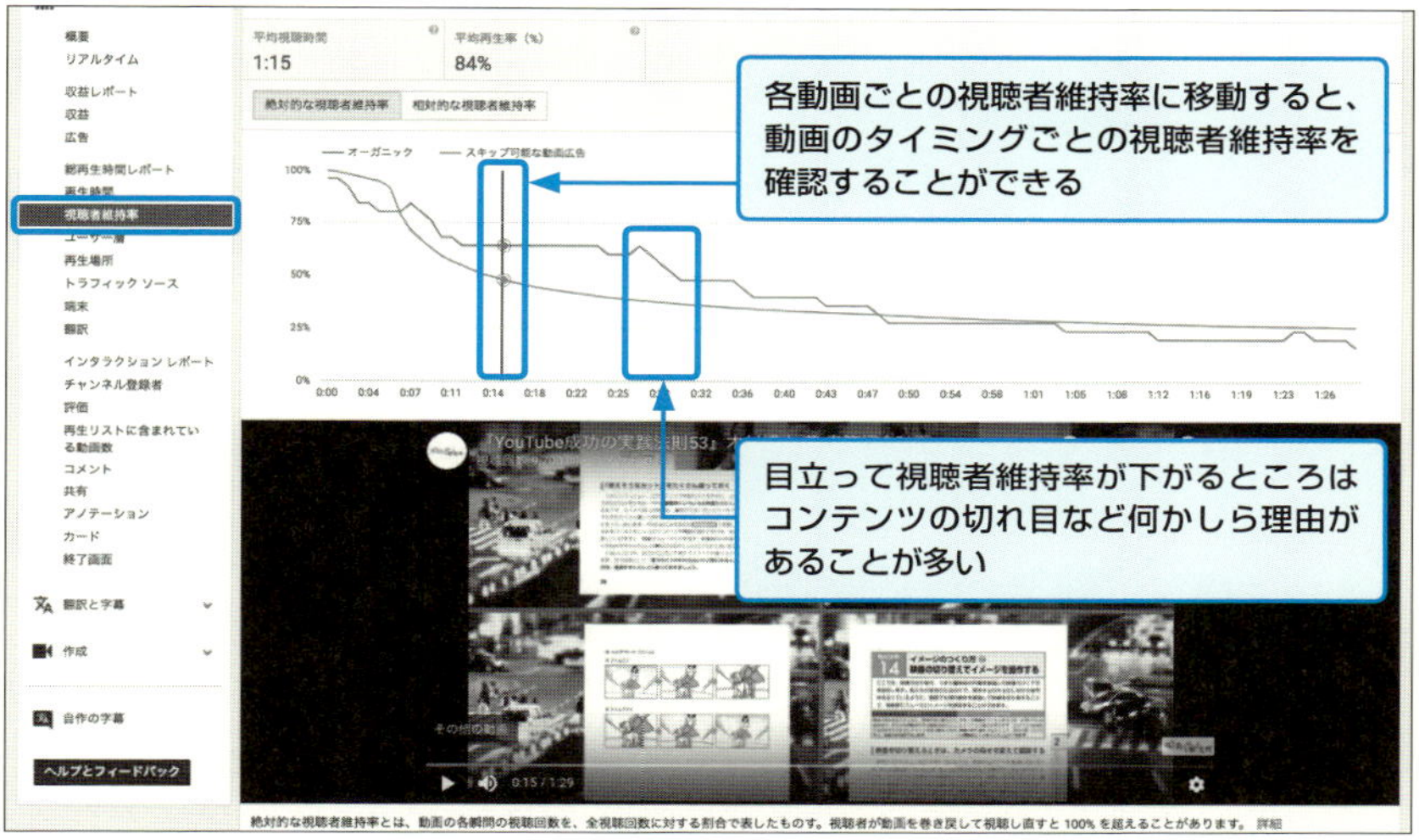

YouTubeは動画をつくることより運営が大切！

- 伝わる動画がつくれるようになったら、見る人の目を引く、かっこいい動画にもチャレンジして、動画の制作レベルを高めていこう
- YouTube 動画はつくって終わりではなく、正しく設定して、その結果をふまえて運営していくことが大切

Webでの動画活用のコツがわかれば、無理なく続けていくことができます。

6時限目

YouTube課外授業

いろいろな配信を活用してみよう

YouTubeをはじめ、Facebookや Instagram、ヤフオクやメルカリまでもが、ライブ配信をしています！
ライブ配信もぜひトライしてください！

01 ライブ配信やSNSで動画を活用しよう

1 双方向で視聴者と仲よくなろう

ブログと動画の連携は、YouTubeのように「録画された動画」とだけでなく、YouTubeライブ、Facebookライブ、Zoomといったライブ配信（生中継）との連携まで広がります。

簡単にライブ配信ができるようになって生中継が身近になってきました。ライブのいいところは一方的に配信するだけではなく、視聴者と双方向でコミュニケーションを取りながら、まるで目の前で話をしているように相手に伝えることができることです。ブログでは表現できなかった「リアルタイム」が、伝え方の幅を格段に広げます。

インターネットを使った生中継のライブ配信は、今やすごい人気です。YouTubeライブをはじめ、さまざまな配信システムで利用者がどんどん増えています。特にYouTubeライブは、YouTubeチャンネルから配信できる簡単さがYouTubeのメジャーさと相まって、視聴者も配信者もすごい盛りあがりを見せています。

ライブ配信がこれだけメジャーになってくると、活用法を考えて積極的に運用したくなります。視聴者と直接交流しながら商品を紹介したいという人は、ぜひチャレンジしてみてください。

たとえば、ブログで発信していたギターレクチャーを、**YouTube** ライブで週に数回配信することで、視聴者からの「〇〇の弾き方を教えて」という質問にすぐ応えてあげることで、自分のスキルを知ってもらうとともにファンも増えていきます。こういった使い方をすれば、ブログ×**YouTube** に「×ライブ」を加えることでパワーアップすることができます。

● YouTube ライブの配信のしかた

STEP 1 アカウントを認証する

YouTube ライブはアカウントの認証が終わっていないと使用することができないので、アカウントの認証をする（99 頁参照）。

STEP 2 画面右上のカメラマークのアイコンをクリックして、「ライブ配信」を選択する

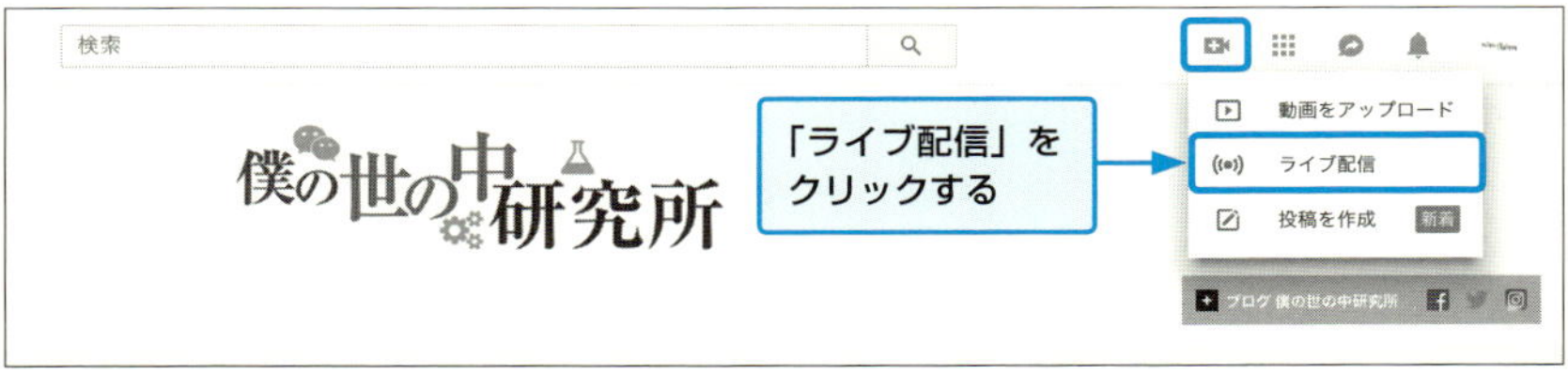

※1. 「クリエイターツール」から「ライブストリーミング」を選択しても同様にライブ配信をスタートできる。その場合、ライブストリーミングの下に「今すぐ配信」「イベント」「カメラ」が表示されるので、エンコーダー（※3）を使用しないで簡単に配信ができる「カメラ」を選択する。

※2. 「今すぐ配信」は名前のとおり今すぐ配信する機能で、「イベント」は配信のスケジュールを設定して予定配信できる機能。

※3. YouTubeでライブを行うためには、カメラやマイクの音をパソコンでライブ配信用のデータ形式に変換する必要がある。この作業を行うソフトがエンコーダー。エンコーダーを使用すると、配信データを細かく設定できるので、通信状況など、配信環境にあわせた配信ができるようになる。

STEP 3 ウエブカメラ配信状況を決める

そのまま配信する場合は「後でスケジュール設定」を非アクティブにする。スケジュールを決めて配信する場合はアクティブにし、日時を入力する。

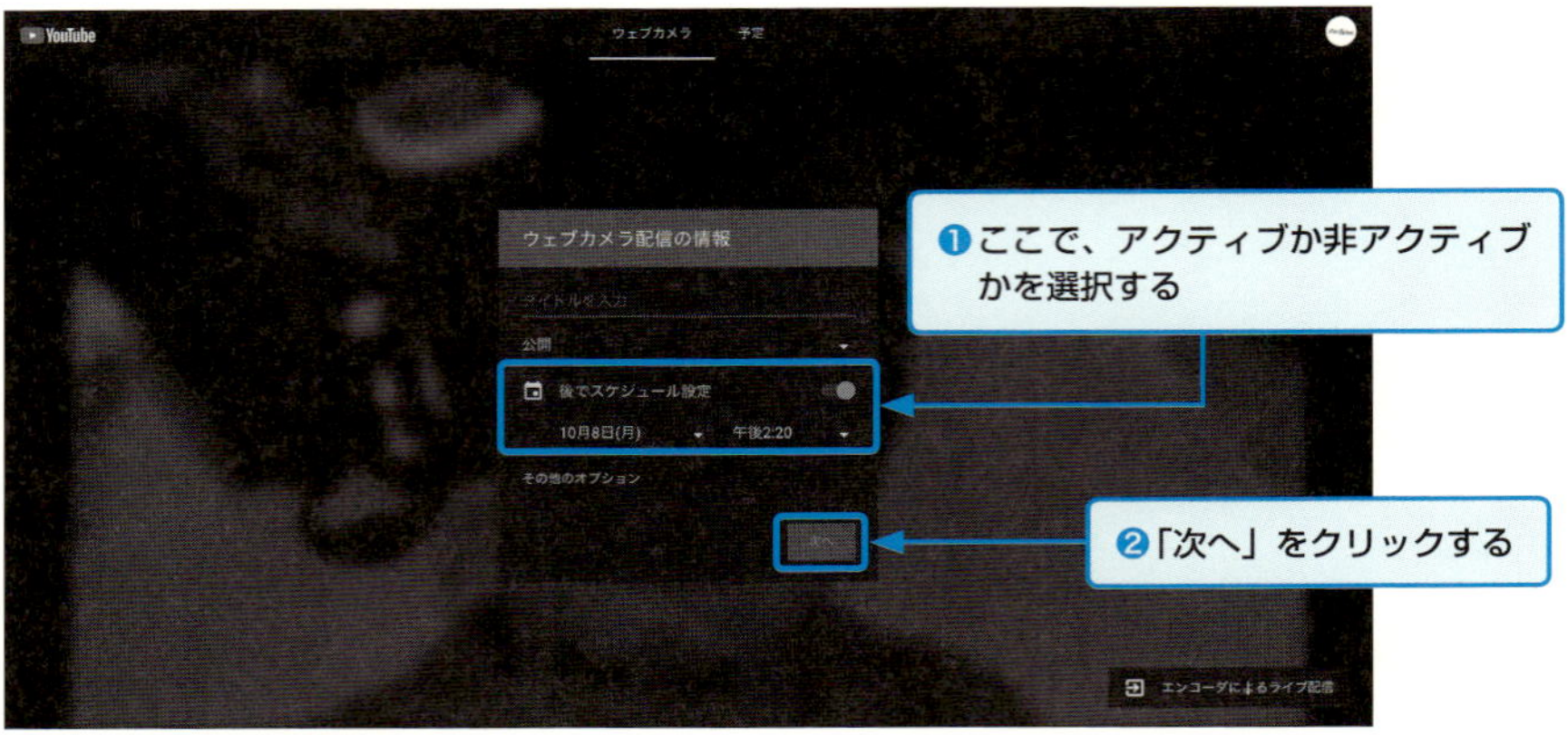

STEP 4 カメラ、マイクなど、接続されているデバイスを選択する

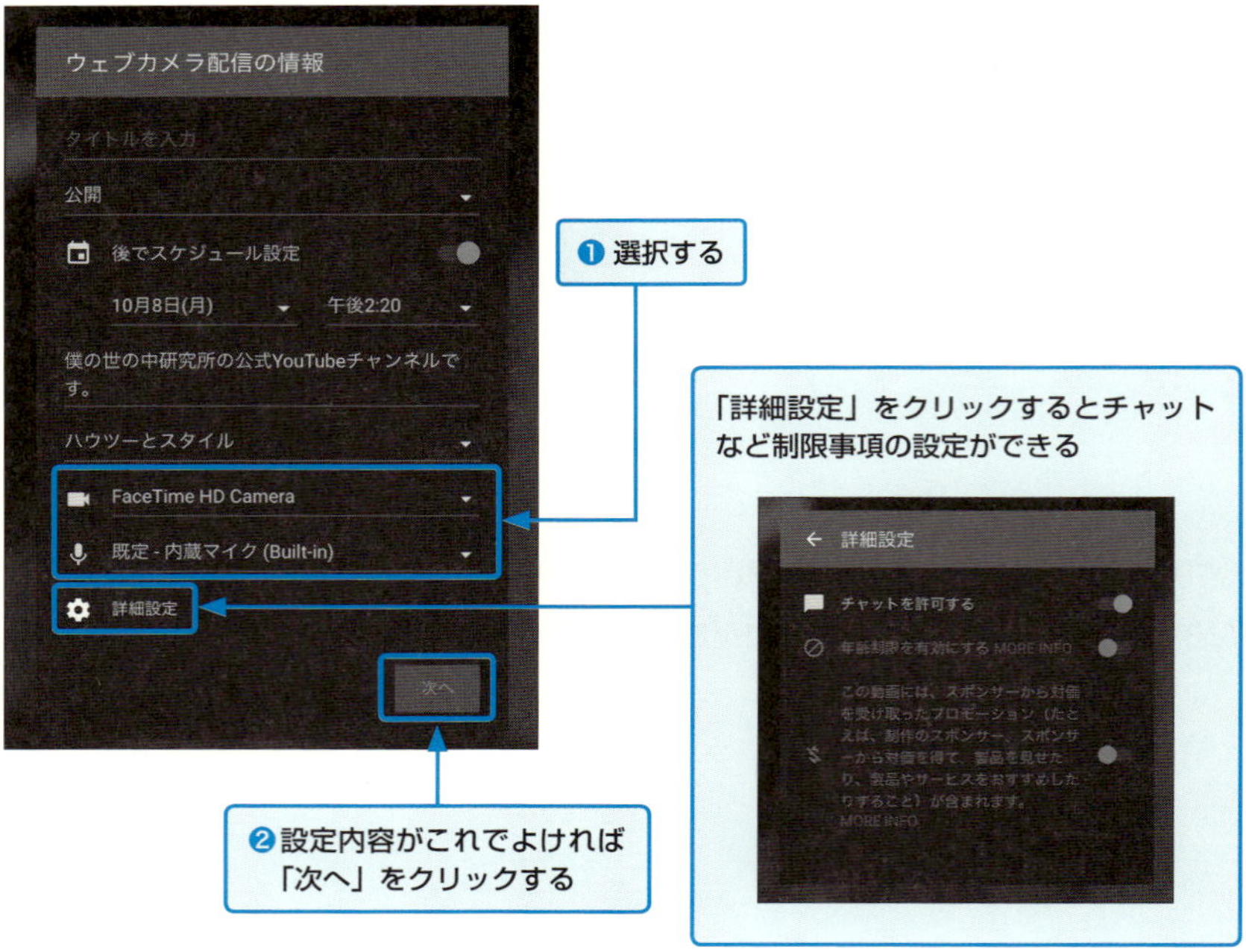

STEP 5 サムネイル用の写真が撮影され、設定は完了

STEP 6 SNS で告知したいときは、「共有」ボタンを押すと SNS 用の告知リンクが表示されるので、この URL を使って告知する

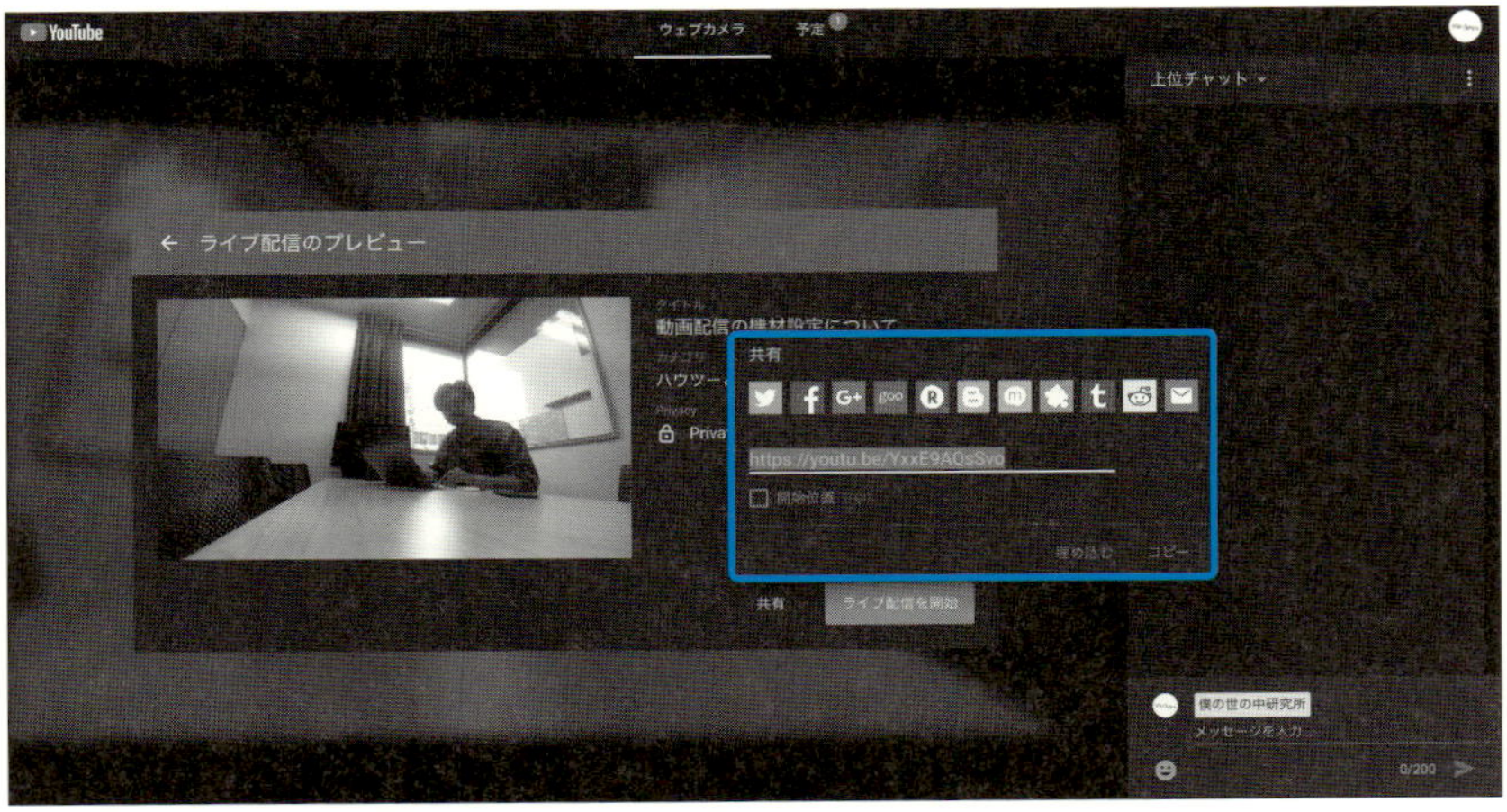

STEP 7 時間になると「ライブ配信を開始」をクリックするとライブがスタートする

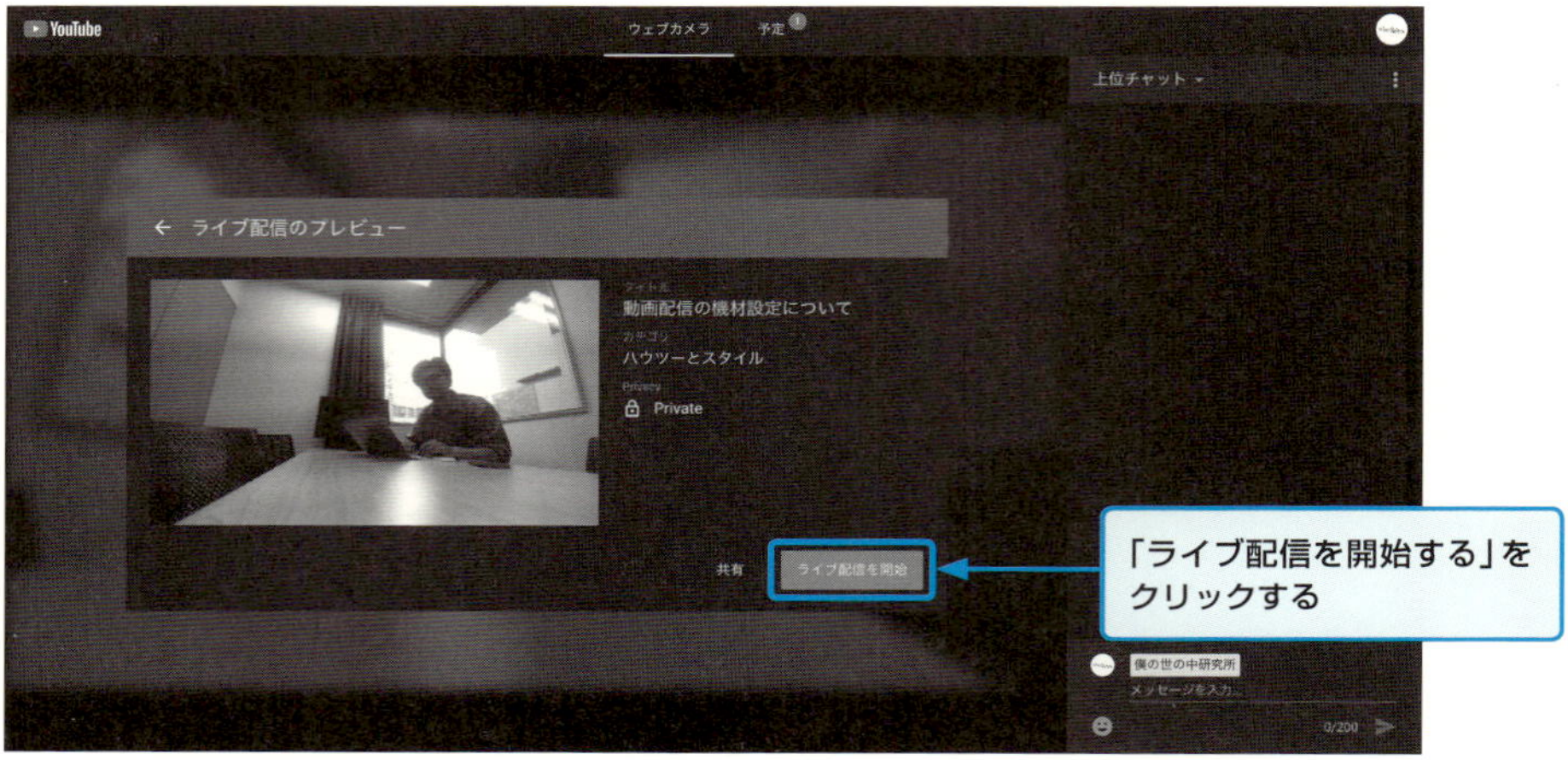
YouTube
ウェブカメラ
予定
上位チャット
ライブ配信のプレビュー
動画配信の機材設定について
ハウツーとスタイル
Private
共有
ライブ配信を開始
「ライブ配信を開始する」をクリックする
僕の世の中研究所
メッセージを入力...
0/200

STEP 8 チャットをONにしていると右側にチャット内容が表示される。ライブなので、おしゃべりで返答してもいいし、チャット欄に書き込んでもいい

上位チャット
宮っ子29号 こんにちは。
僕の世の中研究所 こんにちは。今日もよろしくお願いいたします。みなさんが参加されるまで少しお待ちください。
宮っ子29号 はい、
宮っ子29号 待っている間に前回の内容の質問してもいいですか？
僕の世の中研究所 はい、どうぞ！
僕の世の中研究所
メッセージを入力...
0/200
ライブ配信を終了するときは、ここをクリックする
ライブ配信を終了

STEP 9 「ライブ配信を終了」をクリックすると、ライブが終了して視聴数など数値が表示される

STEP 10 ライブの状況は「イベント」欄に保存（最長 12 時間まで）されるので、編集して再度配信することもできる

※YouTubeライブはモバイルからも配信できるので、イベント会場からの中継などにチャレンジしてみるのもいい。

2 商品を代わりに使ってあげよう

「ライブ配信のいいところは、視聴者と双方向で話を進めていけること」です。「商品のここを見せてくれますか？」「これはどうやって使うのですか？」など、配信をしながら直接コミュニケーションをとることができます。

視聴者の目の前にその商品があるように使って見せることができれば、視聴者は納得してその商品を購入することができます。

通販番組もそうですが、技術的な話だけでなく、視聴者の代わりにその商品を使ってレビューするととても受けがいいので、**「肩肘をはらずに自然体でその商品を使って、わかりやすく伝えてあげることがライブ配信成功の秘訣」**です。

たとえば、商品のサイズや重さだって見せてあげないとわからないものがありますよね。スマホ用のモバイルバッテリーのレビューだったら、視聴者は写真だけではわからないサイズ感や重さを、双方向で確認しながら情報を得ることができるわけです。

ネットで購入を検討していても、
家電量販店のスタッフに相談できるように買えたらうれしいなー。

3 Facebook、Instagram、LINEといったSNSを活用しよう

YouTubeなどのWeb動画のメリットは、Webを通してどこまでも視聴者が広がっていくことです。**Facebook**、**LINE**、**Instagram**といったSNSだと、友人や知人をスタートにシェアされたりすることで、動画はどんどん拡散されていきます。

さらに、**Facebook**、**LINE**、**Instagram**では、タイムラインで動画が自動再生されるようになりました。クリックしないと動画が見られなかったときと違い、タイムラインの中で動画が自動再生され、「**視聴者はタイムラインを何気なく見ているだけで動画を視聴することになる**」ので、今まで気づいてもらえなかった人にもリーチしやすくなりました。

自動的に動画が流れるということは、写真の何枚分もの視覚情報が読者に届くということです。タイムライン上での自動プレゼンテーションはとても魅力的です。

文字より写真、写真より動画と、伝えられる情報量はどんどん増えていきます。

02 YouTube以外の配信を使ってみよう ① Zoom

1 ライブ配信ならZoomを活用しよう

ライブ配信サービスで、使用者が一気に伸びているのが「**Zoom**」です。

Zoomは**Skype**のようなビデオ会議からWebセミナーまで、幅広い用途で使用されています。**Zoom**の使用者が伸びているのは、映像・音声とも高いクオリティで配信できることと、無料のアカウントでも40分まで制約なしに配信できること。さらに**Skype**だったら視聴者も**Skype**のIDを持っている必要がありますが、「**Zoomなら配信側のアカウントだけで、視聴者はURLリンクをクリックすればライブ配信に参加できる**」など、配信側も視聴側も簡単に使えることが大きな魅力です。

また**Zoom**を使うことで、「事前登録者だけ」「会員限定だけ」といったライブ配信が簡単にできるので、「登録者限定の商品の裏技披露」や「会員限定の○○を使ったレシピ紹介」のような視聴者やブログ読者を囲い込んだライブ配信が可能になります。

読者や視聴者とより親しくなる手段として**Zoom**はとても魅力的な配信ツールです。

さらに便利なのは、**Zoom**の配信を録画する機能です。ブログ読者に向けた**Zoom**での生配信を録画しておいて、その録画データを配信後に**Zoom**からダウンロードし、少し編集して**YouTube**にアップすればアーカイブの役割にもなり、生配信に参加できなかった人へのフォローにもなります。

● Zoomの配信のしかた（パソコン編）

STEP 1 パソコンからZoomを起動する

Zoomをインストールすると、「Zoom」というアイコンができるので、クリックする。

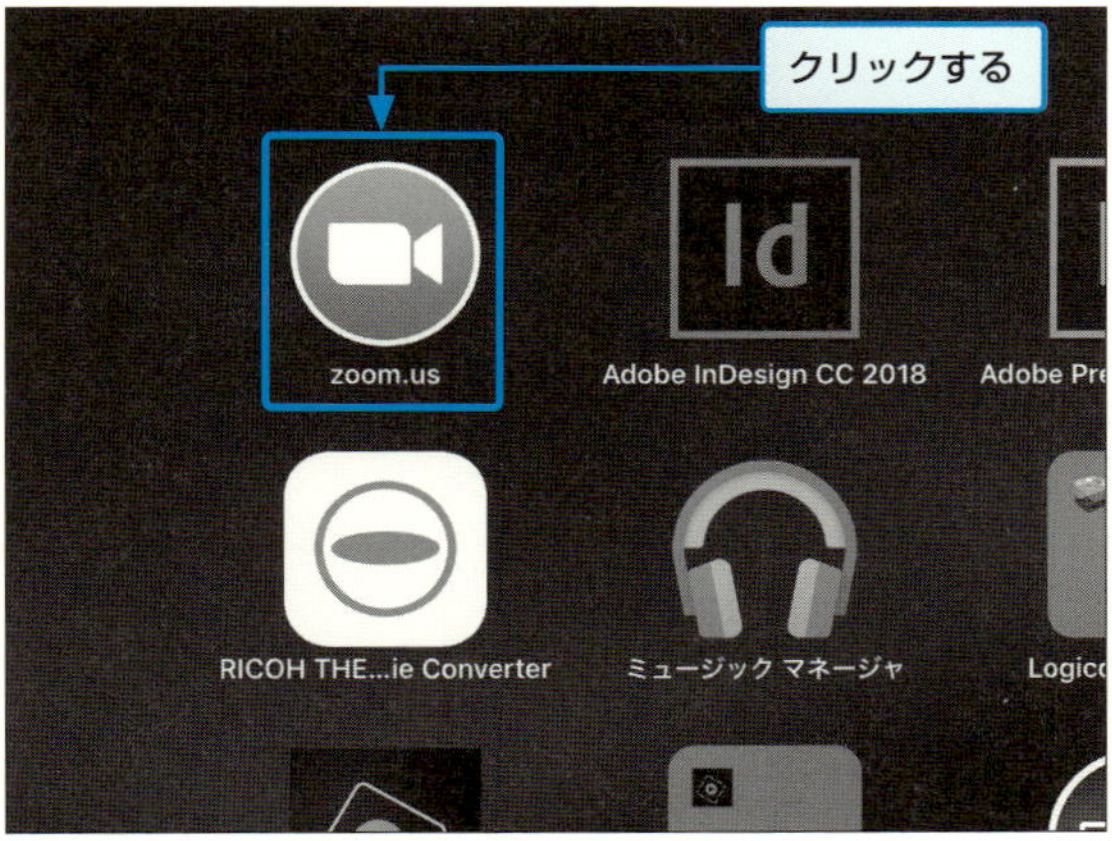

STEP 2 ログインすると操作ボードがポップアップする

STEP 3 「ビデオありで配信」「ビデオなしで配信」どちらでも、クリックしたらZoomがスタートする（ここでは、後日のスケジュールを決めて登録する「スケジュール」を使用）

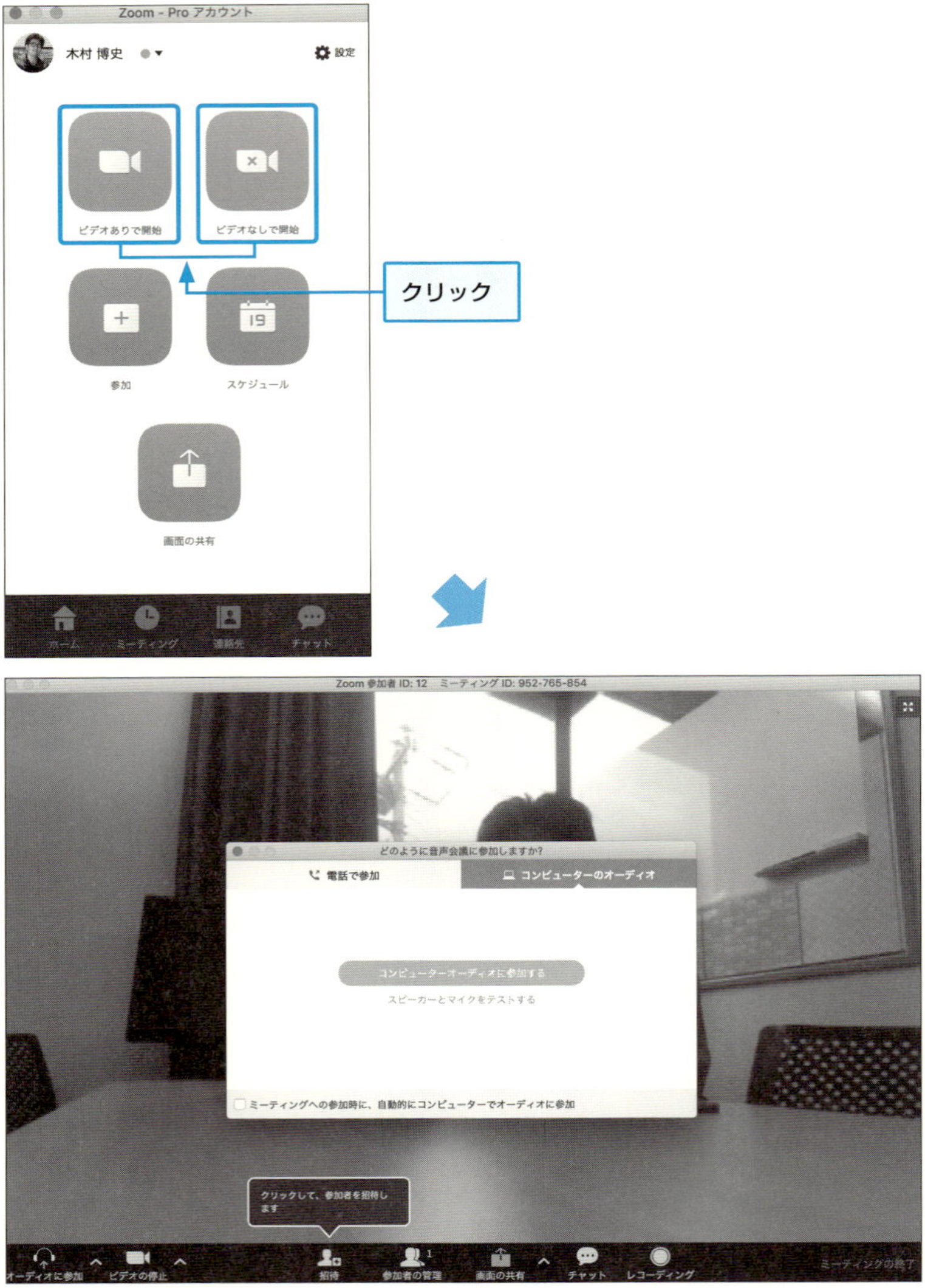

STEP 4 スケジュール入力画面が表示されるので、「トピック名」や日時などを入力する

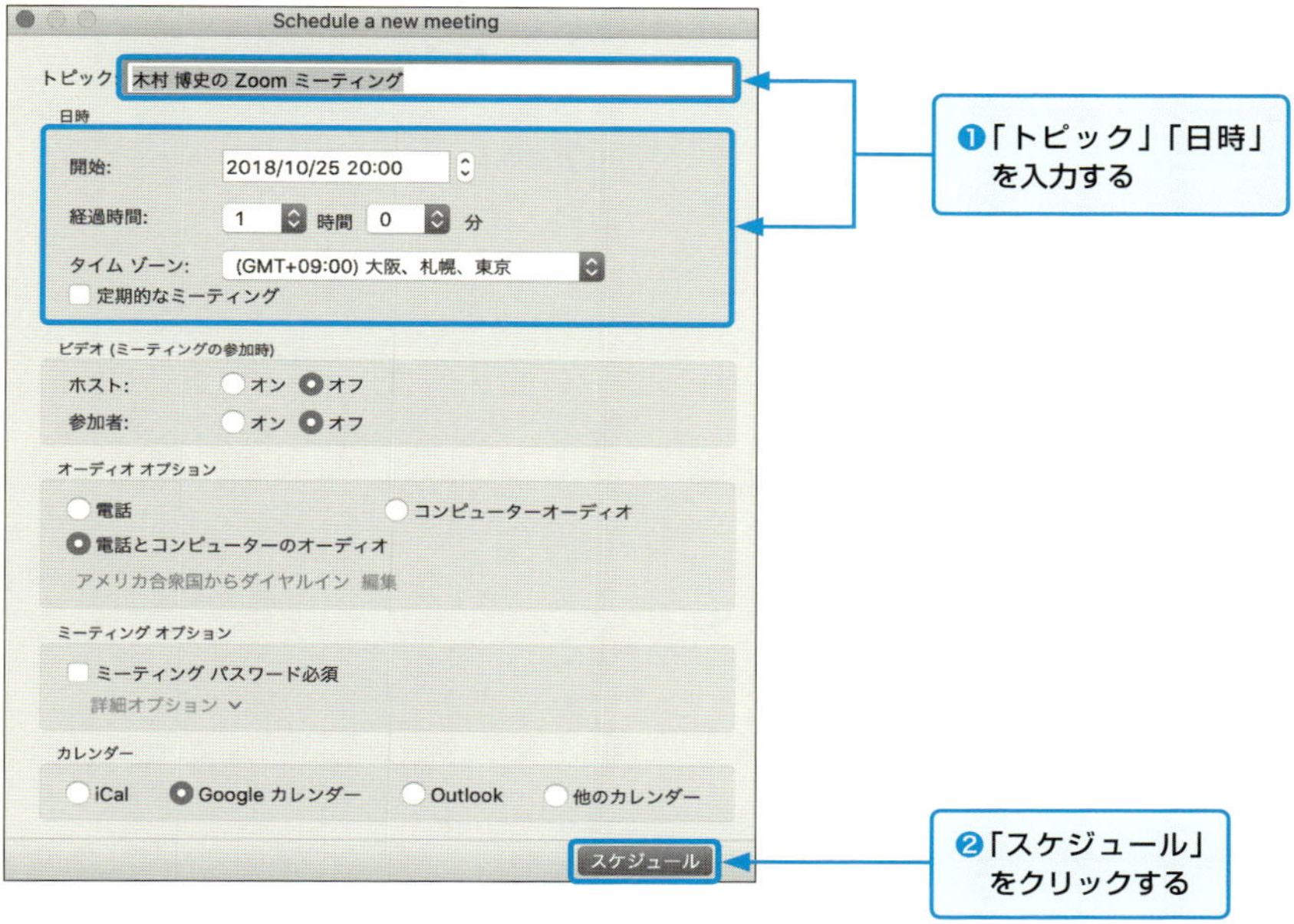

STEP 5 配信日時になったらブラウザから Zoom にログインする

※ Zoomアプリからもスケジュールされたミーティングをスタートさせることができる。

STEP 6 「マイミーティング」をクリックすると、スケジュールされたミーティングが表示される（これからのミーティングは「次回のミーティング」のタブの中に表示される）

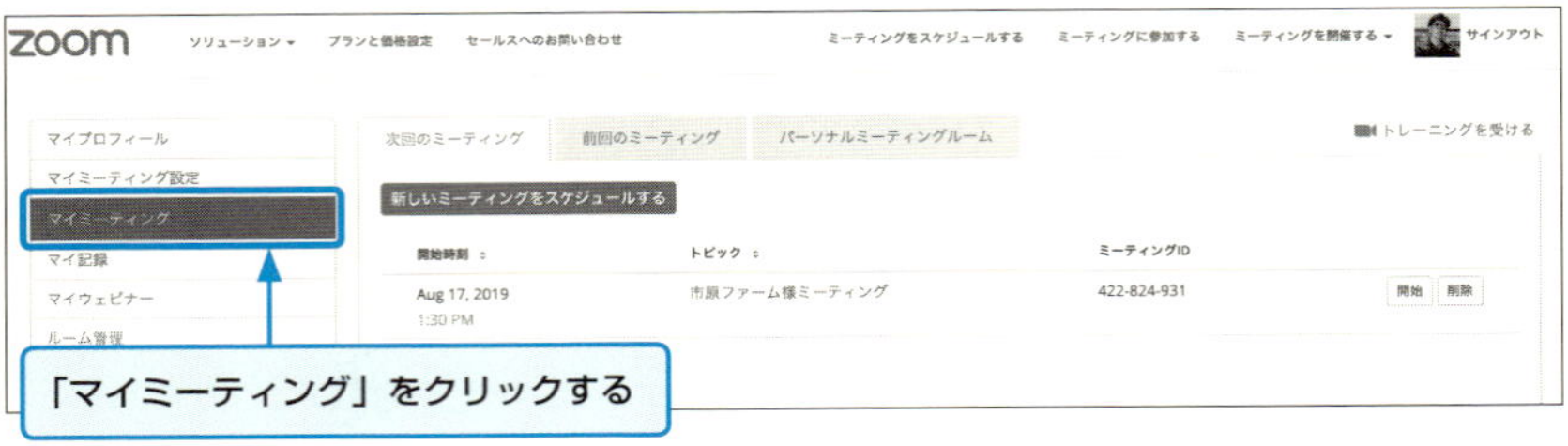

STEP 7 開始時刻を確認して「開始」をクリックすると配信がスタートする

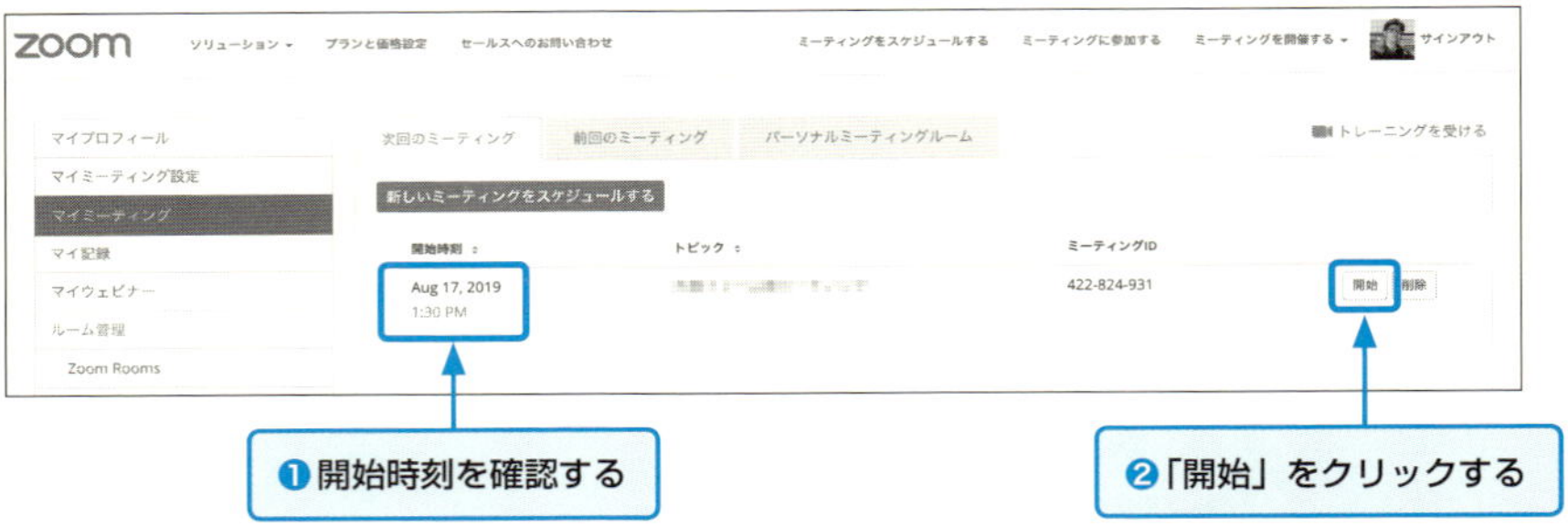

STEP 8 Zoom が起動したら使用するカメラとマイクのデバイスを確認し、使用したいデバイスを設定する

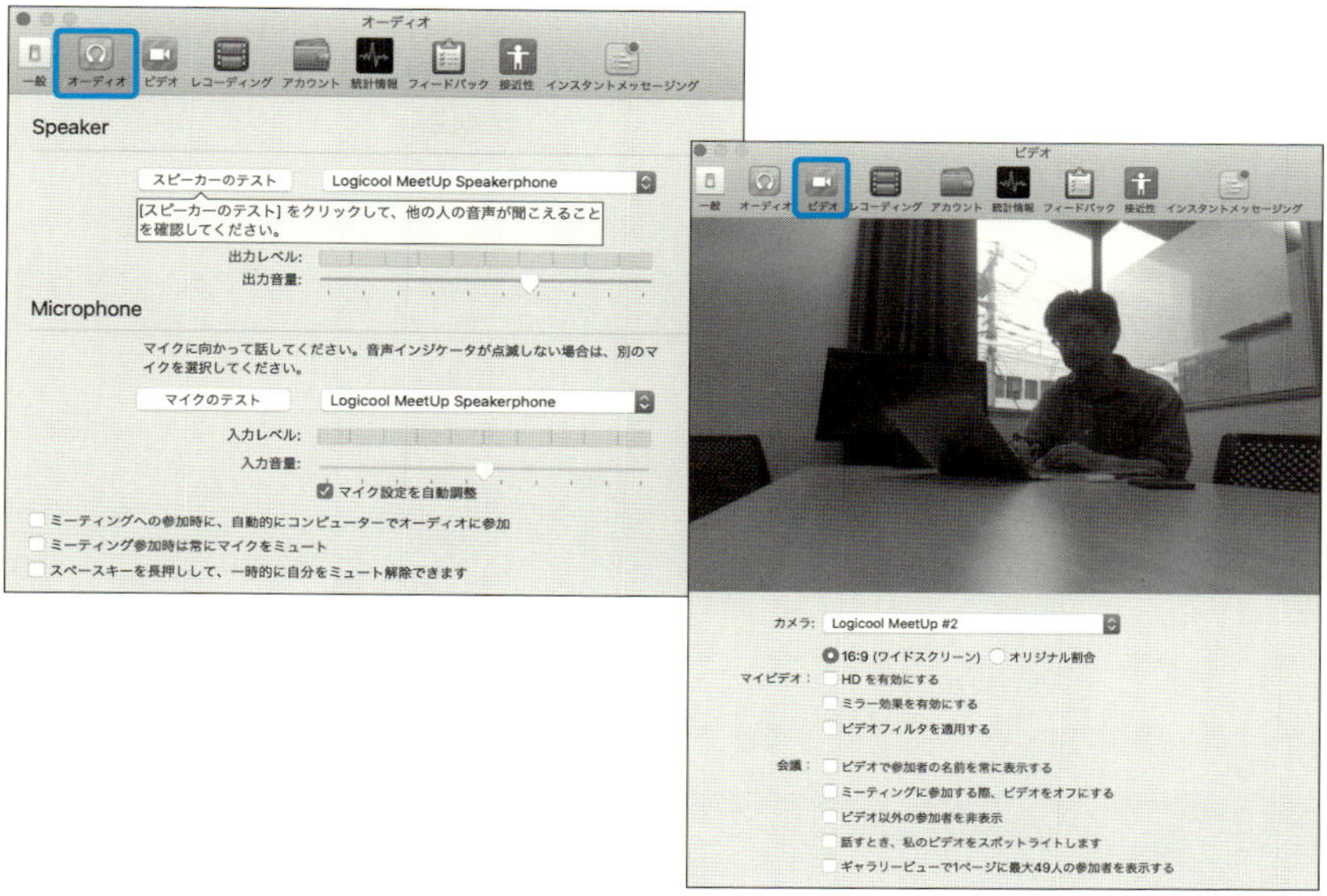

STEP 9 使用方法を選択する

Zoomは画面の共有やアプリケーションの共有など、会場でプレゼンしているような形式で視聴者に映像を見せることができる。

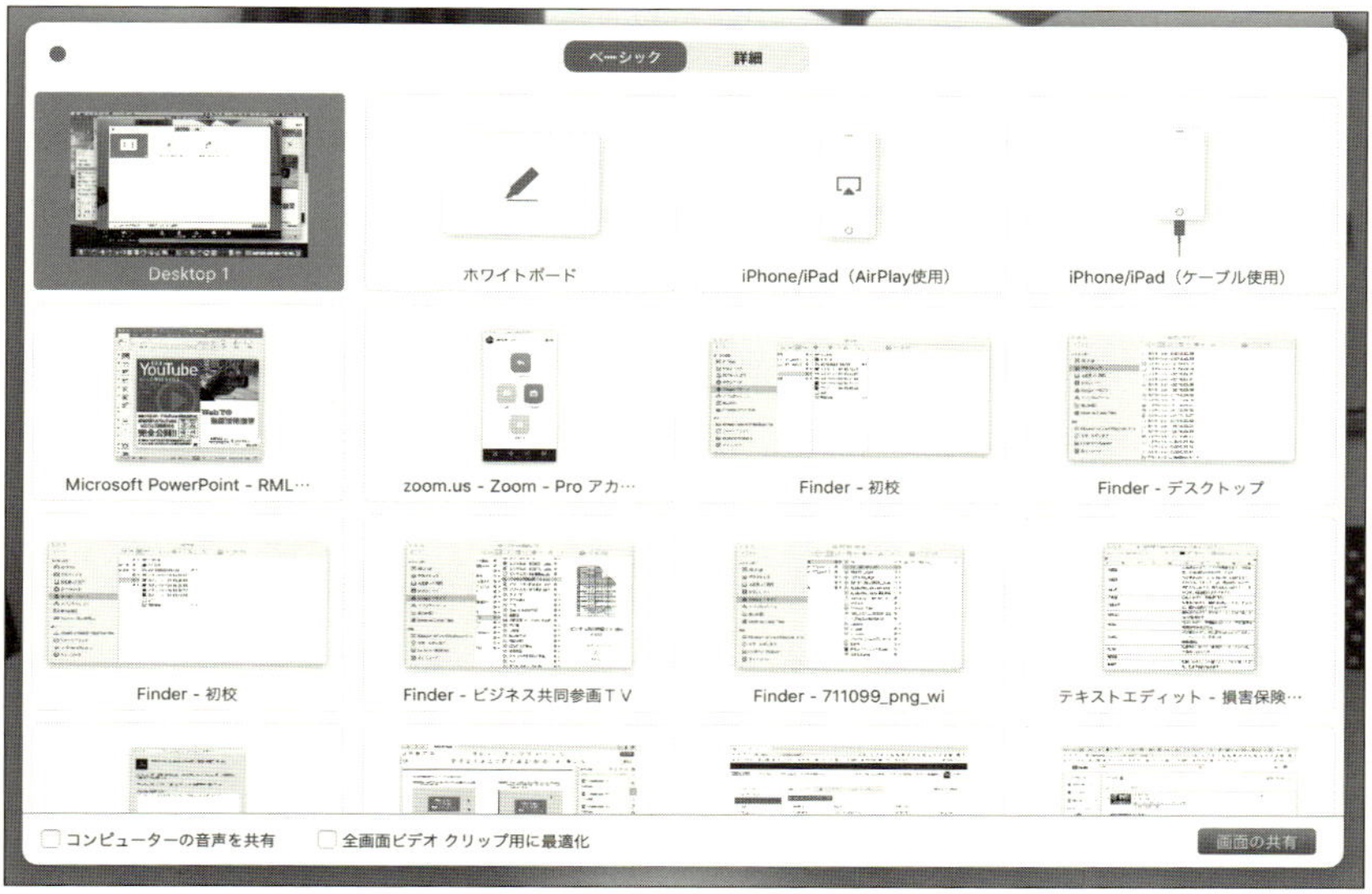

STEP 10 録画のしかた

Zoom は、許可された場合だけ録画できる機能がある。「レコーディング」をクリックするとクラウド内かパソコンのどちらかに中継を保存することができる。

● 録画スタート前

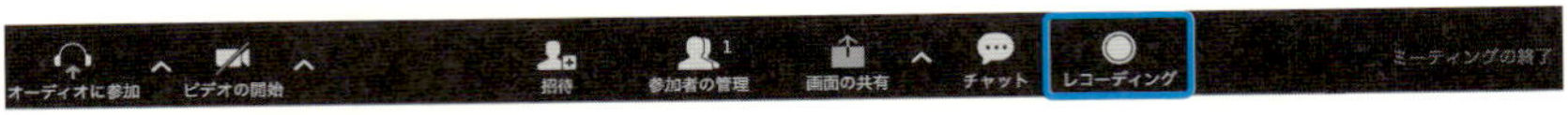

● 録画中

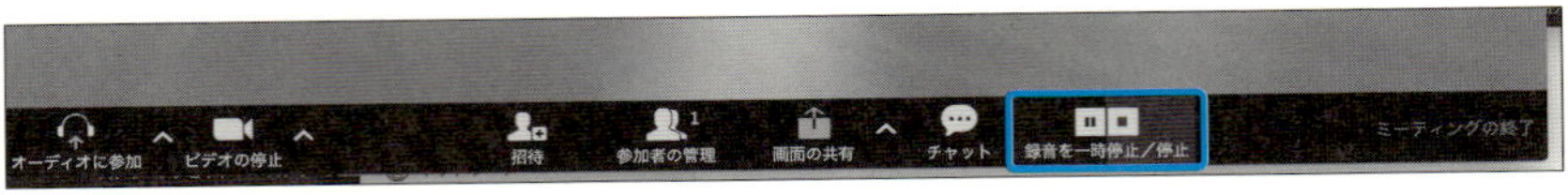

STEP 11 終了のしかた

「ライブ配信を終了」をクリックすると中継が終了する。

03 YouTube以外の配信を使ってみよう ② Vimeo

1 録画配信・パスワード設定が必要ならVimeoを活用しよう

Zoomは簡単に高品質はライブ配信ができますが、録画された動画を**YouTube**のように配信することは得意ではありません。ここで活用したいのが**Vimeo**です。

Vimeoは**YouTube**と同じ録画動画の配信サービスですが、有料アカウントにするとパスワードつきで動画を配信することができるようになります。

YouTubeでも、動画の公開設定を「限定公開」にすればその動画のURLを知っている人だけが視聴できるようになります。また「非公開」であれば、本人とメールアドレスで指定された人だけが視聴できるようになります。ただ、限定公開でURLが漏れてしまうと、誰が見ているのかわからなかったり、非公開にして相手のメールアドレスを都度入力していたのでは、その数が多くなると手間になってしまいます。

「Vimeoなら動画にパスワードを設定することで、見てもらいたい人に動画のURLとパスワードを通知することで、その人にだけ動画を見てもらうことができます」。

YouTubeはネット上で多くの人に見てもらうように、**Vimeo**はかぎられた視聴者や読者もしくは自分のアフィリエイトから購入してくれた人にだけというように、動画を特典とすることもできます。多くの人に見てもらうものとして**YouTube**を、かぎられた人に見てもらうものとして**Vimeo**をと、うまく使い分けて動画を活用することができます。

こんなパスワード機能を年間1万円未満の有料プランで使えるわけですから、活用しない手はありません。特に講座などナレッジ（知識）を販売する仕事にはとても相性がいいので、ぜひ導入を検討してみてください。

● Vimeoでパスワードを設定して配信するしかた

STEP 1 Vimeoにログインし、動画をアップロードする

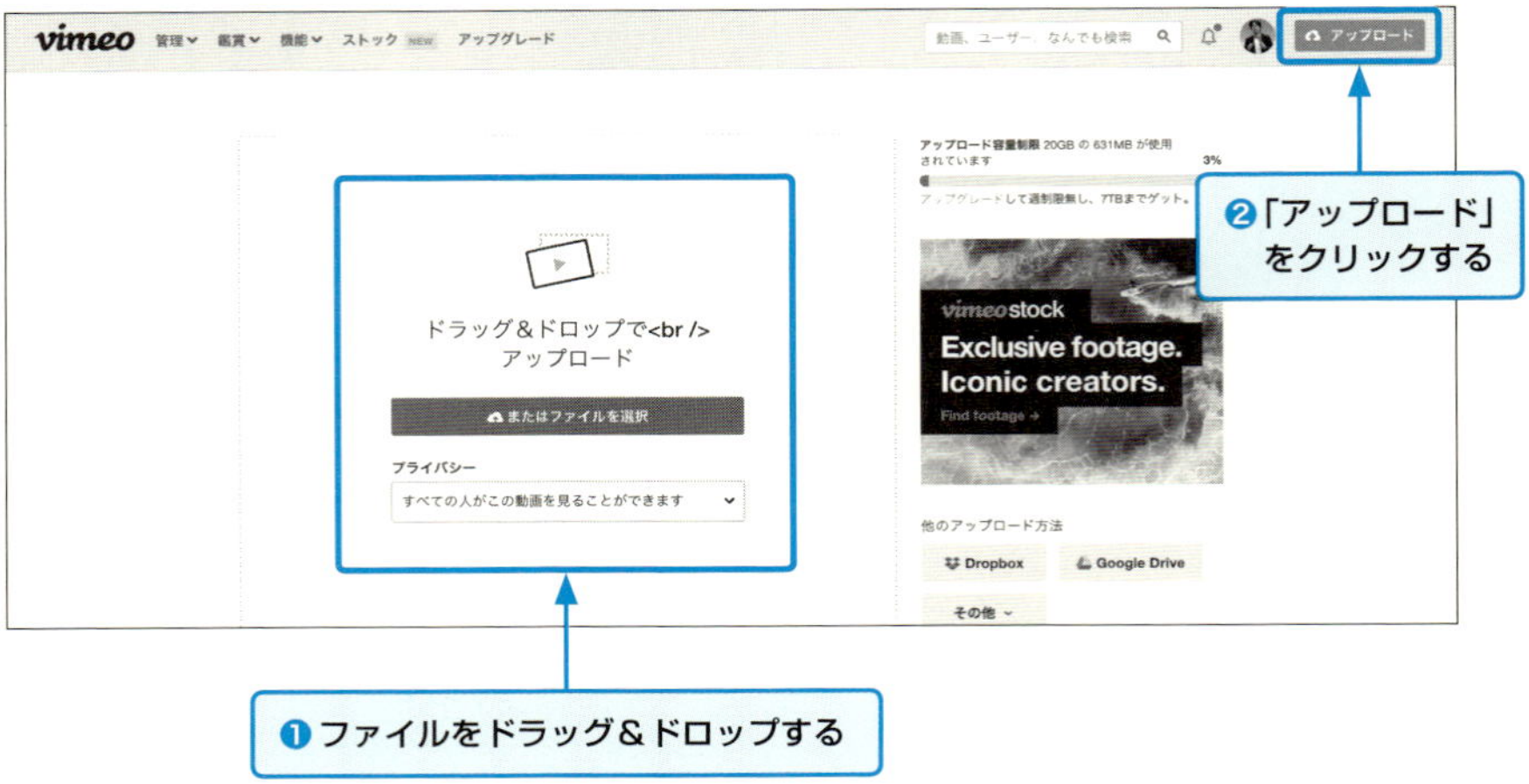

STEP 2 「タイトル」など必要情報を設定する

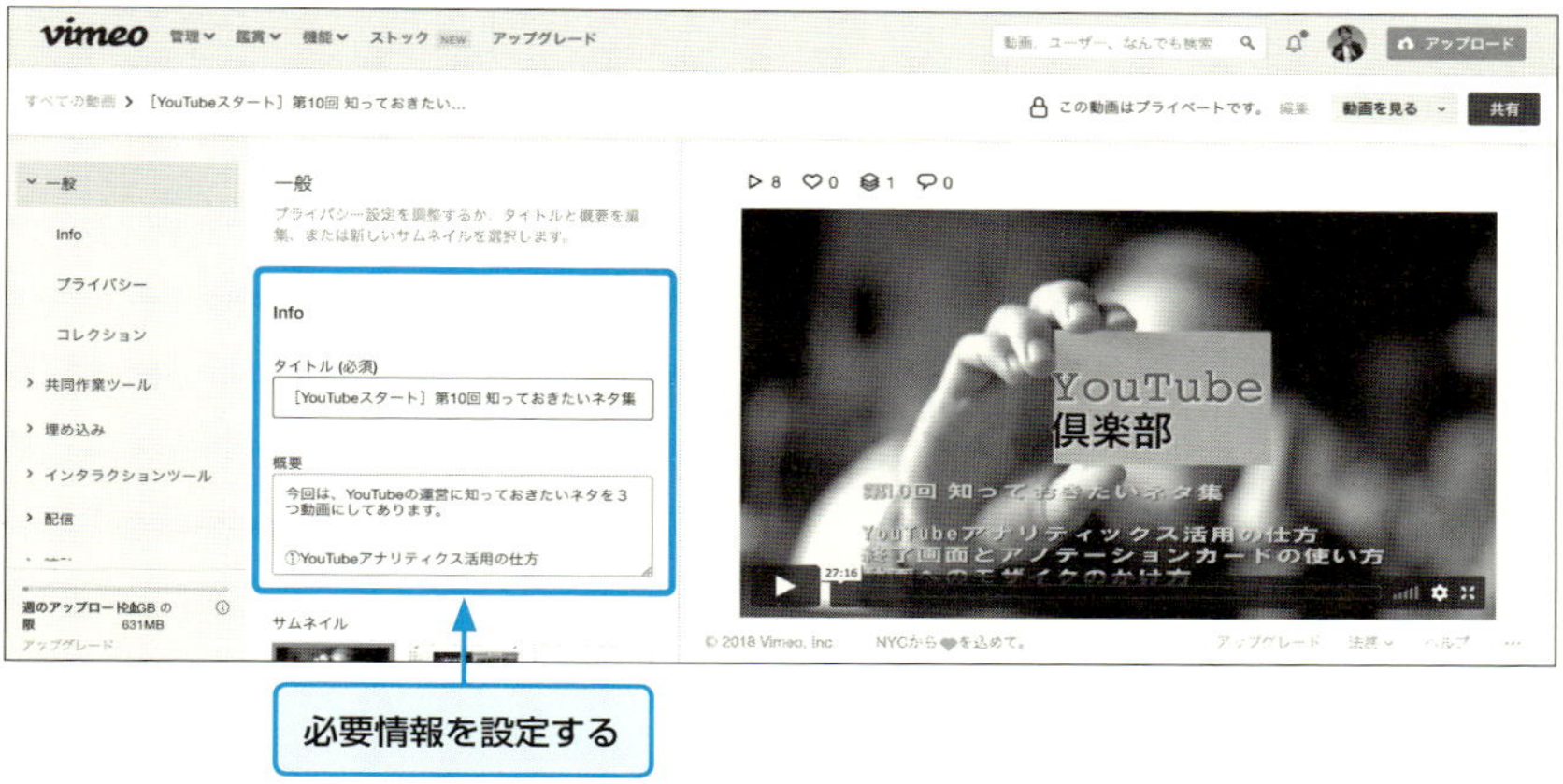

STEP 3 パスワードつき動画のつくり方

「プライバシー」欄をクリックすると、「誰が視聴することができますか？」と聞かれる。「パスワードを持っている人」を選択するとパスワードの入力欄が表示されるので、ここでパスワードを設定する。

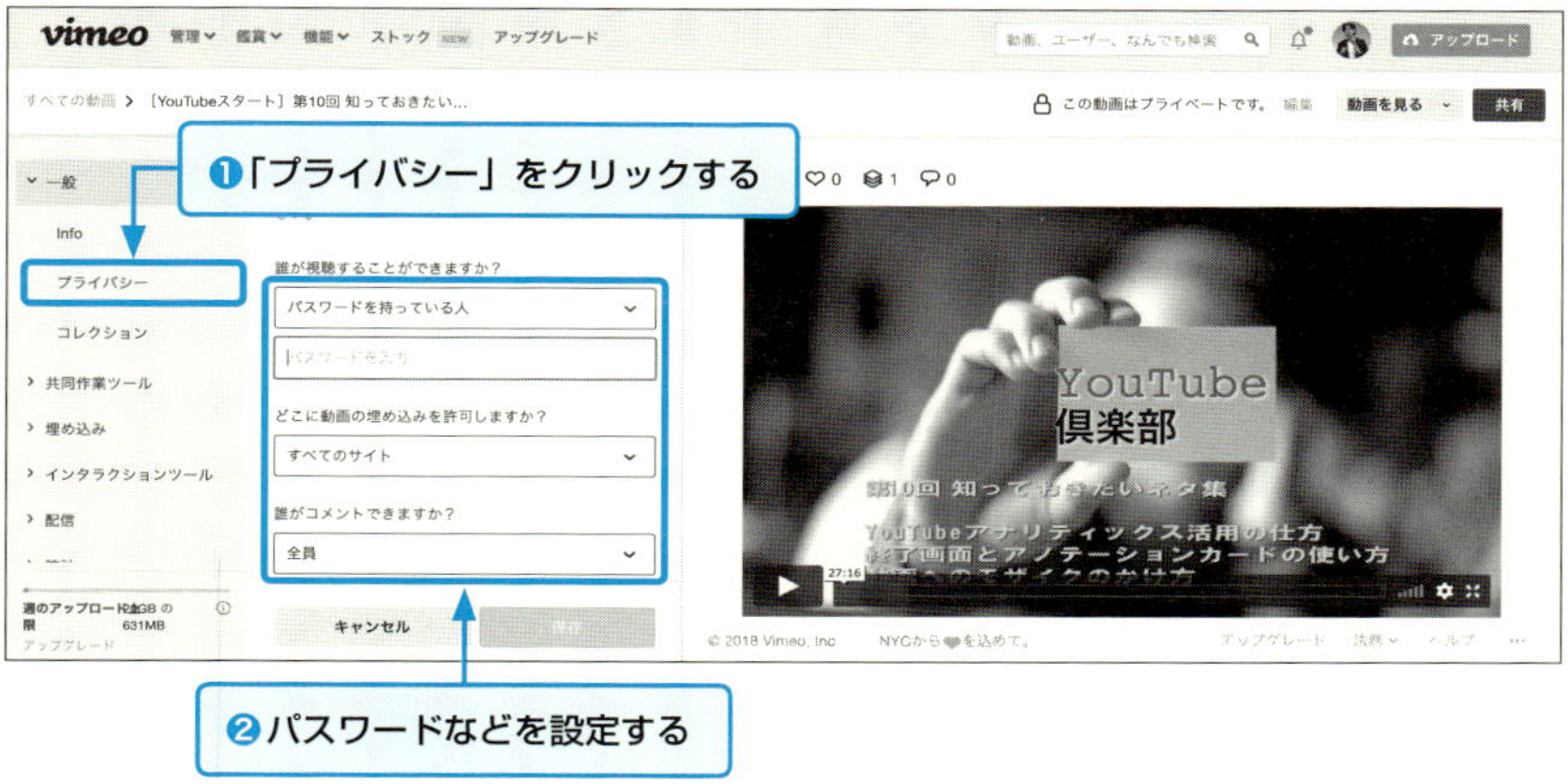

STEP 4 画面右上の「共有」ボタンから動画のURLが表示されるので、これをコピーして視聴者に案内する。このURLからアクセスすると、正しいパスワードを入力しないと動画が表示されない

04 いろいろな動画配信をブログで告知する

ライブ配信も**YouTube**と同じWebサービスなので、**YouTube**動画と同じようにブログの記事の中にサムネイルや情報を貼りつけることができます。

1 YouTubeライブのブログへの貼りつけ方

YouTubeライブは、**YouTube**の「クリエイターツール」の「ライブストリーミング」の管理画面から「今すぐ配信」のタブをクリックし、ライブダッシュボードの右下にある「共有URL」をブログに貼りつけます。

ブログに貼りつけると、ライブをしていないときは**YouTube**ライブのそのライブのサムネイルが表示され、ライブがはじまるとそこにライブの動画が映し出されます。

● YouTube ライブの貼りつけ方

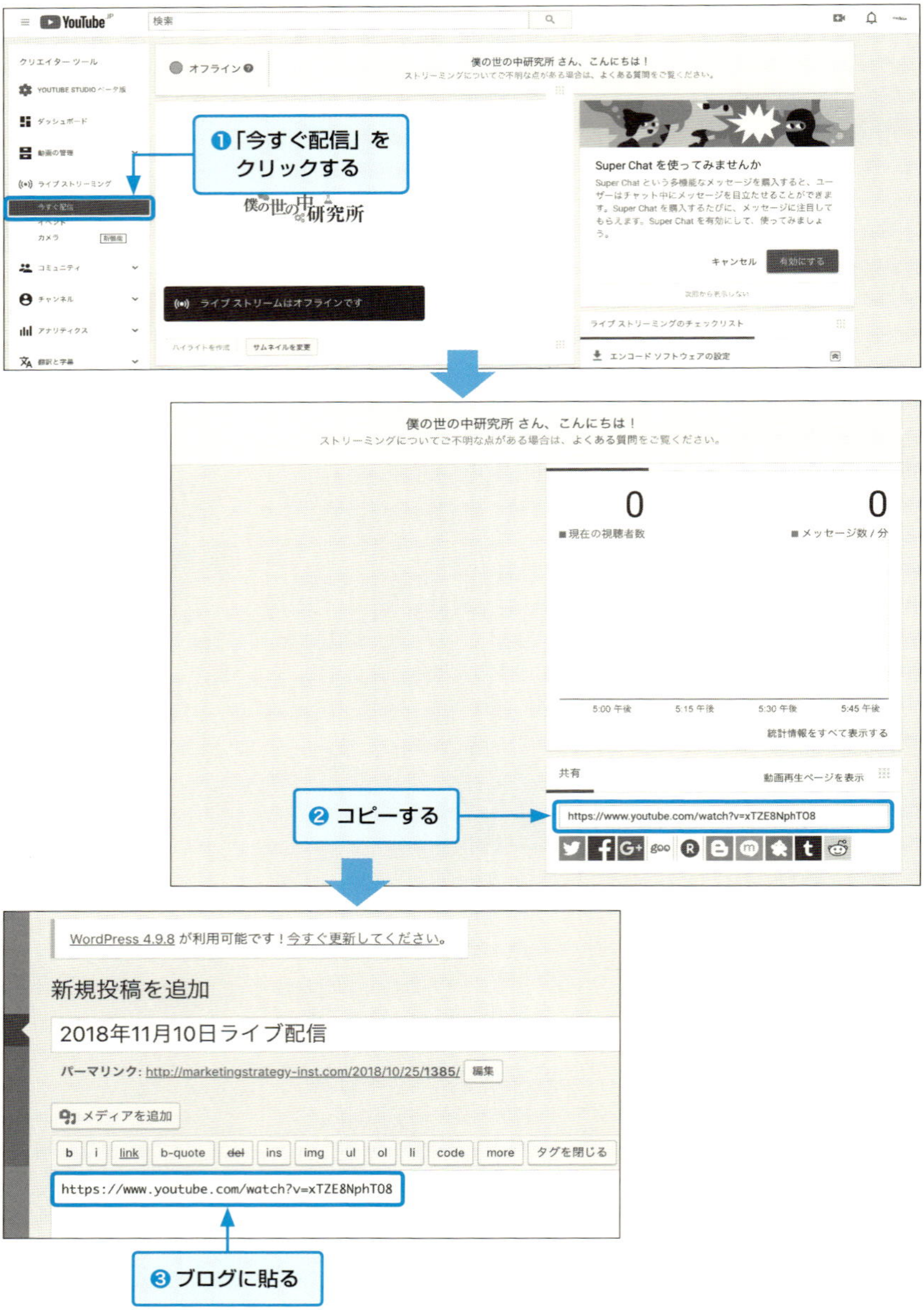

2 Zoomのブログへの貼りつけ方

Zoomは、ブログに**Zoom**のURLを貼りつけても、**YouTube**のようにサムネイルが表示されず、URLの文字列だけが表示されます。その文字列をクリックしてもらい**Zoom**のサイトに移動してもらうようになるので、**Zoom**で配信するイメージが伝わる画像を一緒に記事にするようにします。そのため、記事内に動画を埋め込んで視聴させるというよりは、**Zoom**でのライブ内容をしっかりと伝える文章と一緒に、**Zoom**でのライブに参加する方法を伝え、参加を煽《あお》るようにする方法がいいでしょう。Web上の動画サービスのウイークポイントは、動画ゆえに文章による情報が弱いところです。ここを「ブログ×**Zoom**」で解決することで、ライブの前に事前に必要情報を提供できたり、商品のアフィリエイトリンクを紹介したりできるようになります。

この「ブログ×ライブ」の方法こそ、配信するだけでは伝えられない情報まで網羅したコンテンツといえます。

● Zoomの貼りつけ方

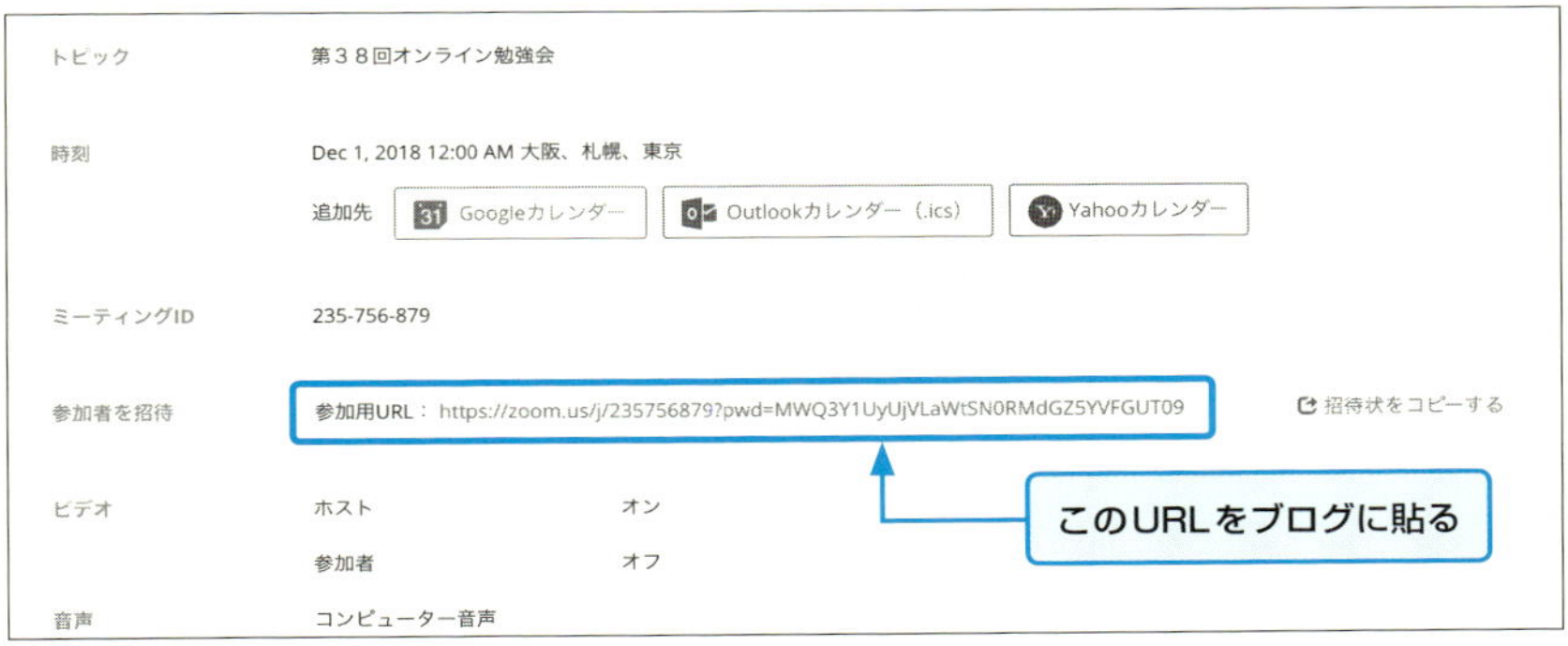

3 Vimeoのブログへの貼りつけ方

Vimeo は **YouTube** と同じように、ブログ記事にURLを貼りつけるとサムネイルが表示されます。パスワードつきの動画はパスワードを入力しないと視聴できないようになっていることがわかるので、読者にシークレットなコンテンツがあることを伝えられます。

見えないことがわかると見たくなるのが私たちの心理ですよね。雑誌に袋とじの付録があるようにブログにも袋とじのコンテンツをつけることができるようになります。お得な情報があることを伝えることで、広く告知するブログ記事から対象をセグメントしたコアなファンへのコンテンツ提供へと持っていくことができるようになります。

● Vimeo の貼りつけ方

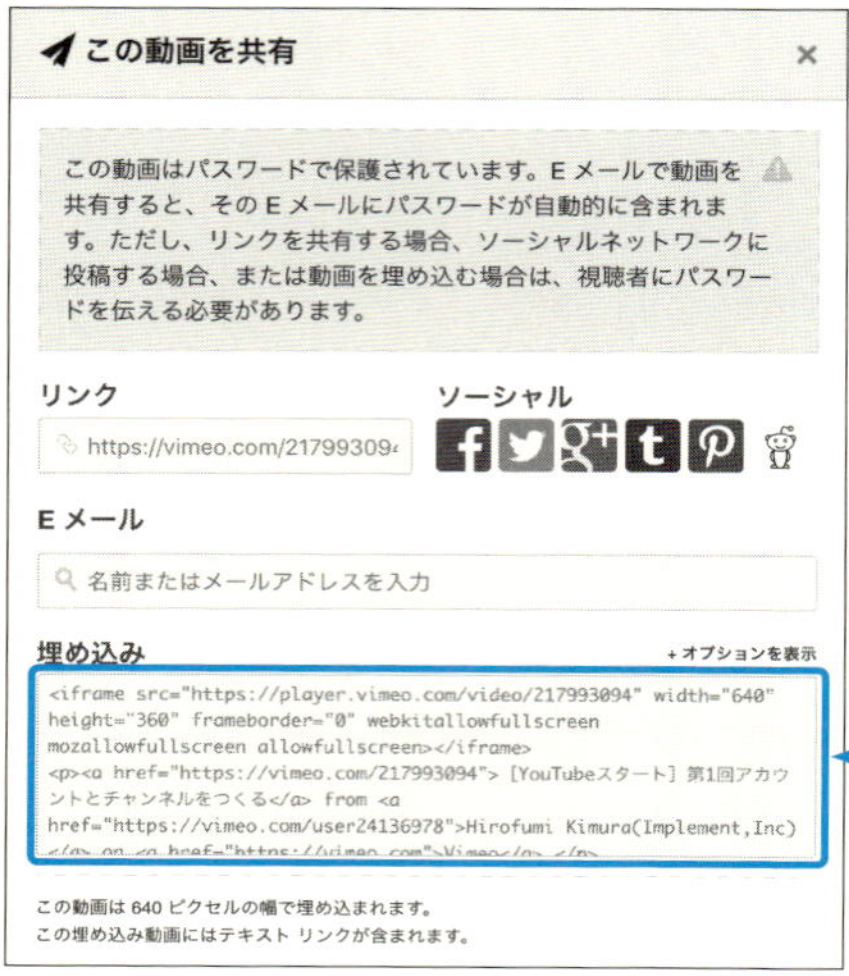
この動画を共有
この動画はパスワードで保護されています。E メールで動画を共有すると、その E メールにパスワードが自動的に含まれます。ただし、リンクを共有する場合、ソーシャルネットワークに投稿する場合、または動画を埋め込む場合は、視聴者にパスワードを伝える必要があります。
リンク
https://vimeo.com/21799309
ソーシャル
E メール
名前またはメールアドレスを入力
埋め込み
+オプションを表示
<iframe src="https://player.vimeo.com/video/217993094" width="640" height="360" frameborder="0" webkitallowfullscreen mozallowfullscreen allowfullscreen></iframe>
<p><a href="https://vimeo.com/217993094"> [YouTubeスタート] 第1回アカウントとチャンネルをつくる</a> from <a href="https://vimeo.com/user24136978">Hirofumi Kimura(Implement,Inc)
この動画は 640 ピクセルの幅で埋め込まれます。
この埋め込み動画にはテキスト リンクが含まれます。

コピーする

STEP 1 共有をクリックすると「この動画を共有」のウインドウがポップアップするので、「埋め込み」のHTMLソースをコピーする

STEP 2 コピーした埋め込み用 HTML ソースをブログ記事内に貼りつける

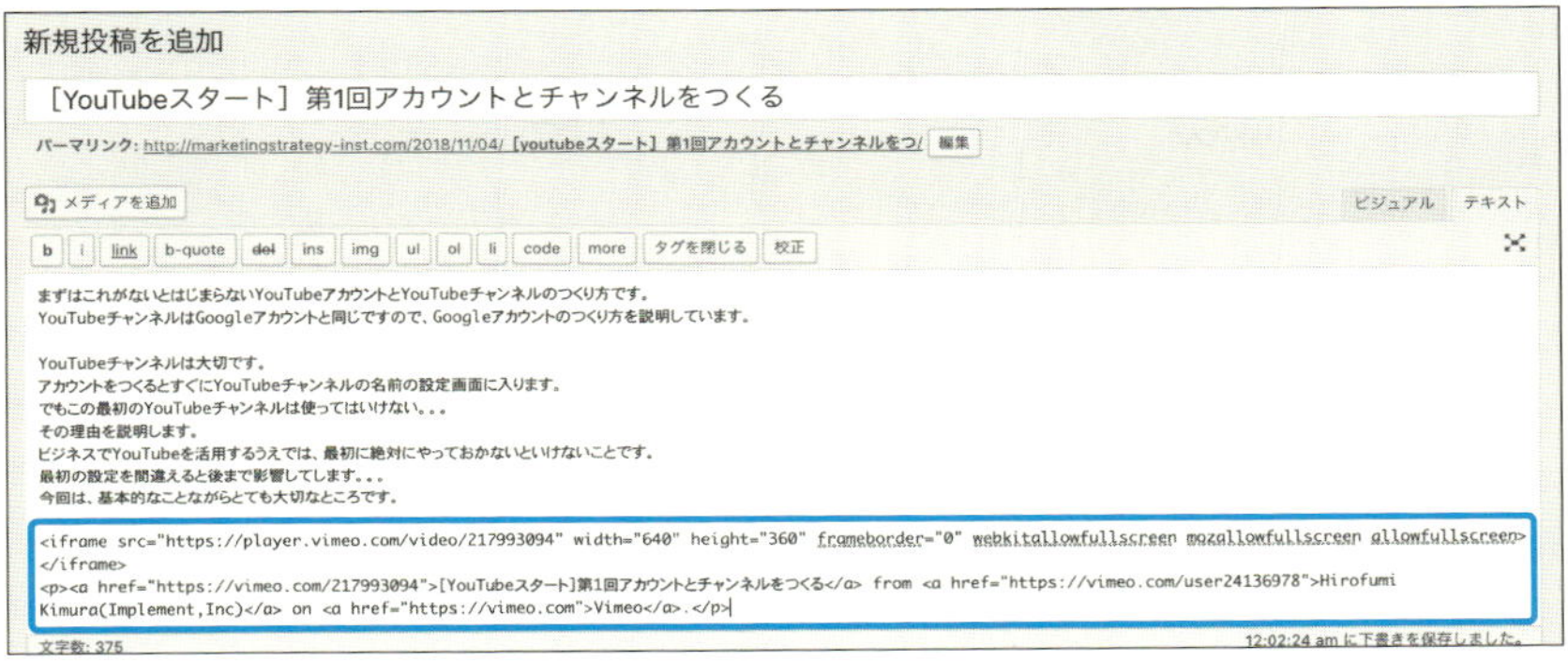
新規投稿を追加
［YouTubeスタート］第1回アカウントとチャンネルをつくる
パーマリンク: http://marketingstrategy-inst.com/2018/11/04/［youtubeスタート］第1回アカウントとチャンネルをつ/ 編集
メディアを追加
ビジュアル テキスト
b i link b-quote del ins img ul ol li code more タグを閉じる 校正
まずはこれがないとはじまらないYouTubeアカウントとYouTubeチャンネルのつくり方です。
YouTubeチャンネルはGoogleアカウントと同じですので、Googleアカウントのつくり方を説明しています。
YouTubeチャンネルは大切です。
アカウントをつくるとすぐにYouTubeチャンネルの名前の設定画面に入ります。
でもこの最初のYouTubeチャンネルは使ってはいけない...
その理由を説明します。
ビジネスでYouTubeを活用するうえでは、最初に絶対にやっておかないといけないことです。
最初の設定を間違えると後まで影響してします...
今回は、基本的なことながらとても大切なところです。
<iframe src="https://player.vimeo.com/video/217993094" width="640" height="360" frameborder="0" webkitallowfullscreen mozallowfullscreen allowfullscreen></iframe>
<p><a href="https://vimeo.com/217993094">[YouTubeスタート]第1回アカウントとチャンネルをつくる</a> from <a href="https://vimeo.com/user24136978">Hirofumi Kimura(Implement,Inc)</a> on <a href="https://vimeo.com">Vimeo</a>.</p>
文字数: 375
12:02:24 am に下書きを保存しました。

STEP 3 ブログ記事の中に、サムネイルで視聴パスワードを求めるサムネイルが埋め込まれる

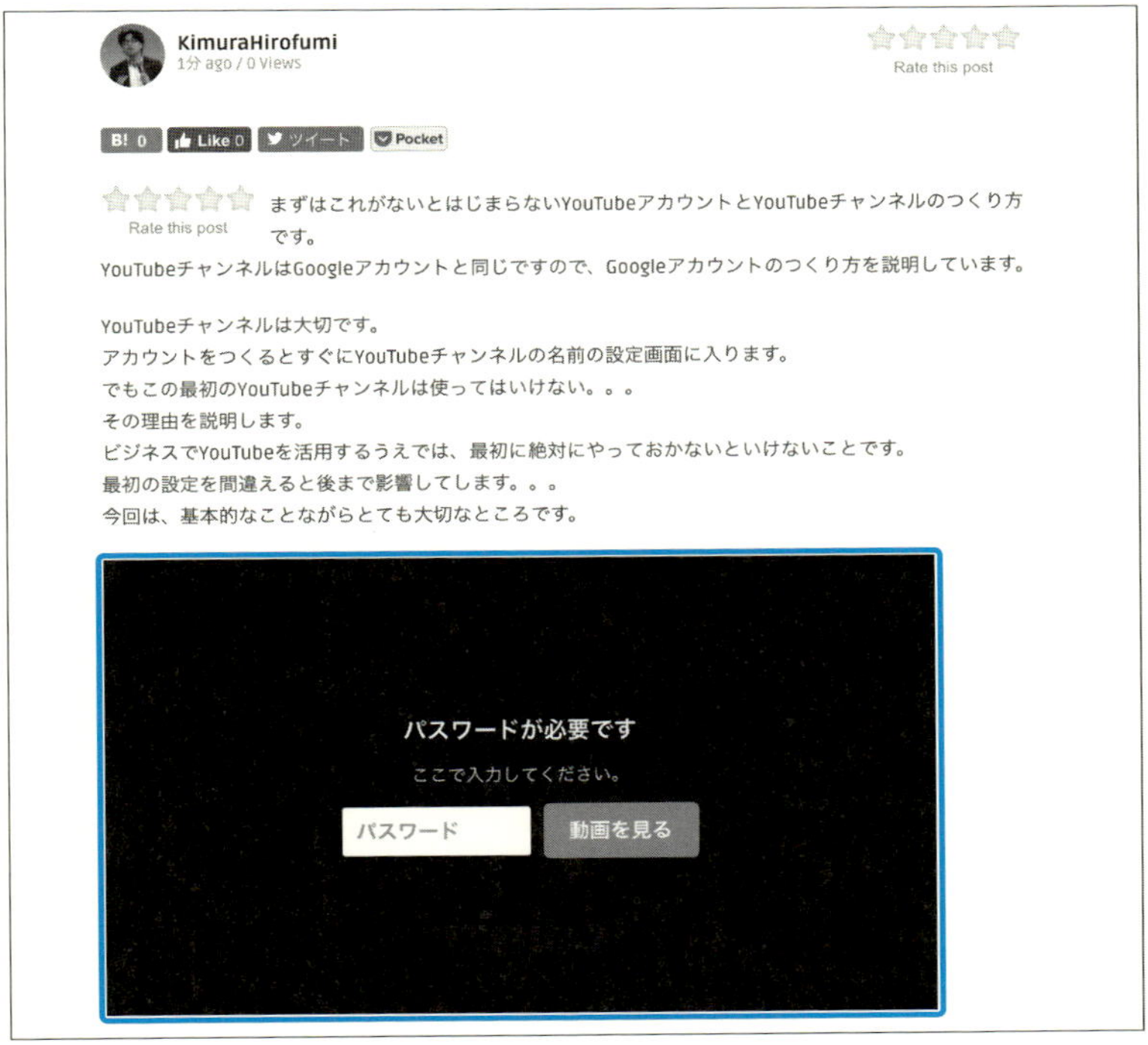
KimuraHirofumi
1分 ago / 0 Views
Rate this post
B! 0
Like 0
ツイート
Pocket
Rate this post
まずはこれがないとはじまらないYouTubeアカウントとYouTubeチャンネルのつくり方です。
YouTubeチャンネルはGoogleアカウントと同じですので、Googleアカウントのつくり方を説明しています。
YouTubeチャンネルは大切です。
アカウントをつくるとすぐにYouTubeチャンネルの名前の設定画面に入ります。
でもこの最初のYouTubeチャンネルは使ってはいけない。。。
その理由を説明します。
ビジネスでYouTubeを活用するうえでは、最初に絶対にやっておかないといけないことです。
最初の設定を間違えると後まで影響してします。。。
今回は、基本的なことながらとても大切なところです。
パスワードが必要です
ここで入力してください。
パスワード
動画を見る

4 オークションサイトがライブ配信システムを提供しはじめた

ライブ中継がどんどん身近になっていくなか、メルカリは２０１７年７月から「メルカリチャンネル」を、２０１８年9月からは**Yahoo!**オークションが「ヤフオク！ライブ」をスタートさせました。いずれもスマートフォンアプリから、ライブ配信が簡単にでき、出品商品を通販番組のように紹介できます。

本書では、**YouTube**や**Zoom**などを利用してアフィリエイトにつなげることを考えてきましたが、オークション・フリマサイト自体がライブ配信システムを提供したことで、これからの動画やライブ配信の可能性を期待させます。

動画は、これから商品購入に必要な情報になります。早い時期からブログ記事に動画を足して一歩抜き出た商品紹介のエキスパートになりましょう。

● メルカリやヤフオクでもライブ動画がはじまった

mercari
Channel
メルカリチャンネル
売れちゃう！
買えちゃう！
ライブフリマ
メルカリチャンネルは、ライブ配信をして売ったり買ったりを楽しめるライブフリマ機能です
mmr23 ｶﾜ(・∀・)ｲｲ!!
yoshiko18 それほしい！！
hirofantastico こんにちは！
d22 サイズは何ですか？

ヤフオク!
オークションもフリマももっと楽しく！
9/10スタート
ヤフオク!ライブ
ヤフオク!アプリで、生配信でオークションやフリマができる
「ヤフオク!ライブ」がスタート！毎日18時〜24時配信！
最新版iPhoneアプリ(6.45.0以降)をダウンロードして、さっそく体験しよう！
配信する人
視聴する人
ヤフオク!ライブの特長

おわりに

❶「情報発信力」を身につけることによって人生は大きく変わる

私たちの現在の仕事は、ブログやYouTubeの運営による広告収入だけでなく、書籍の執筆、講演、企業や個人のコンサルティング、地方自治体や商工会議所のアドバイザーなど多岐に渡っています。もちろん、これらの仕事は最初から発生していたわけではなく、最初は普通の会社員でした。ただ**「一般的な会社員と大きく違っていたのは、淡々と何年間も情報発信を続けていた」**ということでしょう。

ブログを書き続けている人やYouTubeを配信し続けている人からしてみたら気づかないかもしれませんが、発信できる、文章が書ける、人前で自分の考えを述べられる、ＳＮＳを使いこなせるというのは立派なスキルです。世の中の大多数の人は、平然とした顔でそんなことはできません。

仕事柄、多くの経営者や生産者とお話しする機会がたくさんありますが、情報発信の話をするだけで非常に重宝されます。彼ら彼女らはいい製品、サービスはつくれても、それを効果的に発信するやり方を知らないのです。自分のメソッドやコンテンツを確立している、業界トップクラスの講師やセラピストも同様です。自分たちの能力を的確に客層に届けられないのです。

❷ どんないいものをつくっても、その情報を発しなければ、そのよさは世界に伝わらない

悪いものをつくろうと思って活動している生産者なんて、どこにもいません。製品やサービスがいいのはあたりまえの時代になっています。どんなお店に行っても、粗悪品や質の悪いサービスを提供しているところなんてありません。

「あたりまえのレベル」が上がっている世の中で、自分に最適な製品やサービスを求めている顧客層に情報を届け、興味を持ってもらい、購入する理由を提案していく必要があります。言い換えると、「伝える」という行動が非常に重要になってくるわけです。

作り手側からしてみると、1度使ってもらえさえすれば、よさはわかってもらえるという自信があります。私たちも書籍を書いているので、その気持ちはすごくわかります。

でもそれって自分のエゴなんです。何度も言いますが、みんないいものをつくろうとしている、つくっているのなんて今の世の中あたりまえなんです。これだけ商品があふれている世の中です。厳しいようですが「食べてもらえれば」「使ってもらえれば」「読んでもらえれば」なんて言葉は言い訳にしかなりません。

「**情報発信力は、あなたの存在を世界に知らしめるための必須能力**」です。最初からうまくいく人なんてどこにもいません。一歩一歩、経験を積むことで、確実に状況は変化していきます。

❸ 新しい何かをはじめるのか、現状のままの生活を続けるのか、選ぶのはあなた

「もう40代だから」、「もう50代だから」と不安に思う人もいるでしょう。安心してください、手遅れなんてことはありません。最初はみんな初心者です。スタートしようと思ったタイミングが、あなたの人生の中で1番若い時期です。まず一歩踏み出してみましょう。

本書がその一歩のきっかけになれたのであれば、これほどうれしいことはありません。

染谷昌利

木村博史

世界一《せかいいち》やさしい　ブログ×YouTube《ユーチューブ》の教科書《きょうかしょ》　1年生《ねんせい》

2018年12月31日　初版第1刷発行
2019年12月31日　初版第3刷発行

著　者　染谷昌利　木村博史
発行人　柳澤淳一
編集人　福田清峰
発行所　株式会社　ソーテック社
〒102-0072 東京都千代田区飯田橋4-9-5　スギタビル4F
電話：注文専用　03-3262-5320
FAX：　03-3262-5326
印刷所　図書印刷株式会社

ISBN978-4-8007-2063-4